Band **36** in der maritimen gelben Buchreihe **Zeitzeugen des Alltags**

Ein Seemannsschicksal

Rolf Peter Geurink:

In den 1960er Jahren als

Seemaschinist

weltweit unterwegs

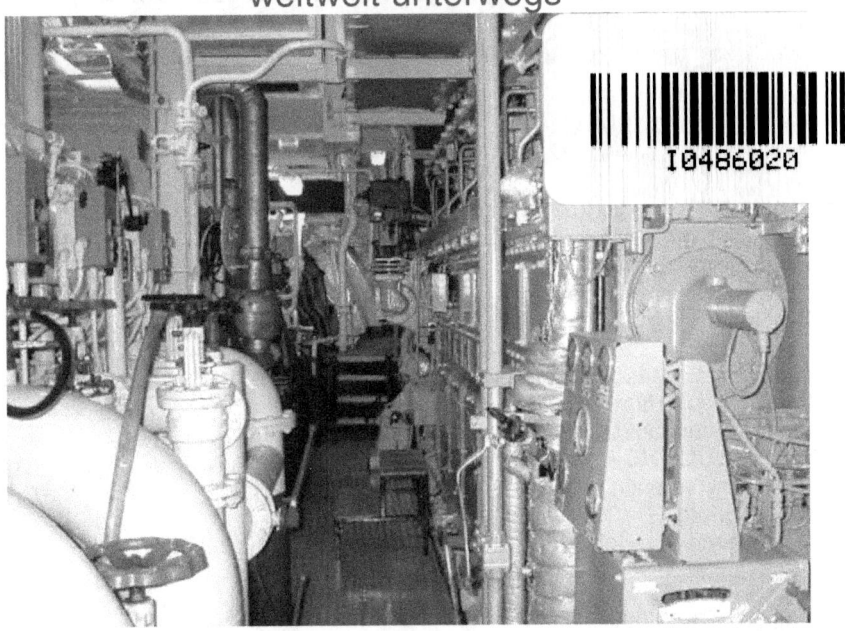

redigiert und herausgegeben von Jürgen Ruszkowski

ISBN 978-1517211875

1

* * *

Band **36** in der maritimen gelben Reihe „**Zeitzeugen des Alltags**"
Herausgeber:
Jürgen Ruszkowski, Nagelshof 25, D-22559 Hamburg
Tel.: 040–**18090948** - Fax: 040-18090954
e-mail: maritimbuch@googlemail.com

Bisher direkt vom Herausgeber eigne **ISBN**
Dieser Amazondirektdruck: **ISBN 978-1517211875**

insgesamt 290 Seiten

Verzeichnisse maritimer Fachwörter und der in der maritimen gelben Buchreihe erwähnten Schiffe den finden Sie aus Platzgründen nicht in diesem
Band, aber in anderen Bänden.

Die abgedruckten **Bilder** stammen überwiegend vom Autor, einige maritime
Zeichnungen mit Genehmigung der Erben von Heinz Bormann † aus „Shan-
ties", Hinstorff Verlag, Rostock, 1968. Das Foto QUEEN MARY 2 auf Seite
210 stammt von Jörn Hinrich Laue. Sollte ein verwendetes Bild eine andere
Urheberschaft haben, wird der Bildautor gebeten, sich mit dem Herausgeber
in Verbindung zu setzen.

Im Internet unter:
https://sites.google.com/site/maritimegelbebuchreihe/band_36-seemaschinist
http://maritimbuch.klack.org/seite36.html

Vorwort des Herausgebers

Von 1970 bis 1997 leitete ich das größte Seemannsheim in Deutschland am Krayenkamp am Fuße der Hamburger Michaeliskirche, ein Hotel für Fahrensleute mit zeitweilig 140 Betten. In dieser Arbeit lernte ich Tausende Seeleute aus aller Welt kennen.

Im Februar 1992 begann ich, meine Erlebnisse bei der Begegnung mit den Seeleuten und deren Berichte aus ihrem Leben in einem Buch zusammenzutragen, dem ersten Band meiner gelben Reihe „Zeitzeugen des Alltags": **Seemannsschicksale.**

Insgesamt brachte ich bisher über 3.800 Exemplare davon an maritim interessierte Leser und erhielt etliche Zuschriften zu meinem Buch.

Ein Schifffahrtsjournalist urteilt über Band 1: „...heute kam Ihr Buch per Post an – und ich habe es gleich in einem Rutsch komplett durchgelesen. Einfach toll! In der Sprache des Seemannes, abenteuerlich und engagiert. Storys von der Backschaftskiste und voll von Lebenslust, Leid und Tragik. Dieses Buch sollte man den Politikern und Reedern um die Ohren klatschen. Menschenschicksale voll von Hochs und Tiefs. Ich hoffe, dass das Buch eine große Verbreitung findet und mit Vorurteilen aufräumt. Da ich in der Schifffahrtsjournalistikbranche ganz gut engagiert bin, ...werde ich gerne dazu beitragen, dass Ihr Buch eine große Verbreitung findet... Ich bestelle hiermit noch fünf weitere Exemplare... Ich wünsche Ihnen viel Erfolg mit dem Buch, - das wirklich Seinesgleichen sucht..."

Diese **Rezension** findet man bei amazon: Ich bin immer wieder begeistert von der „Gelben Buchreihe". Die Bände reißen einen einfach mit und vermitteln einem das Gefühl, mitten in den Besatzungen der Schiffe zu sein. Inzwischen habe ich ca. 20 Bände erworben und freue mich immer wieder, wenn ein neues Buch erscheint. Danke Herr Ruszkowski.

oder: Sämtliche von Jürgen Ruszkowski aus Hamburg herausgegebene Bücher sind absolute Highlights der Seefahrts-Literatur. Dieser Band macht da keine Ausnahme. Sehr interessante und abwechselungsreiche Themen aus verschiedenen Zeitepochen, die mich von der ersten bis zur letzten Seite gefesselt haben! Man kann nur staunen, was der Mann in seinem Ruhestand schon veröffentlich hat. Alle Achtung!

Diese positiven Reaktionen auf den ersten Band und die Nachfrage ermutigen mich, in weiteren Bänden noch mehr Menschen vorzustellen, die einige Wochen, Jahre oder ihr ganzes Leben der Seefahrt verschrieben haben. Diese Zeitzeugen-Buchreihe umfasst inzwischen mehrere Dutzend maritime Bände.

In diesem Band **36** können Sie wieder Erlebnisberichte, Erinnerungen und Reflexionen eines ehemaligen Seemanns kennen lernen, der von 1959 bis 1968 nach Südamerika, in die Karibik, nach China, in die Levante- und der kleinen Fahrt nach Finnland und Schweden, zunächst als Maschinenassistent, später als Maschinist unterwegs war. Er erzählt in farbigen Beschreibungen von seinen interessanten Reisen und Tätigkeiten in den Maschinenanlagen auf Dampf- und Motorschiffen, von den Kollegen, von den Lebens- und Arbeitsbedingen im Maschinenraum und in den Schiffsunterkünften. Zu der Zeit hatten die Schiffe oft noch lange Liegezeiten in den Häfen, und die Seeleute nutzten den Landgang zum Kennenlernen der Hafenorte, zu Kontakten mit den einheimischen Schönen und anderen abenteuerlichen Erlebnissen.

In diesem Zusammenhang wurde ich bei der Lektüre des Manuskripts wieder mal an den bekannten Theologieprofessor und langjährigen Prediger auf der Kanzel des Hamburger Michels, Helmut Thielicke, erinnert, der 1958 eine Seereise nach Japan auf einem Frachtschiff der HAPAG unternahm und seine Erlebnisse an Bord in dem Buch ‚**Vom Schiff aus gesehen**' zusammenfasste. Seine hautnahen Begegnungen auf dieser wochenlangen Reise mit Seeleuten brachten ihn zu dem Bekenntnis, dass ihm eine ganz neue, bisher unbekannte Welt erschlossen worden sei und er nun eigentlich sein kurz zuvor veröffentlichtes Ethikwerk umschreiben müsse: „Ich bemühte mich nach Kräften, offen zum Hören zu bleiben und – so schwer es mir fällt – selbst meine stabilsten Meinungen in diesem thematischen Umkreis als mögliche Vorurteile zu unterstellen, die vielleicht einer Korrektur bedürfen. Ich frage mich ernstlich, was an diesen meinen stabilen Meinungen christlich und was bürgerlich ist… Ich merke, wie schwer es ist, sich im Hinblick auf alles Doktrinäre zu entschlacken und einfach hinzuhören - immer nur hören zu können und alles zu einer Anfrage werden zu lassen… Bei meiner Bibellektüre achte ich darauf, wie nachsichtig Jesus Christus mit den Sünden der Sinne ist und wie hart und unerbittlich er den Geiz, den Hochmut und die Lieblosigkeit richtet. Bei seinen Christen ist das meist umgekehrt."

Als Herausgeber und technischer Laie verlasse ich mich auf die fachliche Kompetenz des Autors, der die Richtigkeit der maschinentechnischen Darstellungen verantwortet.

Herrn Egbert Kaschner † (http://kleinschwansee.de/) sei für die Korrekturhilfe herzlich gedankt.

Hamburg, im April 2008 / 2015   Jürgen Ruszkowski

5

Brackwede – mein Tor zur Welt

Meine Daten:
Schulzeit vom 1.04.1948 bis zum 31.03.1956
Einschulung in die Fröhlenberg-Schule in Brackwede,
später ab 1951 Klosterschule Bielefeld
Lehrzeit als Maschinenschlosser bei der Firma Maier
vom 01.04.1956 bis 30.09.1959,
danach Geselle bis 31.10.1959
Am 24.11.1959 als Ing.-Assistent auf **M/S „CAP FINISTERRE"** an-
gemustert.
Fahrzeit als Ing.-Assistent bis 26.11.1962 auf verschiedenen Schif-
fen verschiedener Reedereien.
Besuch der Seemaschinenschule in Bremerhaven vom
10.01.1963 bis 29.05.1963 mit Abschluss Patent C 3.
Fahrzeit als Wachingenieur vom 22.06.1963 bis 06.02.1965.
Besuch der Seefahrtsschule in Cuxhaven vom 13.04.1966 bis
05.10.1966 mit Abschluss Patent C4.
Fahrzeit als Wachingenieur vom 11.10.1966 bis 20.06.1968.
Hier endet meine Seefahrtszeit.

Übersicht meiner **Schiffe** und Reedereien:
M/S **CAP FINISTERRE** – Hamburg Süd (Oetker), Hamburg
Südamerika – als Ing.-Assi.
M/S **URSULA HORN** - Reederei Horn (Oetker), Hamburg
Südamerika – Karibik – Mittelmeer – als Ing. Assi.
M/S **LIBANON** – Deutsche Levante-Linie (Oetker), Hamburg –
Schwarzes Meer – Mittelmeer – als Ing. Assi.
M/S **HANNA DREIER** – Reederei Joh. Dreier – als Ing. Assi.
M/S **PHÖNIX** – Reederei Adler & Söhne, Bremen
Holland – Finnland – als Ing. Assi.
D/S **ANTARES** – Reederei Adler & Söhne, Bremen
Russland – Mittelmeer – als Ing. Assi.
D/S **ARGO** – Reederei Adler & Söhne, Bremen
Finnland – als Ing. Assi.
M/S **PAUL RICKMERS** – Reederei Rickmers, Hamburg
Ostasien – als 3. Wachingenieur
M/S **LEVANTE** – Atlas-Levante-Linie, Bremen

Mittelmeer – als 3. Wachingenieur
M/S **EHRENFELD** – Reederei Krüger, Hamburg
Frankreich – Afrika – als 2. Wachingenieur
M/S **RUTH-DIETER** – Reederei Waller, Bützfleet
Nord- und Ostsee – als 1. Wachmaschinist
M/S **GÖSTA BERLING** – Reederei TT-Linie, Lübeck
Travemünde – Marseille – Sardinien – als 2. Wachingenieur

Nach meiner Geburt am 1.06.1941 habe ich bis zu meinem neunten Lebensjahr in Brackwede, Hallerstraße – damals das größte Dorf Europas, heute ein Vorort von Bielefeld – gelebt. Im Jahre 1948 bin ich dort eingeschult worden. Wir zogen 1951 nach Bielefeld. Hier besuchte ich bis zum 31.03.1956 die Klosterschule.

Am 2.04.1956 begann ich eine Lehre als Maschinenschlosser bei der weltbekannten Maschinenfabrik B. Maier KG. Diese befand sich seit Jahrzehnten auf dem Gelände Kupferhammer an der Brockhager Straße. Ihr Gründer, der Ingenieur Balthasar Maier, war, wie sein Kollege Baumgarte, Mitarbeiter des altbekannten Unternehmens Th. Möller.

Werkhalle außen

Diese baute unter anderem auch Dampfmaschinen und Wasserturbinen. Als Baumgarte sich später selbstständig machte, übernahm er den Bau von Dampfkesseln. Die Firma Baumgarte hat vor Jahren den Standort innerhalb Brackwedes verlagert. Die Maschinenfabrik B. Maier baute also zu jener Zeit außer Dampfmaschinen, Dampfmotoren und Wasserturbinen noch Wasserbauanlagen, später auch Holzzerkleinerungsmaschinen. Sie beschäftigte ca. 50 Lehrlinge für die Berufe Maschinenschlosser, Dreher, Kesselschmied und Modelbauer. Eine eigene Lehrwerkstatt mit einem Lehrmeister und drei Lehrgesellen sorgte für eine vorschriftsmäßige Ausbildung. Die Lehrlingsvergütung betrug im 1. Lehrjahr 70 DM brutto, im 2. Lehrjahr 85 DM, im 3. Lehrjahr 100 DM und im 4. Lehrjahr 120 DM. Die Arbeitszeit dauerte von montags bis freitags insgesamt 45 Stunden, täglich von 7:00 Uhr bis 19:30 Uhr mit einer Mittagspause von 30 Minuten. Meine Wegstrecke von der Wohnung im Bielefelder Norden zum Kupferhammer in Brackwede legte ich zum Teil mit dem Fahrrad und dem Bus zurück.

Werkhalle innen - Wasserturbinenbau

So begann ich am 2.04.1956 die Lehre – zunächst in der Lehrwerkstatt am Schraubstock. An einem eingespannten Eisenstück wurde die Arbeit mit sämtlichen Sorten von Eisenfeilen geübt sowie die Benutzung der Ständerbohrmaschine. Anschließend kam man in die große Arbeitshalle mit ihren unterschiedlichen Bearbeitungsbereichen. Teilweise war die Arbeit äußerst staubig, zum Beispiel beim Bearbeiten der spiralförmigen Gussgehäuse der Turbinen, besonders im Innenraum. Da lag man mehr als beengt in dem Gehäuse auf dem Bauch, eine mit Pressluft angetriebene Schleifmaschine in den Händen und musste den unebenen Guss glatt schleifen. So erlebte ich, wie gewaltige Wasserturbinen aller Bauarten bis zu einer Leistung von max. 15.000 PS für Kunden in aller Welt gebaut wurden. Es wurden u. a. für das Gezeiten-Kraftwerk an der französischen Atlantikküste große schwenkbare Rohrturbinen produziert.

Eine der saubersten und schönsten Arbeiten war die Montage der Regelanlagen. Bewundert habe ich die großen Karusselldrehbänke mit einer Drehplatte von fast fünf Metern.

Hier wurden die seitlichen Flansche zur Aufnahme der Laufradführung und Rohrleitungsflansche der Turbinengehäuse bearbeitet, auch wurden noch vereinzelt liegende Dampfmaschinen gebaut, bzw. Ersatzteile für die Monteure hergestellt. Ebenso wurden stehende verkapselte Dampfmotore gebaut.

Hier lernte ich Kollegen kennen, die nach Beendigung ihrer Lehrzeit als Ingenieursassistenten und Motorenwärter zur See fahren

9

wollten. Vom Fernweh gepackt, entschloss auch ich mich hierzu. Mit Hilfe meiner Kollegen besorgte ich mir die Ausbildungsbedingungen vom Verband Deutscher Reeder. So erfuhr ich die erforderlichen Vorraussetzungen, um als Ingenieursassistent anmustern zu können. Bedingung war eine abgeschlossene Lehre als Maschinenschlosser. Sollte der Ausbildungsbetrieb nicht anerkannt sein, musste ein Praktikum in einem anerkannten Betrieb (z. B. Werft etc.) erfolgen. Da die Firma B. Maier Kraftmaschinen baute, entfiel die Werftzeit. Eine weitere Vorraussetzung war die Untersuchung bei einem Vertrauensarzt der Seeberufsgenossenschaft zwecks Erstellung einer Gesundheitskarte als Anlage zum Seefahrtsbuch. Diese Untersuchung fand am 1.07.1959 in Minden statt. Nun musste ich nur noch eine Reederei finden, die Ingenieurassistenten einstellte. Den Unterlagen entnahm ich ferner die Ausbildungsbedingungen zum Schiffingenieur oder Seemaschinisten, auch, welcher Schulabschluss Vorraussetzung war. Da ich jedoch nur einen Volksschulabschluss besaß, konnte ich lediglich die Ausbildung zum Seemaschinisten einschlagen, es sei denn, ich hätte das Fachabitur nachgeholt. Dieses wollte ich zu der Zeit nicht. Ein guter Bekannter meiner Mutter hatte sehr guten Kontakt zu der Firma Oetker in Bielefeld. Dadurch ergab sich die Möglichkeit, bei dem Reedereiverbund von Oetker anzufangen. Demzufolge entschloss ich mich, nach Hamburg zu fahren, zum Kontor der Reederei Hamburg-Süd, Holzbrücke 8.

Zum Reedereiverbund gehörten: Hamburg-Südamerikanische Dampfschifffahrtsgesellschaft, Eggert & Amsinck, Columbus-Line, Tankschiffsreederei Rudolf August Oetker, Reederei H. C. Horn, Deutsche Levante-Linie Bock & Godeffroy.

Das Reedereigebäude befand sich zu dieser Zeit in einem alten Villen-Gebäude in der Hamburger Altstadt am Cremon / Holzbrücke. Heute befindet sich das wesentlich größere Reedereigebäude an der Ludwig-Erhard-Straße, ehemals Ost-West-Straße. Die Innengestaltung des alten Reedereigebäudes war stilvoll. Im Erdgeschoss waren die Wände mit Mahagonipaneelen verkleidet, die Decken in Stuck gehalten, das Mobiliar vom Feinsten. An den Wänden waren Gemälde alter Schiffe angebracht. Das Personalbüro für das technische Personal der Schiffe befand sich in der zweiten Etage, die mit einem Paternosteraufzug erreichbar war. Beim Paternosteraufzug verkehren mehrere an einer Kette hängende Einzelkabinen, die vorne offen sind und im ständigen Umlaufverkehr arbeiten.

altes Kontorhaus Hamburg-Südamerikanische
Dampfschifffahrtsgesellschaft, Eggert & Amsinck

Ich wurde an einen zuständigen Angestellten, der die Einstellung von Ingenieursassistenten vornahm, verwiesen. Dieser klärte mich erst mal richtig auf: Die Reederei würde grundsätzlich nur Bewerber mit mittlerer Reife oder Fachhochschulreife einstellen, da dieses nach den Aufnahmerichtlinien der Schiffsingenieurschulen Vorraussetzung für die Ausbildung zum Schiffsingenieur mit den Patenten C5 (Wachingenieur) sowie C6 (Leitende Ingenieure) sei. Auf Grund der leistungsstarken Maschinenanlagen der Schiffe der Hamburg-Süd würden sie nur Schiffingenieure und keine Seemaschinisten einstellen und anlernen. Wie ich später im Laufe meiner Fahrenszeit feststellte, haben andere Reedereien sowohl Assistenten nur mit Volksschulabschluss und auch Seemaschinisten mit den Patenten C3 und C4 eingestellt. Nach Durchsicht der Personalplanungsunterlagen erklärte er, ich könne im November auf der CAP FINESTERRE meinen Dienst antreten. Das Schiff würde sich dann zwecks diverser Reparatur- und Umbauarbeiten für einige Zeit bei der Howaldt-Werft befinden.

Nach diesem Gespräch schickte er mich ins Dachgeschoss zum Arzt. Die Reederei hatte also einen eigenen Doktor namens Karl. Ihm überreichte ich meine Gesundheitskarte. Er stellte mir den nötigen Impfpass aus, nachdem ich die erforderlichen Impfungen (Pockenschutz- und Gelbfieber) für den Einsatz in den Tropen erhalten hatte.

Impfpass

12

Somit hatte ich meinen ersten Arbeitgeber bei der Seefahrt sowie die erforderlichen Unterlagen als Anlagen zum Seefahrtbuch.

Angestellter der Reederei war ich noch nicht. Die Arbeitsaufnahme sollte erst an Bord durch die Anmusterung – vermerkt im Seefahrtsbuch – erfolgen. Jede Reederei hatte ein Personalbüro speziell für die Schiffsbesatzungen. Während die Kapitäne, Offiziere und Ingenieure direkt oder durch Vermittlung des Arbeitsamtes eingestellt wurden, bediente man sich bei Bedarf für die restliche Besatzung der sogenannten Heuerstellen. Diese war in Hamburg im Hamburger Seemannshaus in der Seewartenstraße angesiedelt.

Im heutigen ‚Hotel Hafen Hamburg', damals ‚Hamburger Seemannshaus', befand sich der ‚Heuerstall'

So fuhr ich auf Grund eines Anrufes der Reederei am 23.11.1959 nach Hamburg. Ich meldete mich, wie angewiesen, beim Chiefingenieur, Herrn Berger, der schon von der technischen Inspektion informiert war.

Es befand sich nicht die gesamte Mannschaft an Bord, sie war in Urlaub oder hatte abgemustert. Am nächsten Tage ging ich dann zur Reederei. Dort bekam ich die notwendigen Unterlagen für ein Kleidergeschäft zwecks Einkleidung. Grundsätzlich erhielten die Besatzungsmitglieder je nach Dienstrang eine marineblaue Ausgehuniform in Tuch, eine Tropenuniform in Kaki sowie eine Mütze mit dunklem und weißem Bezug und ein Paar schwarze Ausgehschuhe. Das Maschinenpersonal erhielt zusätzlich ein Paar Arbeitsschuhe und zwei Overalls. Diese bekamen nur Angestellte großer Reedereien, wie z. B. Hapag oder Lloyd in Bremen etc. Anschließend führte mein Weg zum Seemannsamt, wo mir das Seefahrtbuch ausgestellt wurde.

13

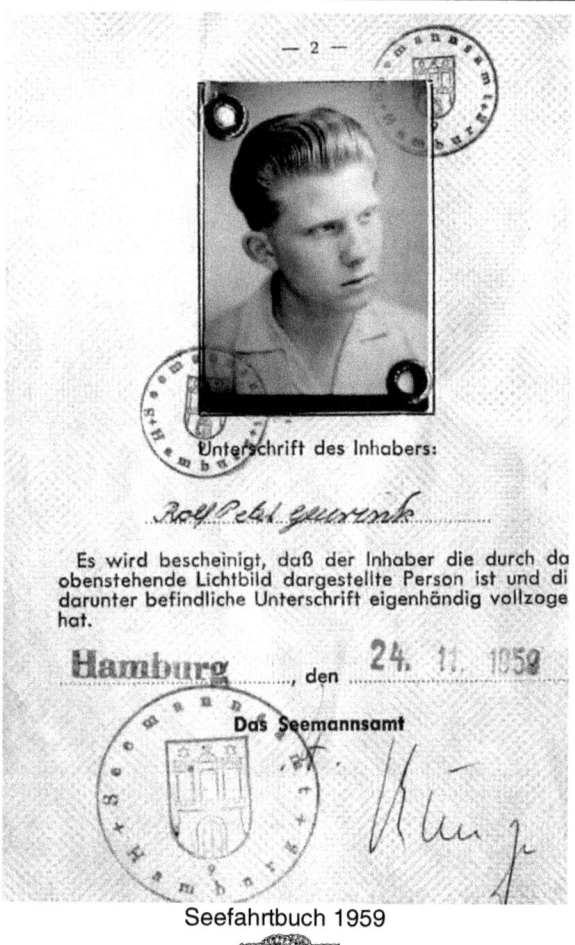

Seefahrtbuch 1959

Der Zug in einen neuen Lebensabschnitt

Nun erfüllte sich mein Wunsch, zur See zu fahren, obwohl ich gar nicht so recht wusste, was da alles auf mich zukommen sollte. Zwar hatte ich schon mal anlässlich eines Besuches in Bremen ein kleines Frachtschiff der Reederei Neptun besichtigt, auch einen Blick in den Maschinenraum geworfen und mich mit der an Bord anwesenden Maschinenbesatzung unterhalten, doch sonst keinerlei Ahnung von Seefahrt.

Mit der Nachricht von der Reederei war es nun ernst geworden. Es hieß Abschied nehmen von Freunden und Bekannten, denn es waren nur noch wenige Tage bis zum Antritt meiner Reise. Alle wünschten mir viel Glück. Mutter war traurig und auch zugleich stolz, hatte ihr doch Onkel Karl, der im ersten Weltkrieg als Maschinist bei der Kriegsmarine gefahren war, gesagt: „Der Junge wird's schon meistern, lass ihn fahren." Mutter hatte, da ich noch nicht volljährig war, eine Einverstandserklärung unterschreiben müssen. Ich war zu dieser Zeit wie mein verstorbener Vater noch Niederländer und wurde erst mit 21 Jahren volljährig. Am 27.05 1960 wurde ich dann deutscher Staatsbürger. Während ich meine Nervosität und Vorfreude durch die Abschiedstournee etwas verdrängte, grübelten meine Mutter und meine Schwester, wie es mir wohl ergehen würde und beschäftigten sich mit dem Packen der Koffer. Auch ich stand vor der Frage, was man zweckmäßigerweise an Kleidung mitnimmt. Wann würde ich wieder zu Hause auf Heimaturlaub sein? Klaus, mein ehemaliger Arbeitskollege bei der Firma Maier, gab mir Ratschläge. Er war schon vor zwei Monaten in Richtung Hamburg gefahren, um auf MS „WEIMAR" der Reederei Hapag anzumustern. Meine Mutter aber packte mir in zwei große Koffer, was sie als notwendig empfand. So kam die Stunde des Abschiedes. Wir, meine Mutter, meine Schwester und ich standen nun am Montag, dem 23. November 1960 pünktlich auf dem Bahnsteig, als die Lautsprecherstimme erklang: „Achtung, auf Bahnsteig 2 hat Einfahrt der D-Zug 187 von Dortmund nach Hamburg-Hauptbahnhof über Minden, Nienburg, Verden an der Aller, Rotenburg, Hamburg-Harburg. Vorsicht bei der Einfahrt!" Die Verabschiedung: Mutter weinte und konnte nichts sagen. Ich sagte zu meiner Schwester: „Lore, pass gut auf Mutter auf. Wenn ich angekommen bin, ruf ich bei Frau Dicke an." Die Familie Dicke hatte schon ein Telefon.

Der Zug setzte sich in Bewegung, die Lokomotive dampfte und qualmte. Gegen 14:00 Uhr sollte der Zug in Hamburg ankommen. Es begann die Fahrt vorbei an bekannter Umgebung, war ich ja schon mal mit dem Zug nach Minden gefahren. So ratterte er seinem und meinem Ziel entgegen, immer weiter auf seiner Strecke. Ich verließ Bielefeld zu einem neuen Lebensabschnitt und dachte an all das, was hinter mir lag.

Zur Welt gekommen war ich am Pfingstsonntag 1941 im „Klösterchen". So nannte und nennt man noch heute das St.-Franziskus-Hospital in Bielefeld. Meine Eltern wohnten zu der Zeit im benachbarten Brackwede. Meine Schwester, sieben Jahre älter als ich, war wegen des Krieges zu unseren Verwandten nach Baden-Baden geschickt worden. Da mein Vater Holländer war, wurde er von der Deutschen Wehrmacht nicht eingezogen und auch nicht von der Holländern. Meine Kindheit verbrachte ich trotz des Krieges froh und glücklich ohne Not und Leid. Einerseits bekamen wir von Holland Lebensmittel über das Konsulat in Dortmund, die Vater regelmäßig abholte. Ich kann mich noch schwach an das Hamstern und

Kungeln meines Vaters erinnern. So tauschte er Zigarettenpapier, das ihm der Vetter meiner Mutter aus Baden-Baden besorgte. Dieses tauschte er bei einer Firma, die Fahrradschläuche herstellte, ein und verscheuerte jene bei den Bauern gegen Fleisch und Butter.

An eine Story über das Quietschen der Sau, die er mit einem Bollerwagen vom Bauern abholte, musste ich jetzt im Zug nach Hamburg wieder denken, denn Mutter erzählte noch nach Jahren oft wie folgt: „Julius, kannst du mit mir und deinem Bollerwagen morgen Nacht in Ummeln ein kleines Schwein abholen und zum Schlachter Schlabeck bringen?", fragte Vater. Julius Mooshage, ein Freund unserer Familie, wohnte ebenfalls in unserm Haus, Hallerstraße 52. Er sagte zu, und so zogen diese kurz vor Mitternacht los. Mutter musste ihm eine alte Decke mitgeben. „Jacob, warum eine Decke", fragte Mutter, worauf Vater antwortete: „Darf doch keiner sehen, schwarz schlachten ist doch strafbar, damit decken wir das Schwein zu, damit es keiner sieht", und so zogen sie los. Auf dem Heimweg, fast vor der Haustür, merkten sie, dass der dicke Heyde (er war gleichzeitig Obmann der NSDAP), ihnen entgegen kam. Die Sau lag noch ruhig unter der Decke. „Na, Jacob und Julius, wo kommt ihr beiden denn so spät noch her?", wollte der dicke Heyde wissen. „Ach wir haben meinen Hund vom Tierarzt geholt", sagte Julius. Julius Mooshage war Direktor bei der Maschinenfabrik Maier, wo auch Heyde arbeitete. Kaum gesprochen, bewegte sich die Sau unter der Decke, Vater drückte sie leicht runter und Julius sagte: „Ach, jetzt wacht das arme Tier auf, wir müssen jetzt schnell nach Hause, mach's gut Heyde." Vater steckte ihm noch ein Päcken Zigarettenpapier in die Manteltasche, und sie zogen eilig weiter, der kalte Angstschweiß stand ihnen auf der Stirn. „Das hätte ins Auge gehen können", meinte Julius.

Weitere Erinnerungen aus der Kindheit fielen mir jetzt im Zug wieder ein: Not macht erfinderisch – der „Kohlenklau" etwa. Parallel zur Hallerstraße führte die Bahnstrecke Ruhrgebiet – Hannover. Die Trasse, von Gütersloh kommend, steigt bis zum Brackweder Bahnhof stark an. Hinter den Häusern am Ende der dazugehörenden Gärten grenzte der hohe Bahndamm. Das führte dazu, dass die Güterzüge bis zum Bahnhof, wenn sie voll beladen waren, sehr langsam fuhren. Sie fuhren öfters langsam, wenn sie Kohle geladen hatten, weil man, wer auch immer es war, die Schienen mit Stauferfett beschmiert hatte. So konnte man das begehrte rationierte schwarze Gold, notwendig zum Heizen und Kochen, wie folgt ergattern: Die Männer sprangen auf die Waggons und warfen die Kohle den Bahndamm hinunter in die Gärten, und die Frauen suchten sie auf.

Mit Ende des Krieges kamen eines Tages die ersten ausländischen Soldaten – es waren auch Afro-Amerikaner dabei – nach Brackwede. Wir Kinder staunten, als die Soldaten mit ihren Panzern die Hallerstraße entlang fuhren, um auf dem Feld vor der Bleiche ihr Quartier aufzuschlagen. Sie beschenkten uns mit Süßigkeiten. Ich hatte noch nie einen dunkelhäutigen Menschen gesehen und staunte, wenn sie beim Lachen ihre weißen Zähne zeigten. Unsere Eltern sahen das nicht gerne und baten uns, sie nicht zu besuchen, aber unsere Neugier war stärker.

Am 1.04.1948 wurde ich eingeschult. Zu dieser Zeit gab es noch die so genannten nach Konfessionen geteilten Volksschulen. Da ich katholisch war, musste ich in die Fröhlenbergschule. Der Weg war weiter als zur Löntkertschule, in die meine evangelischen Spielgefährten kamen.

Im Jahre 1950 verunglückte ich schwer und lag fast fünf Monate im Krankenhaus. Beim Spielen war ich den Bahndamm herunter gefallen und hatte meinen linken Ellenbogen auf einer dicken Schraube einer Zugschiene zerschlagen. Das Ellenbogengelenk war zertrümmert. In mehreren Operationen wurden Knochensplitter entfernt. Die Ärzte hatten schon die Amputation in Erwägung gezogen. Das Ellenbogengelenk war auf Lebenszeit geschädigt. Ob Vater schon dachte, sein Sohn werde ohne linken Arm ein Krüppel?

Im Jahre 1951 zogen wir nach Bielefeld. Meinen Vater, der seit 1939 bei der Firma Böllhoff arbeitete, bat man, eine Dienstwohnung in dem neuen Werk in der Gneisenaustraße zu beziehen. Somit wechselte auch ich die Schule und ging bis zu meiner Entlassung 1956 zur Klosterschule. Durch meinen neuen Freundeskreis schloss ich mich einer Jugendbewegung, den Fahrenden Gesellen an. Diese prägten meine Jugend bis zuletzt.

Während die Erinnerungen mich beschäftigten, rollte der Zug dem Ziel Hamburg entgegen. Mittlerweile wurde die Landschaft ebener, Felder und Wiesen wichen dem hügeligen Bergland. Die Weser wurde breiter, Binnenschiffe zogen vorbei mit Kurs auf Bremen.

Ich dachte an meinen Altgesellen Wilhelm Engelmann, an seine Worte: „Mensch August, das kann's nicht sein, die Lagerschalen passen immer noch nicht." Ich stellte ihm die Frage: „Warum dieser Ausspruch?" Er meinte: „Unser Betriebsleiter, der Grube, auch Lulu benannt, behandelt uns in seiner arroganten Art wie einen August, wie einen dummen August." Engelmann war ich in der zweiten Hälfte meiner Lehrzeit zugeteilt. Er war für das Anpassen der Lagerschalen für die Lagerung der Wasserturbinenwellen zu ständig. Er war mit dreiundsechzig Jahren zwar ein alter, aber erfahrener Maschinenschlosser, der diese Aufgabe schon mehrere Jahre meisterte. Eines Morgens, es war eine neue und große Welle von der Dreherei an unserem Arbeitsplatz angeliefert und aufgebockt worden, um die Lagerschalen anzupassen, Lagerschalen aus Weißmetall, in denen sich die Welle drehen sollte. Die starke Welle aufgekeilt, das Laufrad der Wasserturbine mit einem Durchmesser von 100 mm, für einen Antrieb durch Wassermassen von 300 l/sek. bei einer Fallhöhe von 200 m.

Vollflächig mussten sie an der Welle anliegen, vollflächig mussten sie die Welle lagern. „Schaben, tuschirren, schaben, tuschirren, immer wieder, muss doch bald passen! Das kann's doch nicht sein, August, Mensch August, wenn wir so weiter machen, werden die Lagerschalen zu dünn und sind dann Ausschuss. Muss ich dann dem Meister melden, und das gibt wieder mit dem Grube Ärger.

Ich dachte an meinen ersten Lehrtag, an jenem zweiten April 1956, einem Montag. Beim Passieren von Werktor Zwei hörte ich die Stimme des Pförtners: „Neue Lehrlinge bitte vor der Kesselschmiede versammeln!" Im Innenhof versammelten sich zwanzig neue Lehrlinge, Gesichter voller Erwartung! Ängstlich? Nervös? Warum? Sollten doch froh sein, eine Lehre beginnen zu können. Auch ich war in dieser Runde, mit Vaters alter Aktentasche bepackt, mit einem Henkelmann (ein emaillierten Topf mit Mittagessen). Schade, dass er das nicht mehr erleben durfte. Kurz vor seiner schweren Krankheit, an der er am 13.12.1954 verstarb, meinte er: „Wenn du so weiter machst, wirst du Straßenfeger." – Hatte mal wieder eine Fünf in Mathe, worauf ich brüskiert antwortete: „Die kriegen auch 'ne Pension."

Dachte an das verfluchte Gussputzen. Guss putzen, auf dem Bauch liegend im Inneren des gusseisernen Turbinengehäuses, spiralförmig ausgebildet mit immer enger werdendem Durchmesser. Eine staubige Angelegenheit. Warum mussten wir Lehrlinge diese Arbeit verrichten, wollten doch Maschinenschlosser werden. Lehrlinge sind bei einem Monatsgehalt von 75 DM im ersten Lehrjahr billiger als Hilfsarbeiter. Dachte an jeden Freitag. Freitags mussten alle Lehrlinge bis zum Ende des dritten Lehrjahrs den hölzernen Fußboden putzen. Putzen, Späne entfernen und mit Pflegemittel einreiben. Dachte an die alten primitiven Wachräume mit langen steinernen Becken. Dachte an die alte, zum Teil vertrocknete „Grüne Tante" in den verrosteten Eimern. Es war ein Waschmittelgemisch aus Sand und Schmierseife, brannte abscheulich im Gesicht, aber wie sollte man den Graugussstaub sonst entfernen.

Im Jahr 2006, fünfzig Jahre nach Beginn meiner Maier-Lehrzeit, hatte ich die Gelegenheit, die Maschinenfabrik von innen wieder zu sehen. Sah wieder meinen alten Arbeitsplatz, die hölzerne Werkbank, den Holzfußboden, den Ort, wo wir, der Altgeselle Wilhelm Engelmann und ich, die Lagerschalen eingepasst hatten. Sah sie wieder, die großen Karusselldrehbänke im Dornröschenschlaf, wurden schon lange nicht mehr benötigt, der Ausbau und die Entsorgung nicht vorgenommen, Museumsstücke. Sah sie, die Rampe am Kopfende der großen Maschinenhalle, mit Werkskran unter der Decke, noch in Betrieb. Die Rampe mit dem Gleisanschluss, über die der Versand der Turbinen in alle Welt erfolgte und in mir die Sehnsucht in die Ferne erweckte. Die Sehnsucht, noch sitzend im Zug auf der Fahrt nach Hamburg, meinem zweiten Tor, dem Tor zur Welt.

Der Zug näherte sich langsam seinem Ziel, meinem Ziel. An den Haltsstellen stiegen immer mehr Fahrgäste mit dem Ziel Hamburg zu. So füllte sich auch das Abteil, in dem ich saß. Unter den neuen Fahrgästen war sie, die junge hübsche Frau mit ihrem kleinen Kind, einem Mädchen. Sie nahmen mir gegenüber Platz. Ich schaute sie an, beeindruckt von ihrem Äußeren. Unsere Blicke trafen sich, sie lächelte mir zu. Die Kleine, schätzte sie auf fünf Jahre, schmiegte sich an ihre Mutter und sprach: „Mama, wann sind wir bei Papi?" - „Liebling, das dauert noch etwas, wir müssen ja, wenn wir in Hamburg aus dem Zug gestiegen sind, noch in den Hafen fahren."

Ich wurde stutzig und schaute beide an. Sie lächelte mir wieder zu. Ich fasste mir ein Herz und fragte: „Wollen sie mit einem Schiff verreisen?" Das Kind, sie nannte es Lisa, plapperte: „Wir besuchen Papa, der arbeitet auf einem großen Schiff und nimmt uns mit." Sie, schaute auf Lisa, streichelte ihre Haare und meinte: „Ob das der Onkel überhaupt wissen möchte?" Ich erzählte ihr den Zweck meiner Reise: „Ich komme aus Bielefeld und fahre ebenfalls nach Hamburg, will zur See fahren und muss noch heute auf dem Schiff sein." Die Junge Frau sprach mich nun an: „Ja, Lisa hat Recht, mein Mann ist Nautischer Offizier, sein Schiff ist vorgestern in Hamburg eingelaufen, er kann leider nicht nach Hause kommen, daraufhin habe ich mich entschlossen, ihn mit Lisa zu besuchen, wir werden dann an bis Kiel-Holtenau an Bord bleiben." Sie nannte mir auch den Namen des Schiffes und meinte: „Es liegt im Kaiser-Wilhelm-Hafen." Nun wollte sie wissen, wo mein Schiff liegen würde, worauf ich ihr antwortete: „Das Schiff liegt in der Howaldt-Werft."

Mittlerweile war der Zug in Hamburg angekommen. Nach Verlassen des Bahnhofs wollte ich mich von ihr und dem Kind verabschieden, aber sie schnitt mir die Worte ab: „Sie können mit uns in den Hafen fahren" und winkte nach einem Taxi. Dem Taxifahrer gab sie als Ziel den Kaiser-Wilhelm-Hafen an. „An welche Pier möchten Sie denn, junge Frau", wollte er wissen. Sie wusste es nicht, hatte ihr Mann doch nur gesagt, das Schiff liege im Kaiser-Wilhelm-Hafen. Kein Problem, er fand das Schiff, setzte die beiden ab und brachte mich zur Howaldt-Werft. Bezahlen brauchte ich nicht, hatte die Junge Frau bereits erledigt. So begann meine Seefahrtszeit.

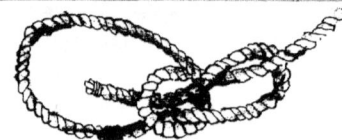

Motorschiff CAP FINISTERRE - Stückgutfrachter

Reederei: Hamburg Amerikanische Dampfschifffahrtsgesellschaft, Eggert & Amsinck

Unterscheidungssignal: DILH
Baujahr: 1956 – Howaldtswerke AG Hamburg
Indienststellung: 16.05.1956
Heimathafen: Hamburg
Vermessung: Länge: 154,0 m, Breite: 18,80 m,
Tiefgang: 8,14 m, 6432 BRT, Tragfähigkeit: 8572 t als Vollschiff
12 Passagiere
Besatzung im Drei-Wachen-Betrieb auf großer Fahrt: 47 Mann
Der Kapitän steht über allen als Vertreter der Reederei an Bord
Bereich Deck: 1., 2., 3. und 4. Wachoffizier, 2 Nautische Assistenten
Funkoffizier,
Bootsmann, Zimmermann, 6 Matrosen, 2 Leichtmatrosen, und 2
Jungmänner
Bereich Maschine: Chiefingenieur, 2., 3. und 4. Wachingenieur,
4 Ingenieurassistenten, Storekeeper, Elektriker, 3 Motorenwärter
Bereich Wirtschaft: 14 Mann: 3 Köche 2 Bäcker, 1 Schlachter, Ober-
steward, 4 Stewards und 3 Wäscher
Bis auf die Matrosen, Motorenwärter und Wäscher, deren Logis achtern waren, wohnten die restliche Besatzung sowie die Passagiere
mittschiffs. Hier befanden sich auch der Salon und die Messen,
sowie die Kombüse
Ladung: Vorwiegend Stückgut sowie Tiefkühlfracht von +12°C bis -
18°C. Hiefür waren fünf Laderäume, unterteilt in drei Decks mit unterschiedlicher Höhe vorhanden sowie Süßwassertanks mit insgesamt 5.000 m³. Die Luken der Decks mit Längen von 5,60 m bis
14,25 m und einer Breite von 5,60 m bis 6,00 m waren vor und hinter
dem Aufbau angeordnet. Sie waren mit 6,20 m breiten MacGregor-
Stahlluken seewasserfest verschlossen. Das Ladegeschirr bestand
aus 16 Ladepfosten, sowie16 Ladebäumen mit einer Tragkraft von 2
- 10 t. Die Ladepfosten mit den 16 elektrisch angetriebenen Ladewinden mit Hangerspillkopf waren auf den Decks der Aufbauten bzw.
der drei Windenhäusern angeordnet. Des Weiteren waren 2 Süßöl-
tranks mit 772,6 m² vorhanden. Die Laderäume, Wohn- und Aufenthaltsräume sowie der Maschinenraum wurden mit elektrisch angetriebenen Lüftern über die Lademasten oder Lufthauben be- und
entlüftet.

Technische Daten
Die Leistung der Hauptmaschine - Zweitaktkreuzkopfmotor ohne
Aufladung - betrug bei 8 Zylindern und einer Drehzahl von 115 U/min
7.200 PS bei 16,3 Knoten. Als Brennstoff wurde Schweröl eingesetzt. Bei maximaler Leistung betrug der Brennstoffverbrauch ca. 28
t pro Seetag. Die Kompressoren für die Kühlung der Laderäume
befanden sich aus Sicherheitsgründen in einem separaten Raum, da

21

als Kühlmittel Ammoniak verwendet wurde. Zur Stromerzeugung (380/220 V) waren 3 Dieselgenerator mit 1.000 PS bzw. 800 PS sowie ein Notstromaggregat mit 170 PS vorhanden. Die Wärmeversorgung (Schweröltank Seewasserverdampfer und Raumheizung) erfolgte durch den im Schornstein angeordneten La-Mont-Abgaskessel, betrieben durch Motorabgase, sowie einem weiteren ölbefeuertem Heizkessel. Ferner war zur Frischwasserversorgung ein Seewasserverdampfer installiert.

Einsatzgebiet: Liniendienst Europa – Südamerika Westküste
Zurückgelegte Seemeilen pro Reise Hamburg - europäische Häfen, wie Rotterdam, Antwerpen - Rio de Janeiro – Montevideo - Buenos Aires - Santos und zurück ca. 14.200 Seemeilen.
Dauer der Reise je nach Ladungsaufkommen und Liegezeiten 8 -10 Wochen.
  Das Schiff wurde am 30.03.1972 an eine Reederei in Monrovia verkauft und im September1955 verschrottet.

Beginn meiner Seefahrtzeit

Autor Rolf Peter Geurink zu Beginn seiner Seefahrtszeit

Ich war natürlich mehr als neugierig, was nun auf mich zukam, hatte ich doch noch nie ein Seeschiff von innen gesehen oder gar darauf gelebt und gearbeitet. Ich wusste auch nichts vom Tagesablauf und meiner zu verrichtenden Tätigkeit. So erfuhr und erlebte ich während der Werftzeit, die am 28. Januar 1960 durch das Verholen an die Ladepier endete, das Bordleben, den Tagesablauf und vieles mehr.

Hamburg – Amerika-Hafen – Verladepier Schuppen 80 und Dalbenlieger

Ich teilte mir eine Kammer mit zwei Bullaugen auf dem Hauptdeck mit einem Kollegen, ebenfalls ein Ing.-Assi. Seine Erfahrungen – er fuhr schon über ein Jahr auf dem Schiff – halfen mir sehr. Wie ich hörte, war ich das dienstjüngste Mitglied des Maschinenpersonals.

Jedoch ahnte ich zu dieser Zeit nicht, dass ich dieses Schiff in Buenos Aires verlassen sollte, um auf die URSULA HORN umzumustern. Nun wurde mir auch klar, warum ich von der Reederei genommen worden war. Die URSULA HORN war ein kleines Kühlschiff (Näheres später) und fuhr als Zubringer für die großen Seeschiffe an der Ostküste von Südamerika. Dort sollte ich einen Assi ablösen, der zurück nach Deutschland musste, um den Dienst auf einem Dampfschiff anzutreten.

Am 30.01.1960 lief die CAP FINISTERRE zu der Linienfahrt Kurs Südamerika elbabwärts aus.

Hafen Hamburg – St.Pauli – Schlepper – Michel

Ich versah meinen Dienst hoch oben im Schornstein am Abgas-
kessel. Saß auf dem Schemel. Auf dem verbeulten Boden standen
kleine Wasserpfützen.

Schiffsbegrüßungsanlage „Willkommhöft" Schulau

Das Schiff erreichte die Lotsenstation „ELBE 1". Es schaukelte,
die Pfütze schwappte. Ich ging an Deck, sah unten in der dunklen
Nacht weiße Schaumkronen, erspähte das Lotsenversetzboot. Mir
wurde übel, musste mich übergeben, war seekrank bis fast zum
Einlaufen in Rotterdam. „Assi, besorgen Sie sich in Rotterdam in
einer Apotheke Tabletten gegen die Seekrankheit", gab mir der dritte
Ingenieur als Tipp. Tabletten, die ihre Wirkung zeigten: Ich wurde
müde und schlief während der Seewache im Maschinenraum ein.

Bunkern in Las Palmas

24

Es wurden auf dieser Reise noch die Häfen Rotterdam – zur weiteren Ladungsaufnahme – sowie Las Palmas – hier wurde Schweröl gebunkert – angelaufen.

Als ersten Hafen in Südamerika erreichten wir Rio de Janeiro.

Der Badestrand Copacobana in Rio de Janeiro

Dann ging es weiter nach Montevideo. Am 17.02.1960 erreichten wir Buenos Aires.

Bei Ankunft der CAP FINESTERRE in Rio de Janeiro wurde ich zum Kapitän bestellt. In seinem Büro war auch der Chief anwesend. Die Herren unterbreiteten mir, dass ich „auf Anordnung der Reederei" auf die URSULA HORN versetzt werden solle. Ich müsse einen Ingenieurassistenten ablösen, der am 1.04.1060 sein Studium zum C5-Patent an der Schiffsingenieurschule in Flensburg antreten wolle.

Der Hafen von Rio de Janeiro

Nun erinnerte ich mich an das Gespräch im Herbst 1959 anlässlich meines Vorstellungsgespräches im Kontor der Reederei, als man mir sagte, die Reederei würde grundsätzlich nur Bewerber als Ingenieursassistenten einstellen, die die Vorraussetzungen zur Erlangung

25

der Patente C5 und C6 erfüllen. Also blieb mir nichts anderes übrig, als zu erklären: „Ja, alles klar, wann kommt das Schiff?" Da das Schiff schon im Hafen lag, packte ich meine Klamotten und stieg auf die URSULA HORN um.

Im Hafen von Buenos Aires

Meine Fahrzeit auf CAP FINESTERRE hatte bis zum 19.02.1960 nur 2 Monate und 25 Tage betragen.

Motorschiff URSULA HORN, Vollkühlfrachter

URSULA HORN

Reederei: Heinrich C. Horn Hamburg

Unterscheidungssignal: DAQL

Baujahr: 1959, bei der Sitas-Werft, Hamburg-Neuenfelde

Heimathafen: Hamburg

Vermessung: 887 BRT, Tragfähigkeit: 1.424 t, bzw. 60.450 cbf Länge: 74,98 m, Breite: 10,80 m, Tiefgang: 6,30 m

Besatzung im Drei-Wachen-Betrieb auf Mittlerer Fahrt: 21 Mann

Der Kapitän steht über allen als Vertreter der Reederei

Bereich Deck: 3 Wachoffiziere, 1 Funkoffizier,

1 Bootsmann, 6 Matrosen

Bereich Maschine: Chiefingenieur, 2 Wachingenieure, 3 Ingenieur-assistenten
Bereich Wirtschaft: 1 Koch und 2 Stewards
Die Besatzung wohnte in den Aufbauten, verteilt auf drei Decks
Ladung: Kühl- bzw. Tiefkühlfracht von + 12° C bis - 21°C, vorwiegend Fleisch, sowie Obst, überwiegend Bananen. Hierfür waren zwei isolierte Laderäume, unterteilt in zwei Decks mit Höhen von 6,30 m, vorhanden. Zwei Ladeluken von 7,00 m Länge und 4,00 m Breite wurden durch Speziallukendeckel - Fabrikat MacGregor - verschlossen. Zum Laden und Löschen der Ladung standen vier Ladebäume mit je 3 t zur Verfügung. Die elektrisch angetriebenen Winden befanden sich auf dem Windenhaus mittschiffs. Die Laderäume wurden durch zwei Kühlaggregate mit Ammoniak auf die geforderte Temperatur, jeweils der Ladung entsprechend, gehalten. Zur Kontrolle und Überprüfung der Raumtemperaturen waren alle vier Laderäume durch den Maschinenraum oder vom Windenhaus aus begehbar. Die Wohn- und Aufenthaltsräume wurden durch die Klimaanlage maximal 5° C unter der Außentemperatur gehalten.
Technische Daten:
Als Antrieb war ein Sechs-Zylinder-Viertakttauchkolben-Dieselmotor der Firma Deutz, Type RBV M 545, mit Aufladung und einer Leistung von 1.320 WPS zur Verfügung. Bei einer Drehzahl von 310/min auf die Schiffsschraube betrug die Reisegeschwindigkeit 12,5 Knoten. Bei maximaler Leistung betrug der Brennstoffverbrauch ca. 5.100 kg pro Seetag. Zur Stromerzeugung der elektrischen Verbraucher (Winden, Lüfter, Pumpen, Kompressoren, Bordheizung sowie Beleuchtung ect.) standen drei Dieselaggregate mit unterschiedlicher Leistung zur Verfügung, wovon ein Diesel mit dem Kühlkompressor gekuppelt war.
Einsatzgebiet: Die Ursula Horn fuhr unter der Charter der Hamburg-Süd in erster Linie als Zubringerschiff (heute sagt man Feederschiff) an der Ostküste Mittel- und Südamerikas für die Hamburg-Süd. Am 22.12.1959 wurde das Schiff in Dienst gestellt und lief wenige Tage später in Ballast nach Südamerika aus. Am 8.09.1960 lief die URSULA HORN zum ersten Mal wieder in Hamburg ein und legte bei der Sitas-Werft in Neuenfelde an. Im Rahmen der Gewährleistung mussten diverse Mängel, insbesondere an der Hauptmaschine beseitigt werden.
Danach endete die Zeitcharter bei der Reederei Hamburg-Süd, und das Schiff wurde von der Kühlschiffsreederei Christian Horn bereedert. Diese verkaufte es 1972 an eine holländische Reederei in Groningen. Im Jahre 1987 wurde es abermals veräußert: an eine Reederei mit Sitz an der Elfenbeinküste. Nach einer Fahrzeit von fast 30 Jahren wurde das Schiff im August 1989 verschrottet.

Meine Fahrzeit auf der URSULA HORN begann am 19.02.1960, als ich in Buenos Aires ummusterte. Auch hier hatten meine beiden Kollegen die Vorraussetzungen für die Erlangung der Patente C5 und C6.

Das Schiff lief am 21.02.1960 in Ballast mit Kurs Bahia Blanca aus. Hier wurde Fleisch geladen, bestimmt für Alexandrien. Dort kamen wir kamen wir am 17.03.1960 an. Wir waren 26 Tage unterwegs und hatten ca. 8.000 Sm zurück gelegt.

Von Alexandrien ging es am 20.03.1960, beladen mit diversen Gemüse- und Obstsorten, wieder in Richtung Südamerika nach La Guaira in Venezuela. Die Reise dauerte 21 Tage. Somit liefen wir am 10.04.1960 in La Guaira ein.

Die Stadt La Guaira in Venezuela

La Guaira ist eine Stadt in Venezuela. Sie gilt (laut wikipedia) traditionell als „Pforte Venezuelas", da sie einen der bedeutendsten Häfen des Landes beherbergt und sich lediglich 30 km nördlich der Hauptstadt Caracas befindet. Die Stadt hat 25.259 Einwohner und ist Hauptstadt des Bundesstaates Vargas. Die Stadt liegt im Norden Venezuelas am Karibischen Meer in Ost-West-Richtung in der Mitte des Landes, wo die Kordillere bis ans Meer reicht. Die Stadt liegt auf 218 m Höhe auf einem dünnen Streifen zwischen Meer und dem Berg El Ávila sowie in den Falten desselben. La Guaira ist mit der Nachbarstadt Maiquetia zusammengewachsen. Die umliegende geographische Barriere ist auch physische Grenze für das Stadtwachstum und bedingt, dass La Guiara trotz ihrer großen wirtschaftlichen, politischen und kulturellen Bedeutung nur eine geringe Einwohnerzahl hat. Der größte Flughafen Venezuelas, der Aeropuerto Internacional Simón Bolívar, der zu Caracas gerechnet wird, aber in Maiquetia liegt, ist weniger als 5 km von La Guaira entfernt.

Blick auf La Guaira vom Cerro El Ávila aus gesehen

Obwohl die Stadt am Karibischen Meer liegt, verfügt sie über keine Badestrände, da das Meer dort zu wild ist. Allerdings gibt es bedeu-

tende Fischereistützpunkte. Das Klima ist tropisch mit einer Jahres-
durchschnittstemperatur von 28º C bei weniger als 200 mm Nieder-
schlag pro Jahr. Allerdings litt die Stadt im Dezember 1999 stark
unter sintflutartigen Niederschlägen, wobei von dem Berg Avila, der
zwischen La Guaira und Caracas liegt, enorme Schlammmassen
heruntergespült wurden, die viele Häuser unter sich begruben und
andere an den Hängen gebaute mit zum Abrutschen brachten. Teile
der Stadt wurden zerstört. Die genaue Zahl der Toten blieb unsicher; man geht aber von bis zu 7.000 aus. Noch heute sind Spuren
der Zerstörung in einigen Teilen der Stadt zu sehen.

In La Guaira möchte ich an Land, möchte etwas von der Umgebung sehen. „Geh nicht in das Elendsviertel, das ist zu gefährlich,
auch am Tage, geh doch zur Seilbahn, fahre auf den Bergkamm
Avila zum Humboldthotel. Fahre mit dem Bus zur Talstation der
Bahn in den Nachbarort Macuto", meint Heinrich, Lametta-Willis
Sohn, unser Reiseführer. Ich mache mich auf den Patt, komme an
der Talstation an. Hinter der großen Glaswand sehe ich den Antrieb,
ein großes Schwungrad mit den angeflanschten Seiltrommeln und
dem Elektromotor. Lese das Schild: „Erbaut 1955, Gebrüder Dickertmann, Bielefeld, Germany." Die Firma Dickertmann aus der
Großen Kurfürsten-Straße in Bielefeld ist mir bekannt.

Setze mich in eine der großen Gondeln, bin der einzige Passa-
gier. Die Gondel setzt sich in Bewegung, gewinnt an Höhe. In den
Tälern steigt der Nebel auf, alles ist pottendicht, die Sicht fast Null.
Die Gondel schaukelt leicht. Plötzlich bleibt sie stehen. Ich habe
Angst, Muffensausen, denke: was nun? Die Zeit vergeht, nichts
passiert. Plötzlich ein Ruck. Das Ding fährt wieder, Gott sei Dank!
Oben angekommen genieße ich den herrlichen Ausblick zu allen
Seiten, zur Seeseite und in Richtung Caracas.

Die Seilbahn zum Berg Avila

Die Talstation

Die Ladung war in zwei Tagen gelöscht, und wir setzten in Ballast die Reise nach Belem of Para fort. Dort kamen wir am 16.04.1960, an.

Belém ist eine Stadt im Norden von Brasilien, die größte Stadt und Hauptstadt des Bundesstaates Para und liegt im Mündungsgebiet des Amazonas. In den Amazonas münden (laut wikipedia) etwa 10.000 Flüsse. Von den 1.100 größeren Nebenflüssen sind allein 17 über 1.600 Kilometer lang und damit länger als der Rhein. Die Breite des Flusses beträgt in Brasilien meist mehrere Kilometer und variiert jahreszeitlich bedingt durch die schwankenden Niederschläge an den Oberläufen. In den Zeiten größter Wassermengen kann er die angrenzenden Wälder auf einer Breite von bis zu 100 Kilometern überschwemmen. Die betroffenen Überschwemmungswälder bilden die Várzea, ein einzigartiges Ökosystem. Im Mündungsbereich des Amazonas liegt die Flussinsel Marajó. Rechnet man diese 49.000 Quadratkilometer große Insel sowie die südlich von ihr mündenden Flüsse (insbesondere den Rio Tocantins) hinzu, hat das Mündungsdelta des Amazonas eine Breite von mehreren hundert Kilometern. Er durchquert von West nach Ost eine Landschaft, die als Amazonasbecken bezeichnet wird.

Die Zufahrt zum Hafen Belem / Para

In der Amazonasmündung hatten unsere Nautiker große Probleme. Sie fanden das Lotsenversetzboot nicht. Wie sich später herausstellte, hatten sie sich auf Grund von nicht mehr aktuellen Seekarten verfahren, sollte auch eine Schuld von „Lametta-Willi" gewesen sein.

Die Besatzung der URSULA HORN bestand bis auf den Kapitän aus „Hamburg-Süd-Fahrern". Der Kapitän, Wilhelm Spangenberg, der Bootsmann nannte ihn auch „Lametta-Willi", war also Angestellter der Reederei Heinrich C. Horn. Er trug beim Einlaufen und Auslaufen sowie im Hafen eine „Litanei" von Kriegsorden an seiner Uniformjacke. Angeblich war er während des II. Weltkrieges ein ranghoher Kapitän gewesen. Er hatte seine Frau und den Sohn mit an Bord. Der Sohn Heinrich versuchte seine Langeweile mit der Tätigkeit als Salonsteward zu vertreiben und seine Frau spielte die „First lady".

Ein Schiff wird kommen

Ein Schiff läuft in den Hafen von Belem / Para ein. „Lametta-Willi", Kapitän des Motorschiffes URSULA HORN hat vom Manövrieren des Schiffes laut Äußerung des Bootsmannes „soviel Ahnung wie ein Schwein vom Stabhochsprung". Dass dieses so ist, erfahren wir beim Einlaufen in den Hafen. Beim Ansteuern der Pier hält er mit dem Schiff geradeaus in Richtung Kaimauer. Das Deckpersonal wird schon unruhig, der zweite Offizier und der Bootsmann, die auf dem Bugdeck stehen, sind sprachlos. Der Lotse und der I. Offizier auch ratlos, da der Alte die Hinweise der beiden völlig ignoriert. Zu spät leitet er das notwendige Anlegemanöver ein. Auch der Befehl über den Maschinentelegraphen: „Maschine voll zurück!", hilft nicht mehr. So kommt, was kommen muss: Der Bugsteven knallt mit Getöse gegen die Kaimauer. Mit dem Wort „so 'n Schiet" wendet er sich an den I. Offizier und äußert barsch: „Grefe, machen Sie den Rest!" und verschwindet von der Brücke. Später sagt er: „Die in der Maschine sind Schuld, das Umsteuern hat zu lange gedauert." Nach dem Festmachen besichtigten der I. Offizier mit dem Chief und dem Bootsmann den Schaden. Es ist mehr als eine große Delle. Ein großer Riss ist zu erkennen. Der Bootsmann sagt: „Das kriegen wir wieder hin. Ich brauche Zement, Sand, Bretter und Wasserglas. Dieses Material wird über den Makler beim Schiffsausrüster bestellt. Der Bootsmann verschalt von innen die Stelle und befüllt den Hohlraum mit einer Mischung aus Zement, Sand und Wasserglas. Diese Masse wird knüppelhart. Somit können wir ohne Werfthilfe ohne Gefahr bis zur Rückkehr nach Deutschland weiter fahren. Junge, komm bald wieder, bald wieder nach Haus. Der Kapitän des Motorschiffes ist kein Junge, er ist ein unfähiger, arroganter und selbstherrlicher Mensch.

Nachdem das Schiff unter anderem mit Nüssen, Kautschuk und Fisch beladen und der Schaden am Bug behoben war, liefen wir am 20.04.1960 zunächst zum Bunkern nach Trinidad aus und dann weiter nach Santos.

Kolbenfresser

Ein Kolbenfresser auf See ist das Schlimmste, was einem passieren kann, denn mit ausgefallener Hauptmaschine ist man ja bekanntlich manövrierunfähig. Als Kolbenfresser werden Schäden an den Kolben im Bereich der Berührungsfläche zum Zylinder bezeichnet. Die Ursachen hierfür entstehen aus unterschiedlichen Gründen, wie zum Beispiel durch erhöhte Temperaturen, mangelnde oder auch zu starke Schmierung. Ursache können auch Montage- oder gar Konstruktionsfehler sein. Der auf und ab bewegte Kolben bedarf im Allgemeinen der Schmierung und Kühlung mittels Schmieröl. Die Reibungswärme soll abgeführt und Reibung so minimiert werden. Beim Fressen erhöht sich durch zu hohe Motorlast oder reduzierte Motorkühlung die Temperatur des Kolbens. Da sich der Kolben schneller erwärmt als der ihn umgebende gekühlte Zylinder, dehnt er sich schneller aus und beginnt zu blockieren, wenn das Spiel gegen Null läuft. Dies führt innerhalb kürzester Zeit zum Festfressen, also zur völligen Blockade des Kolbens im Zylinder durch Verschweißen des Kolbenmaterials mit der Zylinderwand im oberen oder unteren Totpunkt, wenn die Relativgeschwindigkeit von Kolben zu Zylinder gegen Null geht. Der Verlust von Kühlmittel, eine zu hohe Drehzahl sowie Schlammbildung im Öl, verstopfte Öl-Spritzdüsen, Ölmangel oder auch zuviel Öl (da die Kurbelwelle ins Öl schlagen kann) und sich somit Luftbläschen im Öl bilden und die Schmierfähigkeit des Öls stark beeinträchtigen, kann ebenso zum Kolbenfresser führen.

Des Weiteren führt ein Verschleiß im Kolben, z. B. durch starke Verschmutzung der Ansaugluft, zu erhöhter Reibung und begünstigt die Neigung zum Fressen der Bauteile. Auch ein defekter, etwa gebrochener Kolbenring kann zu erhöhter Reibung und letztlich zum Kolbenfresser führen. Verhaltensregel zur Vorbeugung des Kolbenfressers: Man sollte im Verdachtfall schnellstens die Maschine abstellen, da sonst nach nur wenigen Minuten der Kolbenfresser folgen kann, was den Motor endgültig zerstören würde. Bei einer Blockierung eines Kolbens werden alle sich in Bewegung befindlichen Teile des Motors schlagartig abgebremst. Der Pleuelquerschnitt versagt aufgrund zu großer Zug- oder Druckkräfte und der Pleuel reißt ab. Außerdem kann es zu Verformungen der Kurbelwelle und der Wellenlager kommen. In der Regel ist dann der entstandene Schaden nicht mehr reparabel.

Auf der Reise von Belem de Para nach Santos passierte es. Wenn man in seiner Koje schläft, vernimmt man im Unterbewusstsein das gleichmäßige Vibrieren des Schiffes, verbunden mit dem monotonen gleichmäßigen Maschinengeräusch. Man wird also automatisch wach, wenn die Maschine nicht mehr läuft und das Schiff an Geschwindigkeit verliert. So war es auch in diesem Falle. Also zog ich mich schnell an und lief in den Maschinenraum. Innerhalb von wenigen Minuten war die gesamte Maschinen-Crew im Maschinenraum versammelt und zusätzlich auch der Kapitän, der sich verständlicherweise einen Eindruck verschaffen wollte. Es gab nur eine Möglichkeit: Kolbenziehen. Der Kapitän bot dem Chief Hilfe durch die Matrosen an. Glücklicherweise war die See ruhig und wir nicht unter Land. Nicht auszudenken, dieses wäre bei starker See passiert. Schnell wurde nun gehandelt und mit der Arbeit begonnen. Die Aufgaben wurden verteilt. Ich sollte mit meinem anderen Assi-Kollegen die Pleuelstange von der Kurbelwelle lösen, also öffneten wir von beiden Seiten die Revisionsklappen, legten uns auf den Rücken, tauchten ein in das warme Kurbelwellengehäuse. Heißes Öl tropfte in unser Gesicht. Wir setzen die Zangen an, um die Splinte gerade zu biegen und aus der Mutter zu ziehen. Die Zangen voller Öl. Nicht abrutschen, bloß nicht die Zange fallen lassen, fallen lassen in die Ölwanne. Nun schnell die Muttern lösen, Schrauben entfernen, aufpassen, dass die Lagerschalen nicht abfielen.

Die da oben waren auch am Malochen: Zylinderdeckel abtakeln, alles abbauen, damit der Deckel zur Seite gehoben werden konnte. Diese Enge! Man konnte kaum vernünftig arbeiten, das Gerangel von emsigen Händen. Es musste schnell gehen, die Ärmelstreifen glotzten, trieben an. „Wie lange dauert das denn noch?" Der II. brüllte zurück: „Können auch nicht hexen, baut 'ne Mücke und macht die Leute nicht verrückt!" Kapitän und Chief hauten ab, war auch besser so. Der Deckel war ab. „Ihr beiden da unten aufpassen, Pleuelstange führen, drücken, der Kolben muss noch höher, können ihn noch nicht einhaken, noch etwas, gut so, hiev ob, vorsichtig!" Endlich, der Kolben hing frei. Nun begann die Säuberung von Kolben und Zylinderbuchse, alles war stark verkokst. „Runter mit allen Kolbenringen, auch den Ölabstreifringen, Assi hol neue!" Raboti, Raboti, schnell, schnell!

Endlich war der Kolben wieder einbaufähig und die Laufflächen der Zylinderbuchse gereinigt. „Rein damit, aber vorsichtig, nicht ruckeln, immer stramm hängen am Flaschenzug, Kolbenringe ein-

führen, gegendrücken, wegfieren, aber langsam!", so das Kommando vom II. Von unten der Ruf: „Weiter, weiter, aber langsam, stopp,
liegt auf!" Endlich geschafft! Nun alles schnell zusammen bauen,
Pleuelstange mit dem Lager an den Kurbelzapfen montieren. Mittlerweile war der Deckel befestigt, alle Verbindungen und Teile wurden aufgetakelt. So malochten wir. Ein Kampf mit der Zeit. Endlich,
nach drei Stunden, ging's los: „Langsam anfahren!" Horchen, beo-
bachten - alles in Ordnung. Die Reise konnte wieder weitergehen.
Ausruhen, endlich ausruhen bis zum nächsten Wachwechsel.

Warum der Kolbenfresser? Warum nach so kurzer Zeit? Das
Schiff war doch erst zwei Monate in Betrieb. Fragen über Fragen.
Auch Fragen, ob der Chief nicht Schuld sei. Der II. vermutete das
und meinte mit vorgehaltener Hand leise zum III.: „Ich glaube, der
hat die Schuld, sein ewiges Indizieren, das ewige Rumdoktern an
den Brennstoffpumpen und der Streit um das Schmieröl, neues,
sauberes zuzusetzen und nicht ewig die separate Brühe. Unter Indizieren verstand man die Messung des Zünddruckes und die Leistungsberechnung, genannt indizierte Leistung. Diese wurde bei
laufendem Betrieb mit dem Indikator, einem Spezial-Messgerät vorgenommen. Nach Rückkehr im September 1960 musste er sich bei
der Durchführung von Garantiearbeiten von dem Motorenhersteller
und Vertretern der Reederei einiges anhören.

In Santos hatte ich eine denkwürdige Begegnung mit Ingrid. Dazu
die Vorgeschichte:

Man schrieb das Jahr 1945. Der schreckliche Krieg forderte seine
Opfer nicht nur an der Front, sondern auch in der Heimat, in den
Städten und Dörfern. Die Flucht vor den feindlichen Truppen war
wie der Krieg in der Endphase. Die Gauleitung gab die Anweisung
heraus, dass alle unverzüglich Stettin und das Umland verlassen
müssten. So erhielt auch die Familie Böttcher, Mutter Anna, mit
ihren Kindern Ingrid, Heinz sowie ihre kinderlose Schwägerin Rose-
marie Böttcher, den Ausreisebescheid. Sie verließen am 15.03.1945
Stettin. Die Männer waren entweder noch an der Front oder in Ge-
fangenschaft, vielleicht auch schon gefallen, man hatte lange kein
Lebenszeichen mehr gehört. Die Flucht erfolgte per Eisenbahn in
einem Viehwaggon mit Stroh als Unterlage. Der Zug brauchte Tage,
Wochen. Mal war die Lokomotive abgedampft, wurde dringend für
einen Zug zur Front benötigt. Das Schicksal der Geschwister schlug
zu: Ihre Mutter verstarb auf der Flucht an Lungenentzündung. Nach
einer Flucht über Wochen erreichten die drei ein großes Gut nahe

Rabnitz. Von hier aus schlugen sie sich nach Greifswald durch, kamen dort Ende Mai 1945 bei der Verwandtschaft ihrer Tante an.

Hier wuchs Ingrid auf und wurde in der FDJ zu einer linientreuen DDR-Bürgerin erzogen. Mit 17 Jahren erlernte sie in Greifswald den Beruf einer Serviererin. Bald lernte sie ihren ersten Freund, Jochen, kennen. Sie verliebten sich. Er fuhr als Koch auf einem Schiff der DSR Rostock. „Schatz", meinte er „komm, fahre auch als Stewardess, ich besorge dir ein Schiff, dann können wir in Südamerika aussteigen und ein neues, ein besseres Leben beginnen." In der Tat, Jochen hatte, da das Schiff auch Häfen in Argentinien und Brasilien anlief, Kontakte zu dort lebenden Deutschen geknüpft. Sie lebten in der Stadt Blumenau im Staate Santa Catarina. „Als das Schiff letztes Mal in Santos lag, haben wir uns heimlich getroffen. Sie würden mich sofort als Koch anstellen." Ingrid ließ sich überreden, musterte als Stewardess an. „In Santos treffen wir uns. Unser Schiff ist etwa drei Monate eher da als eures, dann hole ich dich ab."

Jochen war mittlerweile in Blumenau eingetroffen, Ingrid schon auf See. Als sie in Santos einlief, bekam sie Post. Der Makler gab ihr heimlich einen Brief und meinte: „Ich werde Ihnen helfen, ich weiß Bescheid." Der Brief enthielt, wie vereinbart, nähere Angaben: „Melde dich auf dem Berg Panranapiacapa im Berglokal bei Senior Gabriel, der weiß Bescheid, du kannst dann dort so lange wohnen, bis ich komme. Gruß Jochen." Sie ging bei Nacht und Nebel von Bord, der Makler schmuggelte ihren kleinen Koffer von Bord, besorgte ihr eine kleine mickrige Unterkunft. Sie fuhr zum Restaurant, konnte auch so lange arbeiten, bis Jochen kommen würde. Jochen kam aber nicht. Senior Gabriel rief in Blumenau bei denen von Möllmann an, dem großen Gasthof. Dort kannte niemand einen Jochen, kannte keinen Deutschen, der erst seit kurzem hier wohnt. Jochen war unauffindbar, Ingrid sauer, traurig, ja sogar zornig. Senior Gabriel tröstete sie und meinte: „Sie können so lange hier bleiben, wie Sie wollen."

Die URSULA HORN lief in Santos ein. Zusammen mit meinem Kumpel Helmut ging ich mit Heinrich an Land. Heinrich, Sohn von Lametta-Willi, meinte: „Lasst uns doch mit der Bahn auf den Berg fahren, ist super da oben, war beim letzten Aufenthalt in Santos oben." Gesagt getan, wir drei fuhren hoch, bestaunten die herrliche Aussicht und gingen in das Restaurant. Kaum hatten wir Platz genommen, kam die Bedienung. Es war keine Einheimische, ich tippte auf eine Europäerin, Skandinavierin oder so. Sie war ca. 20 Jahre alt, schlank, hatte kastanienrotes Haar, Pferdeschwanz, im Gesicht Sommersprossen und zwei Leberflecken, einen unter dem rechten Auge, einen an ihrem Mund. Sie machte beim Lächeln einen traurigen Eindruck. „Hallo ihr drei, ihr seid doch Deutsche oder irre ich

35

mich? Was darf ich euch bringen?" Bevor wir bestellten fragte Heinrich: „Sind Sie auch Deutsche? Arbeiten Sie hier?" Sie nickte und schaute mich an. Wir bestellten etwas zum Essen und zum Trinken.

Die Zeit rann dahin. Ich blickte auf die Uhr, hatte in zwei Stunden Hafenwache, wollte aufbrechen. Meine Kollegen wollten auch mit. Wir bezahlten. Beim Bezahlen merkte ich, dass sie mir einen Zettel in die Hosentasche steckte. Ohne dass es jemand mitbekam, krame ich ihn aus der Tasche und las: „Ich heiße Ingrid, möchte dich wiedersehen, hast du morgen Mittag gegen 14 Uhr Zeit, dann sei bitte an der Haltestelle beim Hafen der Linie neunundvierzig.

Straßenbahn in Santos

An Bord erzählte ich Helmut von dem Zettel und fragte: „Was soll ich machen, soll ich hingehen, irgendwie spricht sie mich an, irgendwie mag ich sie, irgendwie hab ich Bock auf sie." Helmut lächelte und sagte: „Sie ist keine heiße Brasilianerin, sondern eine deutsche Maid von drüben, wenn du lieber Schnitzel als de Asado vorziehst, dann geh hin." Koch Franzen bekam es mit: „Assi, komm, nimm ihr ein schönes Brot mit, das essen unsere Landsleute hier gerne, ich habe Lametta-Willi eins abgeschnackt."

Ich ging also. Sie wartete schon. Wir begrüßten uns. Ich gab ihr das Brot, sie errötete. Fesch sah sie aus in ihrem dünnen geblümten Kleid. Die Konturen Ihrer Brüste schimmerten durch, feste, für ihre Figur etwas zu groß geraten. Ihr Gesicht leicht geschminkt, ihre Sommersprossen und die beiden kleinen Leberflecke glänzten durch das Macke up. Das kastanienrote Haar trug sie nun offen, es fiel ihr über die Schulter. Erinnerungen an meine erste große Liebe im letzten Schuljahr erwachten. Sie blickte mich voller Erwartung an, öffnete den Mund, ihre Zunge streichelte über ihre Lippen. Plötzlich umarmte sie mich, drückte mich an ihre Brust und küsste mich, flüsterte in mein Ohr: „Ich mag dich, ich möchte mit dir Liebe." Sie nahm mich an die Hand und wir gingen. Ich ließ sie gewähren. Nun sprach sie wie ein Wasserfall, ohne aufzuhören und erzählte mir ihre Geschichte, wie bereits oben beschrieben. So erfuhr ich, dass sie nun bereits schon zwei Jahre bei Senior Gabriel arbeitete. „Anschaffen gehe ich nicht, hätte auch gar keine Chance. Ihr Seeleute und die Touristen wollen ja die Brasilianerinnen. Manchmal habe ich Glück, dass ich einen finde, der mich liebt." Wir gingen in ihre Behausung. Einen großen Raum teilte sie sich mit drei weiteren Frauen, die derzeit arbeiteten. Ihr Mobiliar: ein Bett, ein Schrank, eine Kommode, ein Tisch und zwei Stühle auf 10 Quadratmetern, durch Spanische Wände abgetrennt.

Sie duftete nach billigem Blumenparfum. „Setz dich hin, Liebling", sagte sie. Kaum saß ich, setzte sie sich auf meinen Schoß und entbrannte in heißer Leidenschaft, die auch mich erfasste und uns in einen ekstatischen sexuellen Strudel riss und beglückte. Danach lagen wir eine Zeitlang wortlos beieinander. Dann stand ich auf: „Ingrid, ich muss jetzt leider wieder an Bord." Sie akzeptierte das und fragte: „Sehen wir uns morgen wieder?" Ich sage: „Wahrscheinlich laufen wir morgen aus, aber ich komme wieder." Ich sage es, obwohl ich wusste, dass ich nicht wieder kommen konnte, denn die Reise sollte nach Hamburg gehen. Wäre am liebsten bei ihr geblieben, achtern raus gesegelt. Sie hatte mich total verrückt gemacht.

So fuhr die URSULA HORN als Feederschiff an der Küste Südamerikas entlang und bediente etliche Häfen, einige mehrmals, wie z. B. Bahia Blanca, Buenos Aires, Montevideo, Santos, Rio de Janeiro, Recife, Aracaju, Rio Grande und Macapa, fuhr auch auf einigen Flüssen ins Binnenland, z. B. auf dem Rio Plata bis nach Rosario.

Hafenpanorama Bahia Blanca

Am 17.08.1960 verließ URSULA HORN in Ballast Santos mit Kurs Hamburg-Neuenfelde. Dort kam sie nach einer Reisedauer von 22 Tagen am 8. September 1960 bei der Sitas-Werft an. Die zurückgelegte Strecke belief sich auf ca. 6.200 Seemeilen. In der Werft wurden diverse Arbeiten im Rahmen der Gewährleistung durchgeführt. Auch der Bugsteven wurde wieder repariert. Hierbei musste die provisorische Abdichtung mit der Betonmischung vom Bootsmann mit einem Presslufthammer entfernt werden, so fest war sie.

Auf der Heimreise Santos - Hamburg in Ballast

Alle sind froh, wieder in Hamburg zu sein. Ein Großteil der Besatzung will abmustern, nur einer nicht, aber der soll (muss) es, unser geliebter „Lametta-Willi", und das war seine eigene Schuld. Der Bugsteven muss ja repariert werden und nun noch mehr. Es ist ein herrlicher Tag, dieser Donnerstag, als das Schiff gegen 14:00 Uhr die Schiffsbegrüßungsanlage Willkommhöft in Schulau passiert. Die Ansage „Willkommen in Hamburg, willkommen in der Heimat, wir begrüßen das deutsche Motorschiff URSULA HORN aus Santos von See kommend." Dann ertönt wie immer die Musik, das Lied ‚Steuermann lass die Wacht. Steuermann halt die Wacht...' Ja, wenn „Lametta-Willi" dieses berücksichtigt hätte! Hat er aber nicht. Mit dem Lotsen hat er schon einen Disput. Der macht sich lustig über sein Lametta und die Mütze, dessen Schirm zusätzlich verziert ist wie bei Kommandanten von Luxuslinern. Nun kommt auch schon die Mündung der Este in Sicht. Auf der Brücke sind also „Willi", der erste Offizier, der Rudergänger und „Lady" Spangenberg. Es herrscht mäßiger Verkehr, zwei Entgegenkommer kommen auf und voraus mehrere kleinere Fahrzeuge. Der Lotse gibt die Anweisung: „Maschine halbe Kraft voraus, Ruder 20° Steuerbord." Willi aber ignoriert das Kommando des Lotsen und lässt Kurs und Geschwindigkeit beibehalten - da sind sie wieder, die Erinnerungen von Belem. Der Lotse gibt mehr als ärgerlich neue Kommandos – umsonst! Nun wird es aber eng. Das Schiff ist querab der Estemündung, als Willi befielt: „Maschine stopp, hart Steuerbord!" „Maschine halbe Kraft zurück!", „Maschine voll zurück!" Aber alles vergeblich. So schiebt sich die URSULA HORN auf die Uferböschung.   „Feier-abend!"

Der erste Offizier reißt das Kommando an sich und versucht, das Schiff mit trickreichen Manövern wieder frei zu bekommen, was ihm auch gelingt. Im Maschinenraum herrscht Panik. Das dauernde Manövrieren des Motors überfordert uns. Wir kommen mit dem Führen des Manöverbuches kaum nach. Ein Assi der Freiwache, der an Deck steht, eilt zu uns herunter und berichtet von den Vorgängen. Seit diesem Vorfall habe ich unseren Kapitän bis zu meiner Abmusterung nicht mehr gesehen.

So fuhr ich auf verschiedenen Schiffen bis zum 20.06.1968, dem Ende meiner Fahrenszeit.

Alles, was ich hier schreibe, habe ich, Rolf Peter Geurink, während meiner fast neunjährigen Fahrzeit als Maschinisten-Assistent, als dritter und zweiter Wachingenieur sowie als erster Maschinist selbst erlebt, lasse dieses aber fast ausschließlich von anderen Seeleuten berichten, ich der

„Schmierer Valentin"

Heizer Fritz

Sommer 1958. Die deutsche Handelsflotte befährt wieder weltweit alle Meere. Die Folgen des zweiten Weltkrieges sind fast vergessen. Die Reedereien expandieren, bestellen neue Schiffe, der Schiffbau boomt.

Ein neuer Tag bricht an. Wie jeden Tag öffnet der Heuerstall um acht Uhr seine Tür, betreten ihn Seeleute, die ein Schiff suchen. Der Heuerstall befand sich zu der Zeit im Erdgeschoss des Hamburger Seemannshauses in der Seewartenstraße. Heute befindet sich dort das Hotel „Hafen Hamburg". Ein Messingschild erinnert noch an das ehemalige Seemannsheim.

Die ersten Arbeitssuchenden trudeln ein, zum Teil mit ihrem Seesack, in der Hoffnung, schnell ein brauchbares Schiff zu bekommen. Im „Wartesaal der Hoffnung" sitzen sie, Deckbesatzungen und das Maschinenpersonal sowie Köche und Stewards. Offiziere, Ingenieure, Ingenieursassistenten, Elektriker und Funker aber nicht. Sie gehen, wenn nicht zu den Reedereien direkt, zum Arbeitsamt, Abteilung Seefahrt in der Admiralitätsstraße. Hinter dem Tresen, verschlossen mit einem Glasschiebefenster, sitzt der Vermittler „Max" mit seinen Leuten. Telefone klingeln, die Reedereien melden freie Stellen: „Brauchen Matrosen für..., suchen einen Koch…, benötigen einen Bootsmann, einen Heizer…"

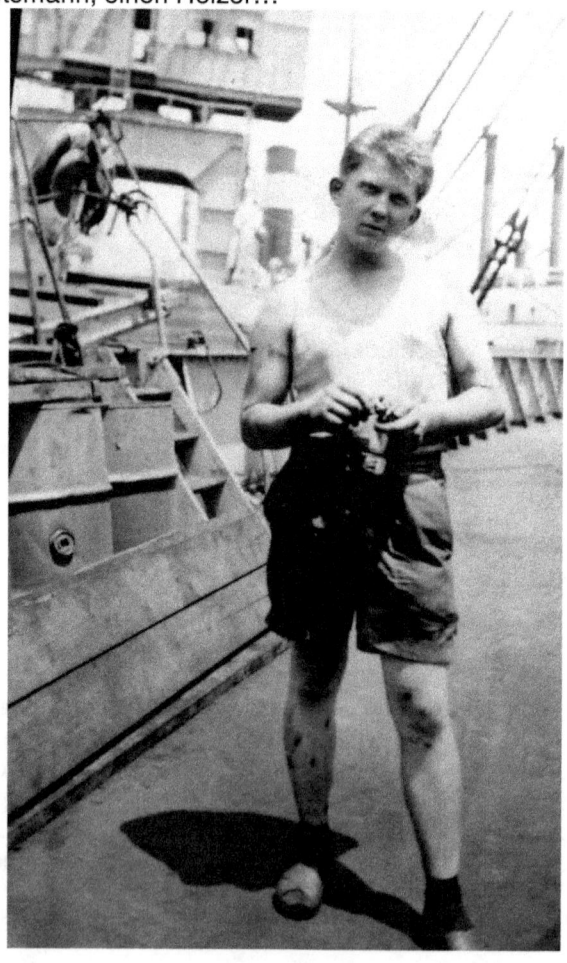

Das Glasschott geht hoch. Der Raum ist schon gut gefüllt. Alle schauen und warten. Mit lauter Stimme liest der Vermittler die Angebote einzeln vor, verteilt Zettel an die, die anheuern wollen. „Jemand hier, der einen Job als Heizer sucht? Die Deutsche Levante-Linie benötigt für das Dampfschiff PALMYRA sofort einen Heizer, das Schiff liegt im Baakenhafen an Schuppen 20 und soll übermorgen auslaufen", verkündet er.

Ruft einer aus der Menge: „Lasst die Finger davon!" Ist ein alter Steamer, ein echter Seelenverkäufer, der Dampfer PALMYRA, gebaut 1944 bei der Deutschen Werft in Hamburg. Warum hat die Deutsche Levante-Linie, die Reederei Bock, Godeffroy & Co dieses Schiff gekauft? Hatte sie doch noch 1956 einen weiteren, im Jahre 1920 in England gebauten kohlenbefeuerten Dampfer gekauft. Besitzt denn die Reederei keine neuen, nach dem Krieg gebauten Schiffe? Ja, sie besitzt neue Schiffe, ab 1951 gebaut. PALMYRA, 1.759 BRT, mit einer Tragfähigkeit von 3.248 Tonnen und einer Reisegeschwindigkeit von nur 10 Knoten, mit einer alten Dampfmaschine, die nur 1.200 PS leistet, wird noch in die Levante geschickt. Das Fahrtgebiet umfasst alle Häfen im Mittel- und im Schwarzen Meer.

Fritz, 30 Jahre alt, zu Hause in Bremerhaven-Lehe, fährt seit fünf Jahren als Heizer. Wieder die Stimme: „Keiner vom Maschinenpersonal da? Kein Heizer?" - „Egal", denkt Fritz, steht auf und ruft: „Ja hier!" und holt sich den Vermittlungsschein, quittiert den Empfang und trabt ab, den Seesack auf dem Rücken. Geht den Weg, den er gut kennt, steigt hinab zu den Landungsbrücken, überquert die Straße im Bereich der Haltstelle Landungsbrücken unterhalb vom Stintfang, geht Richtung Baumwall. Von der anderen Seite her, von der Stülcken-Werft, schallt der Lärm herüber, Laufkatzen der Hellinge quietschen, Presslufthämmer knattern.

Im Hafen ist reger Betrieb. Schiffe laufen ein und aus, Schlepper, Schuten im Tau oder längsseits festgemacht, bahnen sich den Weg zu den Fleeten, von den Fleeten. Typhone erschallen, Schornsteine qualmen. Schiffe liegen vor Anker an den Dalben, warten auf einen freien Liegeplatz an der Pier. Ist großer Mist, wenn man an den Dalben liegt. Kann nur mit der Hafenjolle von Bord und wieder zurück. Letzte Jolle um Mitternacht ab Landungsbrücken. Wer sie verpasst, hat Pech – oder auch nicht, dann zurück auf die Reeperbahn oder? Die nächste Jolle fährt erst wieder morgens um sechs. So latscht er am Johannesbollwerk entlang, links sieht er das Kontorgebäude der Reederei Bugsier, etwas weiter das Gebäude des Schiffsausrüsters Schmeling. Denkt: „Da muss doch gleich die Praxis von dem alten Zahnarzt sein, dem Zahnarzt der mir letztes Jahr einen Weisheitszahn gezogen hat. Nach der Behandlung sagte er zu mir: „Junge nun geh mal in die Kneipe um die Ecke und spül dir den Mund mit ein paar Kurzen aus.'"

Hafen Hamburg – Landungsbrücken – Überseebrücke – Werften – Docks

Die Haltestelle Baumwall hat er passiert, sieht vorne links den alten Prachtbau aus roten Backsteinen, das Sloman-Haus. Über die Kornhausbrücke geht er in die Speicherstadt. Auch hier betriebsames Treiben. Schuten haben an den Speichern festgemacht, werden gelöscht. Ladung jeglicher Art, die hier im zollfreien Hafenteil lagern, Gewürze, Kaffee, Tee, Orientteppiche und, und, von Seeschiffen herbeigeschafft. Schauerleute ziehen, zerren, hieven und fieren, verstauen die Ladung in die Lagerräume. Der Seesack drückt ins Kreuz. Fritz macht erst mal Pause, raucht seinen letzten „Hugo", seine letzte zollfreie Zigarette, braucht Nachschub. Ist schon über vierzig Minuten unterwegs. Kann nicht mehr weit sein. Hat die Stirnseite vom Sandtorhafen erreicht. Nun kommt er in

Sicht, der Baakenhafen, auch er ist voll, Schiff hinter Schiff. Geht vorbei, vorbei an dem Motorschiff LIBANON, gehört auch zu der Reederei, ein neueres Motorschiff, die LIBANON. Kann ja auf diesen Schiffen nicht fahren, brauchen keine Heizer.

Schuppen 21. Von weitem sieht Fritz den Dampfer liegen, die Kessel stehen unter Dampf, der Schornstein qualmt. An den Bordwänden ziehen braune Rostränder herunter. PALMYRA - Hamburg steht in gelben Buchstaben beidseitig am schwarzen mit Roststreifen übersäten Heck. Masten, Ladebäume und Aufbauten in schmuddeligem Weiß, mit Rostläufern, abgeplatztem Farbanstrich. Warum waren an den Festmacherleinen Rattenteller? Sollten die Ratten nicht an Bord oder von Bord?

Fritz muss sich beim Chief melden. Steigt über die vergammelte Gangway an Deck. An Deck herrscht Hektik. Alle fünf Laderäume werden von der Stauerei Russ mit Kisten und Säcken beladen. Anschließend werden noch Lastkraftwagen an Deck und auf den Lukendeckeln verstaut und verzurrt.

Fritz betritt die Aufbauten mittschiffs. Muss ja irgendwo die Kammer vom Chief sein, nach der er sucht. Sieht sich um und wird angesprochen: „Hey Makker, willst du hier anmustern, als was?" – „Wer bist du denn?" - „Labere mich nicht an, wo geht's zum Chief, bin Fritz, der neue Heizer" und sucht weiter. Vor einer Kabinentür vernimmt er laute Wortfetzen: „Wann kommt endlich das Bunkerboot?" - „Proviant ist auch noch nicht da." - „Wann kommt denn endlich die fehlende Besatzung?" Wer wollte auch auf einem solchen Dampfer anmustern? Er klopft an und stellt sich als der neue Heizer vor.

Der Chief, ohne Fritz groß wahrzunehmen, fragt: „Kommt ihr vom Heuerstall? Brauche das Seefahrtbuch und den Schein, geht nach achtern zum Oberheizer." Ohne Gruß, ohne Fragen. Auch so ein arroganter Affe mit Ärmelstreifen.

Kapitän und Chief sind sauer, denn es fehlen noch „Ärmelstreifen", wie nautische Offiziere, der dritte Wachmaschinist und der Funker, auch noch Boots- und Zimmermann sowie zwei Assis. Sorgen wie immer, wenn Personalwechsel ist. Wenn der Alte keinen dritten Steuermann bekommt, muss er selber Wache gehen. „Warum auch nicht, wir brauchen keinen Salonlöwen wie auf den großen Schiffen. Kommt da sowieso nur hoch, um sich wichtig zu tun, zu labern und uns zu kontrollieren, meint wir hätten keine Ahnung", mault der zweite Steuermann." Dabei denkt er an das Drama damals mit dem angetrunkenen Alten beim Auslaufen, als sich der Lotse bei Elbe 1 verabschiedete: „Bleiben Se doch noch an Bord, bei Adolf wäre sowie bis Port Said alles Revierfahrt." Welch ein Drama, der Lotse verließ wutentbrannt die Brücke, der Erste ließ den Alten von der

Brücke entfernen, entfernen für diese Reederei für immer. Im nächsten Hafen war für ihn Feierabend, aus!

Beim Auslaufen fehlt immer noch der Funker. Muss er selbst in den Quakkasten sabbeln, kann er ja, hat er gelernt, soll er's doch. Die bange Frage: Kommen sie alle oder nicht? Offiziere wird der Alte kaum bekommen, sie werden auf den neuen großen Schiffen benötigt, aber Steuerleute mit kleinem Patent reichen aus für mittlere Fahrt. Auch der Chief bekommt nur zwei Seemaschinisten mit C3-Patent, genügt bei einer Maschinenleistung von 1.200 PS, hat um einen III. Wachingenieur gebettelt, damit er keine Wache gehen muss, kann er aber vergessen! Wie sagte der Krawattenträger, der Maschineninspektor? „Ihr seid mit neun Mann gut besetzt, notfalls müsst ihr Überstunden kloppen, könnt ja zwei Wachen gehen, dann habt ihr drei Mann für den Tagesdienst, fahrt doch nur ins Mittelmeer, ist doch fast ein Kümo-Törn." Auch immer die bange Frage: Haben die überhaupt Erfahrung mit dem Dampfbetrieb?

Fritz sucht und findet den Oberheizer achtern in der Mannschaftsmesse. Ist gerade Teatime. „Bist du der neue Heizer, ich bin der Dunkyman, heiße Enno, und wer bist du?", begrüßt er Fritz. „Ich heiße Fritz", gibt er ihm zur Antwort. „Dann geh in die Kammer, pack deinen Seesack aus und komm dann in den Heizraum." Fritz trabt los, betritt die Kammer. Enno schläft, er hatte Nachtwache. Im Hafen gehen die beiden Heizer je zwölf Stunden auf Kesselwache. Der Dunkyman arbeitet im Tagesdienst.

Fritz betritt den Kesselraum. Beide Kessel stehen unter Dampf. Er schaut sich um, Enno erklärt ihm alles: „Wenn du noch Fragen hast, sag's", meint er. – „Ja, ja, wird gemacht." So beginnt Fritz seine erste Hafenwache. Sie dauert bis 20 Uhr, dann löst ihn Enno ab. „Gehen morgen ab acht Uhr Seewache, werden mittags auslaufen", verkündet der II. Maschinist. Fritz hat also bis morgen um zwölf Uhr frei, er geht die Hundewache. Müssen die Neuen immer: ungeschriebenes Gesetz.

Geh noch mal an Land, geh noch mal auf St Pauli. So trabt er den Weg, den er heute Morgen schon ging, in Richtung Davidstraße, vorbei am Heuerstall in den Rattenkeller. Steigt die Stufen hinab, öffnet die Tür. Stimmengewirr, mal laut, mal leiser, Zigarettenqualm, die Musikbox plärrt: „Fährt ein weißes Schiff nach Hongkong...", nicht PALMYRA, ist nicht weiß und fährt nur ins Mittelmeer. Besoffene labern. Fritz bestellt sich ein Bier, eine Flasche Astra, die Sabbelei geht ihm auf den Geist. Er bezahlt und geht, will in den Silbersack, geht durch die Erichstraße, vorbei an den Bordsteinschwalben. Sie stehen an den Häusermauern, in den Hauseingängen und preisen sich an: „Hey Süßer, wie wär's mit uns zwei, 10 Mark, ohne das Doppelte.

In die Herbertstraße geht Fritz nicht, ist nicht sein Ding. Vor den Blechwänden an den Eingängen ist zu lesen: „Zutritt für Jugendliche verboten, Zutritt von Frauen nicht erwünscht." Trotzdem latschen die neugierigen Touristen mit Ehefrauen rein. Die Nutten keifen, keifen die Frauen an, Gelächter, Gekeife. Muss der Idiot auch seine Frau mitnehmen? Muss er, sie ist neugierig - und nun bedient, wird das nicht noch mal machen. Die Herbertstraße mit ihren Fenstern an beiden Seiten, dahinter die Dirnen, jung, hübsch, alt, auf jung getrimmt, vollbusig, dickleibig und abgewrackt, so wie Olga. Olga war schon lange vor Ort, weit über fünfzig, trägt hohe schwarze Lederstiefel, rote Lederkorsage, viel zu klein, die Brüste quellen raus, das Haar blond onduliert, das verlebte Gesicht stark geschminkt.

Betritt den Silbersack, grüßt den Rausschmeißer. Ist immer noch derselbe wie beim letzten Besuch, gibt ihm einen Heiermann (Fünfmarkstück), mit Rausschmeißern muss man sich gut stellen, denkt Fritz. Denkt an seinen letzten Besuch, als die besoffenen Schweden krakelnd rein wollten, um auf den Putz zu hauen. Der Rausschmeißer ließ sie nicht, es begann eine Keilerei, Boxen, Treten Schlagen, bis einer zu Boden schlug. Lag mit dem Kopf auf dem Bordstein, Blut trat aus Ohren und Nase. Der Unfallwagen fuhr ihn noch ins nahe gelegene Hafenkrankenhaus, aber es war zu spät.

Fritz tritt ein, sieht sie, die Dreimann-Band. Der Schwule klimpert an der Ziehharmonika, sie singen: „Manjanah, Manjanah…" Fritz grinst herüber und schüttelt den Kopf. Der Schwule lächelt und meint mit seiner seidigen Stimme: „Ich weiß, dass ich schön bin, liebst du mich?" Fritz rastet aus: „Halt's Maul, du Schwuchtel!"

Langsam rückt der Rest der Besatzung an. Aber nicht alle 25 Mann Besatzung laut Papier. Papier ist geduldig, der Reeder geizig, und fahren wird der Kahn auch mit weniger Personal. Der Steward ist auch sauer, denn beim Auslaufen fehlt der Messejunge. Meint der Koch: „Warum braucht der faule Sack noch Unterstützung, soll nicht so viel sülzen und schmieren, ich bin auch allein und muss für 22 Mann kochen, die Kombüse reinigen und die Töpfe." Immerhin, noch 22 Mann hat der Alte bekommen, was soll's. Fritz war's egal. Egal ist es dem arroganten Klugscheißer Joachim von Guldenborg nicht, nicht wenn es um die Einteilung der Maschinenassistenten geht. Er meint: „Ich bin Ingenieursaspirant und der Chief Schiffsingenieur. Da hat er Recht, der Chief hatte in Flensburg den Lehrgang C5 zum Schiffingenieur absolviert, aber das Patent noch nicht ganz ausgefahren. Es fehlen noch vier Monate, besitzt deshalb noch das C4-Patent. Außerdem fährt Joachim schon sechs Monate an Bord, während die Assis Helmut und Bernhard neu sind, gerade angemustert. Will unbedingt die Chiefwache gehen, soll er's, der Pinkel, er der Sohn des Leitenden Ingenieurs Waldemar von Guldenborg vom

Motorschiff „SANTA URSULA" der Reederei Hamburg-Süd. Durch Beziehungen auf höchster Ebene konnte sein Sohn die erforderlichen sechs Monate Fahrzeit auf einem Schiff mit Dampfantrieb antreten. Dabei ist zu erwähnen, dass es, bedingt durch den erforderlichen Ausbildungsbedarf beim Neubau der deutschen Handelsschiffe an dampfbetriebenen Antriebsmaschinen mangelt. Er will auch nicht mit denen auf gleiche Stufe gestellt werden, mit den Maschinenassistenten. Nimmt auch die Mahlzeiten in der so genannten Offiziersmesse in seiner Hamburg-Süd-Tracht mit Hemd und Krawatte ein, nur er, der Chief und der Alte. Ansonsten ist er faul und arrogant.

Dunkyman Enno, der die Chief-Wache im Heizraum geht, hat ihn öfters erwischt, wenn er am Fahrstand sitzend Groschenromane las, anstatt die zu seiner Wache gehörenden Arbeiten zu erledigen. Wenn dann der Chief in den Maschinenraum kam, sprang er schnell auf, lief zum Kaskadentank, steckte die Hände in das noch ölhaltige Kondensat, lief zum Fahrstand, die Hände mit einem Lappen oder dem Schweißtuch abwischend und meinte: „Wollte gerade die Kokosfilter reinigen." Gelogen, alles gelogen!

Ablegen, Auslaufen Kurs Mittelmeer, erster Hafen Tunis. Die Unterkünfte befinden sich achtern im Zwischen- und Unterdeck. Die Kabine muss sich Fritz mit dem anderen Heizer Onno teilen. Sie befindet sich im Zwischendeck und hat zwei kleine Bullaugen, ansonsten ist es eine kleine primitive Behausung. Farbreste an den Wänden halten sich mit Mühe. Die Decke mit Kork gespritzt, eine alte Funzel baumelt herunter. Der Fußboden hat schon lange keine Farbe mehr bekommen, ist mit Löchern übersät. Nägel statt Kleiderhaken. Im Spind, klein und schmal, ist mal gerade Platz für seinen Seesack. Eine alte klapprige Bank an der gewölbten Bordwand mit einer vergammelten Kunststoffauflage. Kein Stuhl und ein erbärmlich kleiner Tisch. Die Kojen der Heizer sind nicht in Fahrtrichtung, sondern quer angeordnet. Wenn der Dampfer schaukelt, rutscht man hin und her. Die Seegrasmatratze alt und miefig. Kein Wunder, wenn man mit geschlossenem Bullauge ohne Frischluft bei tropischen Temperaturen hineinschwitzt. Die Bullaugen aus Messing sind grün angelaufen, die Schrauben und Muttern verrostet. Egal, die Bullaugen kann man sowieso nicht öffnen.

Die Besatzung, außer den Ärmelstreifen, wurde mit allen Tricks durch den Heuerstall eingefangen. Man munkelt auch, dass einige direkt aus dem Knast kommen. Trotzdem halten sie zusammen, da sie bald merkten, auf welchem Seelenverkäufer sie gelandet sind. Das Essen ist mehr als katastrophal. Zum Teil liegt es an den mangelnden Kochkünsten des Kochs. Aber wenn man nicht vernünftigen und ausreichenden Proviant bekommt, kann auch der beste

Koch nichts daraus zaubern. Der II. Steuermann erzählt, dass die Reederei beim Verpflegungssatz sehr geizig sei, der Satz pro Besatzungsmitglied und Tag ist auf höchstens 3,50 DM festgelegt, und den hält die Reederei ein. Heutzutage ist der Betrag auf fast 20,00 festgelegt. Wie war es im Heuertarif geregelt? „...wird außerdem freie Verpflegung und Unterkunft gewährt..." Dieser Sparkurs war damals gang und gebe bei den meisten Reedereien. Es gab Besatzungen, die sich wehrten und zwar massiv. So lief im Hamburger Hafen ein Schiff mit dem Spruch groß an den Bordwänden ein: „WIR HABEN HUNGER". „Kannst du auch in'n Knast gehen, da ist es besser, brauchst nicht malochen, bekommst vernünftiges Essen, hast Waschbecken und Latrine in der Zelle."

Die Ärmelstreifen da vorne wohnen in luftigen Logis' mit getäfelten Wänden, großen Fenstern, zum Teil mit Waschbecken, Duschen und Toiletten getrennt. Achtern, bei denen in der Hierarchie ganz unten: „Ertragen musst du alles und alles mit Geduld, du bist ein ganz einfacher Seefahrer, hast selber Schuld." Dort gibt es nur drei Plumpsklos und einen Raum zum Waschen und Duschen, natürlich ohne Tageslicht und Lüftung.

Angeblich bekommen die da vorne auch besseres Essen. So bekommen wir heiße Gemüsesuppe mit fettem Hammelfleisch oder aus altem Brot und wenig Fleisch gefertigten falschen Hasen. Muss zwangsläufig so sein bei 3,50 DM, wird einfach bei denen da hinten eingespart. In der Offiziersmesse, an der Vorderseite der Aufbauten gelegen, mit großen Fenstern, werden die Tische vom Steward eingedeckt. Achtern die Mannschaftsmesse für die 16 Mann von Deck und Maschine in einem trostlosen Raum mit Funzelbeleuchtung, kaum Tageslicht, ohne Pantry. In alten Schränken lagern die Lebensmittel fürs Frühstück und Abendbrot. Kühlschrank nicht vorhanden, hat nur der Koch. Kühlschränke mit Kompressor benötigen Wechselstrom, 220 Volt Wechselstrom, nicht auf PALMYRA, da gibt's nur 110 Volt Gleichstrom. Absorber-Kühleinrichtungen sind teuer, kosten viel Geld, deshalb hat diese nur der Koch in seinem Proviantlager. Im Brotschapp sind mehr Kakerlaken als essbares Brot zu finden, meistens vergammelt es, ist mit Grünspan überzogen, undefinierbare Marmelade aus Blechdosen, Kaffee, dünn und fad, Tee schwindsüchtig ohne Zucker, es sei denn, man klaut ihn in der Kombüse. Margarine und Wurst gibt es nur wenig, der Koch ist wie immer zu geizig – oder handelt er auf Anweisung?

Wenn sie auch auf dem Koch rumhacken, ihn verfluchen und bis zur Verzweiflung ärgern, kann man aber feststellen, auch er hat keinen leichten Job. Liefert ihm der Schiffshändler den Proviant in Säcken, aus Jute und Papier, Blechschachteln und Dosen. Säcke mit Kartoffeln, Reis, Nudeln und Mehl, Blechschachteln mit Gewürzen,

Milchpulver, Eipulver, Kaffe und Tee, Konservendosen in großen Mengen, gefüllt mit Gemüse, Obst, Fleisch, Wurst, Marmelade, Brotaufstrich und mehr. Frische Sachen, wie Obst, Gemüse und Fleisch, sind nur für den sofortigen Verbrauch bestimmt. Tiefkühltruhe, Kühlzelle, Begriffe der Träumerei zu jener Zeit auf dem Schiff mit 110 Volt Gleichstrom. So muss der Koch außer kochen auch noch Brot backen. Kocht er wirklich oder ist er Fertighändler, Dose auf, ab in den Topf und aufwärmen?

Dunkyman und Bootsmann sind mal wieder stinksauer über das Essen, wollen es dem Koch heimzahlen, heimzahlen? - Gemein, er kann doch nichts dafür! Egal, meinen die beiden und hegen einen Plan. Der Bootsmann meint: „Ich hab eine Idee, wir müssen nur an das Proviantlager kommen." Dieses befindet sich unter der Kombüse im Zwischendeck, ist durch eine Lattenstellage abgetrennt und mit einem dicken Vorhängeschloss gesichert. „Bootsmann, treib den Schlüssel auf!", meint der Dunkyman, „dann schleichen wir uns da rein und entfernen die Banderolen von den Konserven, damit er nicht sehen kann, was in den Dosen ist." Gesagt, getan. Wird der Koch nun toben, weiß nicht mehr, was in den Dosen ist, Marmelade oder Obst oder...? Dieser Streich hat seine Auswirkungen. Der Koch tobt: „Welche Mistkerle waren das?" Der Alte tobt: „Wenn ich die Übeltäter ermittelt habe, jage ich sie in Tunis von Bord!" So muss jetzt Tag aus, Tag ein der Fraß aus der Kombüse mittschiffs geholt werden, bei Wind und Wetter. Bei starkem Seegang wird eine Halteleine verlegt. Der Moses, dienstjüngster Jungmann im Tagesdienst, muss das Essen mittschiffs aus der Kombüse holen, bei Wind und Wetter. Im Golf von Biskaya bei starkem Seegang und Windstärke acht passiert es. Der Moses bewegt sich in Richtung Kombüse. Steht nun mit dem heißen Topf - mal wieder den undefinierbaren Eintopf – will einen günstigen Zeitpunkt abwarten, um heil nach achtern zu kommen, steht aber an der falschen Seite, nicht in Lee, sondern in Luv und rennt los. Plötzlich ist sie da, die große weiße hohe Wand, der gewaltige Brecher knallt von Backbord aufs Schiff, der Dampfer holt über, der Brecher fegt mit seiner Wucht alles weg, den Moses, der den Topf nicht mehr halten kann, den Moses mitsamt dem heißen Topf, der Moses, Spielball der Brecher, schlägt gegen die stählerne Ladenluke, der Topf schnäppert im Gangbord, der Inhalt ergießt sich über den Moses. Da liegt er nun der arme Kerl. Gut, dass der Koch das wahrnimmt, ist als erster bei ihm. Läuft nach achtern in die Messe und schreit: „Der Moses, der Moses, um Himmelswillen schnell, schnell!" und rennt zurück. Die, die aufs Essen warten, hinterher. Der Moses liegt noch immer da, rührt sich nicht. Einer schreit: „Schnell, holt 'nen Ärmelstreifen, lasst uns den Moses vorsichtig ins Trockne tragen." Gesagt getan, sie tragen ihn mittschiffs in den Gang. Langsam kommt er zu sich, wimmert: „Helft mir, helft mir!" Es dauert ewig, bis sich einer von denen um ihn kümmert, ihn verarztet. Normalerweise sollte an Bord für Unfälle und Krankheiten auf See Medikamente und Verbandsmaterial vorhanden sein und ein Offizier, oder Steuermann über Kenntnisse in der Ersten Hilfe verfügen, sollte! Man versorgt die Brüh- und Schürfwunden und trägt ihn in seine Koje, nach dem Moto: wird schon wieder werden, wird es aber nicht. Der Bootsmann geht auf die Brücke, der Alte hat Wache, hat also in Hamburg keinen dritten Steuermann bekommen. Er unterrichtet ihn über den Zustand des Moses. „Es hat den armen Kerl böse erwischt, Brühwunden, Schürfwunden Prellungen, wahrscheinlich noch einige Rippen gebrochen, sowie das linke Bein", Sie müssen etwas unternehmen, den nächsten Hafen anlaufen oder? „Bootsmann", schnauzte der Alte, „was ich muss, entscheide ich und nicht Sie." Der Bootsmann schient mit einem Brett das Bein und bezeichnet den Alten als Menschenschinder. „Werde in Tunis die Reederei anrufen und ihn anscheißen." Die Wunden fangen an zu eitern. Antibiotika sowie Penicillin sind nicht vorhanden und die Schmerzen werden immer schlimmer, Fieber kommt noch hinzu. So quält er sich mehrere Tage bis zur Ankunft in Tunis.

In warmen Gefilden bekommen die Ärmelstreifen Quejambelwasser (Wasser mit Sirup und Eis), der Rest der Besatzung erhält laut Anweisung vom Kapitän nur ein Gebräu aus Haferschleim und Wasser. Aber nicht lange. Der Dunkyman kippt dem Koch das Gebräu vor die Füße. Der kann ja nichts dafür, handelt auf Anweisung. Egal, Enno ist sauer auf den Koch und auf den Alten. Enno mochte Kapitäne überhaupt nicht: „Kapitäne sind wie Katzen, falsch, verschlagen, hinterlistig, Kapitäne sind wie Jungfrauen, unnahbar, unantastbar, unberechenbar, Kapitäne sind für den Reeder wie Hunde, zuverlässig, treu, echt und stark."

Nach zehn Seetagen, bei einem Seeweg von ca. 2.600 Seemeilen, mehr als 10 Knoten läuft der Dampfer ja nicht, laufen sie in Tunis ein. Die alte Sechszylinder-Kolbendampfmaschine hat seit der Abfahrt einemillionvierhundertvierzigtausendmal die Schraube gedreht und dafür eintausendfünfhundert Tonnen Dampf benötig. Wie lange hält sie noch durch? Egal, alles egal, Hauptsache wieder im Hafen, mal wieder an Land, was Anderes sehen, sich amüsieren. „Endlich im Hafen, endlich komm ich ins Krankenhaus!", murmelt der arme Moses. Der Bootsmann und der II. Steuermann hatten sich um ihn, so gut es ging, gekümmert.

Der Moses wird nach der Ankunft in Tunis auf Bitten des Kapitäns und auf Veranlassung durch den Vertreter der Agentur ins Krankenhaus gefahren. „Ich werde dafür sorgen, dass der Junge in ein vernünftiges Krankenhaus kommt, in dem europäische Ärzte arbeiten", meint er. „Werde sofort ein Ambulanzfahrzeug anfordern und selber mitfahren." Das ist, wie sich später herausstellt, das Beste was er tut. Gut auch, dass der Agent außer französisch auch noch einigermaßen gut deutsch spricht. Er setzt sich auch sofort mit der Reederei in Deutschland in Verbindung. In Carthago, einem wohlhabenden Vorort von Tunis in einer schönen, gepflegten Parkanlage auf einer Anhöhe, nicht weit vom riesigen Anwesen der Familie Bourguiba entfernt, befindet sich die Privatklinik „Hospital a Carthago", geleitet von dem französischen Arzt Doktor Michel Debre. Es ist eine Frauenklinik, in der die Frauen der Reichen - so auch die der Bourguiba - entbinden. Doktor Debre und sein Assistenzarzt, ein Tunesier, besehen sich mit ernster Mine die Verletzungen, röntgen das Bein, schütteln mit dem Kopf und unterhalten sich mit dem Agenten und dem Bootsmann, der auf Anweisung des Kapitäns mitfährt und dann mit dem Zug nachkommen soll. Sie haben kein Verständnis für das Verhalten des Kapitäns, die Krawattenträger im Kontor übrigens auch nicht. Der wird danach in Hamburg abgelöst.

Tunis, eine der ältesten Städte im Mittelmeer, existierte nachweislich schon im 9. Jahrhundert, wurde 1159 zu einem führenden Handelszentrum mit Europa. Tunis wurde im zweiten Weltkrieg von den Achsenmächten von November 1942 bis Mai 1943 gehalten und war deren letzte Basis in Afrika, Tunis, mit dem größten Hafen in Tunesien, im Ortsteil La Gulette. Das Stadtbild ist geprägt vom starken Kontrast zwischen der orientalischen Altstadt und der Neustadt. In der Medina, in den verwinkelten Gassen mit Ihren Basaren, Märkten und Cafes, liegt etwas versteckt am südlichen Ausgang der Puff. Wie ein Lauffeuer geht es durch das Schiff: „Der I. Steuermann verteilt Vorschuss." Schnell bildet sich vor seiner Kammer eine Schlange. Knete, so viel man will. Ist auch der Schiffsführung klar und in deren Sinn, denn wer Schulden hat, kann nicht abmustern. Schöne knisternde Scheine mit Bildern und Zahlen. Geld zum Ausgeben an Land, für den Schluck Bier in der Bar und vernünftiges Essen in den Restaurants sowie Lebensmittel für den Bedarf an Bord und Geld für die Weiber und, und…

Der Hafen, wie überall, voll von Schiffen, große, kleine, schöne Schiffe und alte Pötte, wie Dampfer PALMYRA. Alle wollen laden und löschen. Auf PALMYRA herrscht Hektik, Hektik trotz Ramadan. Ramadan: Fasten vom Sonnenauf- bis Sonnenuntergang. Obwohl der amtierende Staatspräsident Habib Bourguiba das Fasten per Anordnung für Soldaten und die schwer arbeitende Bevölkerung gegen den Willen der moslemischen Geistlichen verboten hat, halten sich nicht alle dran. Alle fünf Luken sind geöffnet, die Luckendeckel beidseitig im Gangbord gestapelt. Alle zehn dampfbetriebenen

Winden sind in Betrieb. Der Windenführer steuert mit dem Schieberhebel je nach Bedarf die Laufrichtung und Geschwindigkeit der zischenden und knatternden Kolben, schnell oder langsam. Kolbenstangen gleiten hin, Kolbenstangen gleiten zurück. Seiltrommeln laufen rechts oder links herum, Lastseile mit Haken heben und senken sich. Der Tallyman richtet die Ladebäume, zerrt an Seilen, schiebt, schraubt und drückt. Schauerleute schieben, zerren, packen die Ladung in große stabile Netze, hängen sie in den Ladehaken, lösen sie vom Ladehaken, entladen die Netze, schieben zerren und stauen Säcke, Kisten, Maschinen.

Der Ladeoffizier diskutiert, flucht, muss dafür sorgen, dass alles nach Stau- und Löschplan erfolgt. 3.000 Tonnen laden, 3.000 Tonnen löschen, verteilt auf fünf Laderäume mit drei Decks, alles rund um die Uhr.

Landgang ist angesagt, wer keine Bordwache hat, darf an Land. Aber wohin? In die Medina: kaufen, feilschen, schlendern und dann ab in den Puff. Im Puff geht's hoch her, weil die Soldaten aus den naheliegenden Kasernen „Freigang" haben, Freigang zum Puff, zum „Lieben", brauchten kein Geld, zahlt der Staat. Seeleute gehen selten in diesen Puff, auch nicht die von PALMYRA. Dunkyman Enno kennt einen Nachtklub am Rande der Neustadt. Besitzerin ist Lola, sie stammt aus Österreich, hatte einen Fremdenlegionär geheiratet. Die Bar mit Mädchen aller Nationen, jung, knackig und scharf, scharf auf unser Geld. Sie streicheln und liebkosen uns - für unser Geld. Sie küssen uns – für unser Geld, sie legten sich hin – für unser Geld, sie schlafen mit uns – für unser Geld. Sie lieben nicht uns, sondern unser Geld.

Ja, Geld braucht ein Seemann selten an Bord, höchstens für Zigaretten, Schnaps und Bier, wenn Alkohol an Bord nicht verboten ist. Saufen an Bord, womöglich bis zum Exzess, ist nicht erlaubt - und das ist auch richtig so! Richtig? Aber der Alte auf PALMYRA ist öfters voll bis obenhin. - Wozu sonst noch Geld? Für das Fressen, nein, auch wenn die Bordverpflegung noch so schlecht ist. Zeugwäsche macht jeder selbst mit Schmierseife in der Pütz, die unter das Dampfrohr gestellt wird, kostet also auch kein Geld. Wer denkt schon an seine Zukunft und spart? Höchstens der, der verheiratet ist oder für einen bestimmten Zweck sparen will. Für diesen Fall gibt's den Ziehschein. Die Reederei überweist den gewünschten Betrag auf ein Konto, solange man noch ein Guthaben hat.

Kesselreinigung ist angesagt. Es ist erforderlich, weil der Russbläser seit Tagen nicht mehr funktioniert. Der Dunkyman hat dieses dem Chief gemeldet, der ihm antwortet: „Egal, dann werden im nächsten Hafen eben die Kessel gereinigt." Zur regelmäßigen Reinigung der Rauchrohre ist der Einsatz des Russbläsers erforderlich, auch bei ölbefeuerten Kesseln, da im Heizöl Fremdstoffe sind, die nicht verbrennen und sich als Asche in den Rauchrohren absetzen. Kesselreinigung im laufenden Betrieb nach nur wenigen Stunden des Abstellens ist keine angenehme Arbeit bei bis zu 50°C im Inneren des Kessels.

Die Maloche beginnt. Enno, der Dunkyman, ordnet an: „Brennergeschränk abbauen, Verkleidungsklappe am Kessel öffnen! Fritz und Onno, ihr seid der erste Trupp, Fritz du reinigst über dem Fuchs und du Onno, vom Kesselraum aus, also Holzbohle ins Flammrohr, Besen nicht vergessen und ab!" Auf dem Rücken liegend, den Rohrbesen und ein zweites kleines Brett untergeklemmt, hangelt sich Fritz im verrußten und warmen Flammrohr Richtung Fuchs. „Bloß nicht das Eisen anfassen, verbrennst dir dann die Pfoten", sagt er sich. Mittlerweile ist er im Fuchs angekommen, dreht sich auf den Bauch und legt das Brett auf den Boden. Muss sich ja mit den Füßen draufstellen. Endlich steht er. Nun beginnt er, mit dem Besen Rohr für Rohr zu reinigen. Heiß und stickig ist es im Fuchs, der Schweiß läuft ihm in die Augen. Trotz Mundschutz schmeckt er den heißen Staub. Das Atmen fällt ihm schwer. Er hört das Stoßen des Besens von Onno. Onno hat es besser, steht ja auch vor dem Kessel, schaut auf die Sanduhr, halb ist sie abgelaufen. „Muss also bald Fritz ablösen", denkt er. Plötzlich vernimmt er es nichts mehr, nicht mehr dass Stoßen des Besens von Fritz. Kann oder will Fritz nicht mehr? Onno rennt zum Flammrohr. „Fritz, Fritz, was ist?", schreit er. „Ist was? Melde dich. Dieses hört auch Enno und eilt zum Flammrohr. „Ich glaub', dem ist was passiert", meint Onno. „Glaub ich auch. Onno krabble rein und schau nach", antwortet Enno. Onno robbt rein und sieht Fritz zusammengesackt im Fuchs, nicht ansprechbar. Nun muss auch noch Enno hinterher. Es ist gar nicht so einfach, Fritz durch das enge noch sehr warme Flammrohr mit einem Durchmesser von 700 mm zu ziehen. Sie tragen Fritz an Deck. Er erholt sich schnell. Außer einigen Schürfwunden, die er sich zuzog, als man ihn durch das Flammrohr zog, war nun wieder alles in Ordnung. Enno fällt es wie Schuppen von den Augen. Er sagt zu Onno: „Krabble noch mal in den Fuchs, ich habe eine ganz böse Vermutung: „Kannst du dich daran erinnern, kurz nach dem Auslaufen in Hamburg, nach dem Ärger beim Rußblasen, da stimmt etwas nicht. Komm mit!" Beide gehen wieder in den Heizraum, und Enno krabbelt in den Fuchs, wo der Rußbläser sitzt. Er kann ihn sogar von Hand drehen, die Düsen sind frei. Wieder im Heizraum betätigt er das Gestänge zum Rußbläser, alles ok. Dreht am Handrad des Zudampfventils, kann es drehen und drehen, egal ob der Schieber auf oder zu ist. Ist der Schieber auf oder zu, kann man die Spindel nicht weiter drehen. Was nun? Stimmt was nicht. Ausbauen, gucken, Ventilteller weg, Flansch mit Blindscheibe außer Betrieb genommen. Welcher Affe war das? Sauerei! Der Chief hatte plötzlich erklärt, der Russbläser sei defekt, könne nicht mehr bedient werden. Klar vorne und achtern! Maschine Achtung! PALMYRA läuft aus mit Kurs auf Sfax, läuft aus ohne Moses, der muss noch im Krankenhaus bleiben. Ohne Bootsmann, der soll sich um den Moses kümmern und dann per Zug nachkommen.

Der Landgang hat seine Folgen. Wenige Tage danach, auf der Reise von Sfax nach Nantes, meldet sich der Leichtmatrose Reiner. Er stammt aus dem Binnenland. PALMYRA ist sein erstes Schiff, sein erster Besuch im Puff? Geht zum stellvertretenden Bootsmann mit den Worten: „Bootsmann, mich juckst da unten, weißt was ich meine?" Ja, das weiß der. „Hast Sackläuse, Matrosen am Mast, du Idiot, geh zum Dunkyman, der wird dich verarzten. Gesagt getan, der Dunkyman reibt die Stellen mit Heizöl ein. Der Leichtmatrose schreit wie am Spieß. „Stell dich nicht so an und pass nächstes Mal besser auf!", meint der Dunkyman. „Der wird jetzt aufpassen, glaube nicht, dass ihm das noch mal passiert", meint er, als er dieses dem Bootsmann berichtet. „Ach Enno, du weißt doch, die Betriebsunfälle im Puff…" „Hast du Tripper, Syphilis und Schanker, bist du lange noch kein Kranker, erst wenn's da unten dampft und zischt, dann kannst du sagen: Mich hat's erwischt."

Die Fahrt nach Sfax dauert nur wenige Stunden. Sfax ist in dem Großraum Tunis das zweite Industriezentrum in Tunesien. Hier wird hauptsächlich Phosphat verladen. Die 3.000 Tonnen Phosphat sind schnell geladen.

Der Bootsmann trifft am nächsten Abend ein und berichtet vom Zustand des Moses: „Es geht ihm besser, das linke Bein sowie einige Rippen sind gebrochen, die Wunden versorgt. Der Doktor meint, in ca. vier Wochen, wenn alles gut verläuft, kann er entlassen werden."

Klar vorne und achtern! Maschine Achtung! PALMYRA läuft mit Kurs Nantes nach Frankreich aus.

Im Maschinenraum rund um die Uhr Seewache gehen, alle vier Stunden Wechsel, acht Stunden Freiwache, Tag für Tag bis zum nächsten Hafen. Die Heizer gehen Wache im Heizraum, im Maschinenraum der Wachmaschinist und sein Assi.

Wache gehen, Lager fühlen, in die rotierende Kurbelwelle greifen, Gleitbahnen abtasten, kontrollieren, schmieren, Manometer ablesen, Wasserstand des Kessels überprüfen. Besondere Aufmerksamkeit gilt der Hauptmaschine. Regelmäßig muss mit den Händen die Wärme der Kurbelzapfen und der Lagerschalen, der Exzenter- und Pleuelstangen abgefühlt werden. Einhundert mal pro Minute geht der Kolben nach oben, einhundert mal nach unten und somit der

Kurbelbolzen und die Kurbelwange. Stehen sie im oberen Totpunkt, muss die Hand eingeführt werden, eingeführt in den schmalen Raum zwischen Wange und Lager. Starke Erwärmung ist nicht gut, kann zu Lagerfraß führen.

Maschine - Triebraum

Es beginnt die zweite Wache mit dem II. Seemaschinisten, dem Assi Helmut und mit Heizer Kalle. Sollte wie immer eine normale Wache sein, ist's aber nicht. Helmut ist wie öfters bei Kalle, ist auf dem Weg zur Hauptmaschine. Plötzlich vernehmen sie ein immer lauter werdendes Geräusch, ein knatterndes Geräusch im Bereich des Hochdruckzylinders. Die Maschine beginnt unwuchtig zu laufen, die Drehzahl nimmt ab und dann, ja dann passiert es: Der II. beobachtet das Triebwerk, die Kulissensteuerung und stellt fest, dass der Schlitten die Schieberstange nicht mehr bewegen kann, der Schlitten drückt und drückt. Er dreht geistesgegenwärtig den Ochsenkopf (Absperrschieber der Dampfzufuhr vom Kessel), ruft zum Assi: „Ruf den Chief und melde der Brücke: Maschine defekt!"

Defekt: Ein großes Problem auf See! PALMYRA befindet sich unter der französischen Küste in Höhe von La Rochelle. Die See ist rau und das Schiff manövrierunfähig. „Was nun?", fragt der Chief, als er im Maschinenraum eintrifft. Der Chief hat kaum Erfahrung mit Kolbendampfmaschinen, der II. umso mehr. „Da werden wir kaum etwas machen können, jedenfalls nicht hier auf See, die Reparatur würde Stunden dauern, wir haben weder einen Ersatzschlitten noch einen Ersatzschieber mit Stange. Also ist PALMYRA in Seenot. Es muss schnellstens Hilfe angefordert werden, zumal die Tide mit ablaufendem Wasser beginnt. An dieser Küste beträgt der Tidenhub bis zu 12 Metern, die Schleusentore der Häfen schließen, PALMYRA würde aufsetzen.

Der Kapitän nimmt sofort Verbindung mit dem Hafenamt von La Rochelle auf und bittet dringend um einen Schlepper. Im Hafen angekommen, versucht das Maschinenpersonal, den Schaden selber zu beheben. Zunächst werden die beiden Excenterstangen der Kulisse von der Kurbelwelle getrennt, dann die Kulisse ausgebaut, anschließend der Schieberkasten geöffnet. Die Vermutungen des II., der Schieber habe gefressen, stimmt. Er sitzt fest und stramm vor den Öffnungen zum Hochdruckzylinder, die Schieberstange ist jedoch noch in Ordnung. Der Schlitten ist etwas verzogen. Mit Hilfe einer an Land ansässigen Werft mit Maschinenbau können die Schäden soweit behoben werden, um die Maschine wieder funktionsfähig zu machen. Nach einer Liegezeit von vier Tagen kann PALMYRA wieder in Richtung Nantes auslaufen.

Nach dieser Reise werden diese Teile in Hamburg ausgewechselt. Die Beschaffung des Schlittens sowie des Hochdruckschiebers gestalten sich äußerst schwierig, da die Firma Borsig in Berlin, die seinerzeit die Dampfmaschine herstellte, solche Maschinen nicht mehr baut und auch über keine Ersatzteile mehr verfügt.

„Ich mustere dann ab", meint Fritz, hat keinen Bock mehr, auf alten Seelenverkäufern und Dampfschiffen zu fahren und steigt nach kurzer Reise 1959 wieder aus, um auf einem Neubau der Reederei Hansa als Motorenwärter anzuheuern. Auf der Seereise Hamburg - Istanbul sinkt PALMYRA am 27.03.1962 nach einer Kollision mit dem Tanker „BRITISH MARINER" 18 Seemeilen südwestlich der Insel Ouessant (Ushat), ca. 250 Seemeilen von der Position entfernt, an welcher der jetzige Schaden auftrat.

Die Geschichte der Reederei Bock, Godeffroy & Co, Hamburg – Deutsche Levante-Linie GmbH

Text: Christian Biedekarken
bei
http://www.biedekarken.de/HPzwei/athen.htm

In den 1920er Jahren fand eine Konzentration in der deutschen Seeschifffahrt statt, die letztendlich dazu führte, dass die beiden großen Reedereien Hapag in Hamburg und Lloyd in Bremen die deutsche Linienfahrt dominierten.   In der Hapag-Lloyd-Union waren über vielfältige Verflechtungen auch die kleineren Reedereien eingebunden.   Folglich wurde es mit weiterem Ausbau immer schwieriger, solche Unternehmungen effektiv und sicher zu steuern.   Kommunikationsmittel in dem heutigen Ausmaß waren unbekannt und entsprechend diffizil war die wirtschaftliche Führung solch geballter Konzentration.   Immer mehr Stimmen aus der Reederschaft forderten eine Entflechtung und Dezentralisation. Meinungsverschiedenheiten und gegenseitige Vorwürfe der Bremer und Hamburger Reeder führten nach langwierigen und zähen Verhandlungen, unterstrichen durch zunehmenden staatlichen Druck, 1935 zur Gründung der „Deutschen Levante-Linie Hamburg AG" mit Sitz in Hamburg und der „Atlas Levante-Linie AG" mit Sitz in Bremen.   Um sich nun nicht wieder gegenseitig Konkurrenz zu machen und eine gemeinsame Betriebsführung zu erreichen, übernahmen ALL und DLL die in Hamburg ansässige „Deutsche Levante-Linie GmbH".   Das Kontor befand sich in dem Gebäude Mönkebergstrasse 27, in dem auch die Deutsche Nahostlinie ihren Sitz hatte.   Die Geschäftsführung der GmbH lag in den Händen der Vorstände der beiden Aktiengesellschaften.   Einzelheiten des Geschäftsbetriebes waren in einem im August 1935 geschlossenen Poolvertrag geregelt.   DLL in Hamburg und ALL in Bremen kauften die jeweils in der Levante-Fahrt beschäftigten Schiffe von Hapag und Lloyd zurück.   Alle Schiffe fuhren nun mit dem DLL-Schornstein, führten aber gleichzeitig die Flagge ihrer Reederei.   Konnten sich die deutschen Reeder inzwischen wieder gut im Weltfrachtverkehr behaupten, lag ab Ende August 1939 der Schatten des II. Weltkrieges über dem weiteren Geschehen.

Auf die Ereignisse während und direkt nach dem Krieg möchte ich im Rahmen dieser Abhandlung nicht näher eingehen.   Die Bremer Atlas Levante-Linie AG war 1949 nicht geneigt, den vor dem Krieg geschlossenen Poolvertrag zu erneuern, und so beschloss der Aufsichtsrat ab Januar 1950, in den kommenden Jahren einen regelmäßigen Levante-Dienst in eigener Regie einzurichten.   In Hamburg war man währenddessen nicht untätig gewesen.   Bock, Godeffroy &

Co. bereiteten 1950 ebenfalls einen Neuanfang vor, hatten sie doch als Generalagent der schwedischen A/B Transmarin in der Levante-Fahrt schon wieder ein Bein in der Tür. Da die Deutsche Levante-Linie GmbH im Mittelmeer und dem Orient einen hohen Bekannt-heitsgrad besaß, entschied man sich, unter diesem Namen seine Schiffe einzubringen. Die folgenden Neubauten, die in diesen Dienst gingen, gehörten aber Bock, Godeffroy & Co. und wurden an die Deutsche Levante-Linie GmbH als Tochtergesellschaft nur verchar-tert. Nach der Freigabe des deutschen Schiffbaus durch die Alliier-ten wurden sehr schnell die ersten Bauaufträge an die Werften ver-geben, zumal die Bundesregierung Mittel zum Wiederaufbau einer deutschen Handelsflotte bereitstellte. Schon Mitte 1951 brachte die Atlas-Levante-Linie mit den Motorschiffen „ATLAS" und „LEVANTE" ihre Schiffe in den Mittelmeer-Dienst ein. Die Deutsche Levante-Linie GmbH, Bock, Godeffroy & Co. folgte mit vier Motorschiffen bei der Werft Lübecker Flender-Werke AG. Im November 1951 kam MS „ATHEN", im Mai 1952 MS „GALATA", im September 1952 MS „LIBANON" und im November 1953 MS „CAIRO" in Fahrt. Des wei-teren erwarb die Reederei in den Jahren 1956 und 1957 die alten Dampfschiffe „PERGAMON" und PALMYRA. Mit Ausnahme der LIBANON waren die Schiffe kleiner und etwa gleich groß. Das Inte-resse der Öffentlichkeit erregte MS CAIRO, als nach geglücktem Stapellauf der ägyptische Staatspräsident General Ali Mohammed Nagib durch ein Telegramm von der Taufe eines deutschen Schiffes mit dem Namen der ägyptischen Hauptstadt in Kenntnis gesetzt wurde. Es erfolgte zusätzlich die Einladung zu einem Besuch des Schiffes, die er gerne annahm. Wahrscheinlich um die Jahreswende 1953/54 kam nach gründlicher Durchsuchung durch Polizei und Si-cherheitsdienste das ägyptische Staatsoberhaupt an Bord und wur-de von Kapitän Helmut Grabo und dem LI Walter Kiehn begrüßt. Im Anschluss erfolgte eine Führung von der Brücke bis zur Maschine, die der Infanterie-General mit großem Interesse verfolgte. Es schloss sich eine Einladung zum Tee an, auf der das Staatsober-haupt sich für die Ehre bedankte, die Ägypten durch die Benennung des Schiffes zuteil geworden war. Er bestärkte es noch, indem er von den besonders freundschaftlichen Gefühlen sprach, die Ägypten für Deutschland hege.

1955/56 strebte Rudolf August Oetker die Übernahme der Deut-schen Levante-Linie an. Als Kommanditist besaß er einen 12%-Anteil an der Firma Bock, Godeffroy & Co. Sein Interesse an der deutschen Levante-Fahrt sollte durch den Kauf der DLL befriedigt werden. Es kam zu längeren Verhandlungen mit den Anteilseignern und den geschäftsführenden Gesellschaftern, den Herren Otto Bock und Ernst Godeffroy, um die Übernahme der Firma. Noch während der Gespräche verstarb Otto Bock 1955 im 72. Lebensjahr, was die Verhandlungen noch schwieriger machte. Zudem war auch die Reederei Schuldt am Kauf der DLL interessiert, hatte sie schon 1934 mit dem Dampfer „HANSBURG" ihr Interesse an der Levante-Fahrt bekundet und durchgesetzt. Letztendlich konnte R. A. Oetker sich mit besseren finanziellen Argumenten durchsetzen. Ernst Godeffroy und mit ihm sämtliche Kommanditisten schieden aus der Firma aus und persönlich haftender Gesellschafter der Firma Bock, Godeffroy & Co. war nun Rudolf August Oetker. Damit war die DLL ein weiterer maritimer Baustein innerhalb der Oetker-Gruppe. Ehemalige Seeleute der HSDG werden sich noch erinnern können, wenn der Hamburg-Süd-Schornstein mal eben zum DLL-Schornstein umgepönt wurde und man sich nicht in Südamerika sondern in der Levante-Fahrt wiederfand.

Die Schiffe der Atlas Levante Linie:

Flagge ALL

MS LEVANTE

Reederei: Atlas Levante Linie, Bremen,
Heimathafen Bremen - Unterscheidungssignal DIBV
Baujahr:1951 - Flensburger Schiffbau Gesellschaft Flensburg
Stapellauf am 10.05.1951
Übernahme durch Reederei am 24.06.1951
Vermessung: 2.700 BRT, Tragfähigkeit 5.200 t,
116,3 m lang, 15 m breit, bei einem Tiefgang von 6,37 m.
8 Passagiere
Besatzung: 34
Technische Daten: zwei MAN-Viertakt–Tauchkolbenmotore mit 3.600 PS bei einer Geschwindigkeit von13 Kn.
Einsatzgebiet: MS LEVANTE lief am 01.07.1951 unter Kapitän Wirth zu ihrer ersten Reise von Bremen über Rotterdam aus. Das Schiff wurde im Dezember 1965 an die Reederei „Nord" - Klaus Oldendorff verkauft. Kapitän Wirth wurde als Supercargo übernommmen.

MS ATLAS

Erster Nachkriegsneubau der Reederei
Werft: Flensburger Schiffsbau-Gesellschaft, Flensburg,
Baunummer 530
Stapellauf am 15. März 1951
Übergabe am 30. Mai 1951 an die Atlas-Levante-Linie, Bremen

Vermessung: 2.700 BRT, Tragfähigkeit: 5.200 t
Länge ü. a.: 116,3 m, Breite: 15 m, Tiefgang: 6,25 m
Passagiere: 8
Besatzung: 34
Technische Daten: zwei MAN-Viertakt-Tauchkolbenmotore mit
3.600PS bei 13 Knoten

MS ATLAS

MS ATLAS lief am 01. Juni 1951 unter Kapitän Reiners zu ihrer ersten Reise von Bremen in die Levante aus. Das Schiff wurde 1995 umbenannt in „NAGUILAN". Weiteres nicht bekannt.

Die Schiffe der Deutschen-Levante-Linie:

MS LIBANON

Reederei: Deutsche Levante-Linie, Hamburg
Heimathafen Hamburg,
Baujahr: 1952 Flensburger Schiffbau Gesellschaft Flensburg
Vermessung: 4.435 BRT, Tragfähigkeit 6.135 t,
Länge ü. a.: 115,60 m, Breite: 16,06 m, Tiefgang 6,99 m
8 Passagiere
Besatzung: 34
Antrieb: 1 Zweitakt-Kreuzkopfmotor, Typ 5x680/1250
Hersteller: Wumag - 3.000 PS bei einer Geschwindigkeit von13 Knoten

MS GALATA

Lübecker Flenderwerke A.G., Lübeck - Bau Nr.: 425
Stapellauf am 06. März 1952
Übergabe an Bock, Godeffroy & Co. am 20. März 1952

MS GALATA

Durch Übernahme der DLL am 10. September 1956 zur Hamburg-Süd (HSDG). Juni 1971 verkauft und 5. Juli Übergabe an Transmar Neptunea SA, Piraeus. Für 7 Jahre zurückgechartert. 1975 neuer Name: „PATRAS"

7. April 1979 an Blyth zum Abbruch bei Hughes Bolckow Ltd.
Technische **Daten**: Vermessung: 2.676 BRT, Tragfähigkeit 5100 t, Länge ü. a.: 115,6 m, Breite: 16,06 m, Tiefgang: 6,30 m
Besatzung: 34
Passagiere: 8
Antrieb: 1 Zweitakt-Kreuzkopfmaschine, Typ 5x680/1250
Hersteller: Wumag GmbH, Hamburg - Leistung: 3.000 PS - 13,5 Knoten

MS CAIRO

MS CAIRO

Werft: Lübecker Flenderwerke A.G., Lübeck, Bau Nr.: 438
Stapellauf am 17. September 1953.
Übergabe an Bock, Godeffroy & Co. am 07. November 1953
Durch Übernahme der DLL am 10. September 1956 zur Hamburg-Süd (HSDG).
19. Mai 1967 verkauft an Marine Star Shipping Agency Inc., Panama, Panama. Neuer Name: „SANTA KATERINA"
1968 Marvida Cia. Naviera SA. 1978 Antillana Delmar SA.

60

1979 Lenco Shipping Co. Inc. 1982 Sun Seaway Enterprises Inc. 1985 an Teresa Cia. Naviera S. de R. L., San Lorenzo, Honduras. Neuer Name: „GALINI".

10.Juni 1987 an Kaohsiung zum Abbruch, der ab 24. Juni bei Hwan Zen Enterprises Co. Ltd. beginnt.

Technische Daten:

Vermessung: 2.699 BRT, Tragfähigkeit: 5.140 t.

Länge ü. a.: 115,6 m, Breite: 16,06 m, Tiefgang: 6,30 m

Besatzung: 34

Passagiere: 8

Antrieb: 1 Zweitakt-Kreuzkopfmotor, Typ:5x680/1200

3000 PS, 13,5 Kn

Hersteller: Ottenser Eisenwerke AG. Hamburg

Dampfer PALMYRA

Im Jahre 1943 erteilte die Schiffbau-Treuhand den Auftrag zum Bau

Werft: Deutsche Werft Hamburg, Baunummer: 448

Stapellauf am 23.10.1944.

Die Übergabe der „FANGTURM" erfolgte am 29.12.1944 an die Deutsche Dampfschifffahrtsgesellschaft Hansa.

Im Mai 1945 Übergabe des Schiffes in Kiel an die Britische Armee und am 08.06.1945 an das Ministerium für Transport. Unter dem Namen „EMPIRE BALLOP" fuhr das Schiff für die Continental Steamsip & Co, Liverpool. Ab dem 14.02.1947 als „BALTONIA" für die Reederei United Baltic Corporation Ltd, London, und ab1953 unter dem Namen „BALTIC OAK". Im November 1957 kaufte die Reederei Bock & Godeffroy das Schiff und nannte es um zu PALMYRA.

Dampfer PALMYRA

Am 27.03.1962, auf der Ausreise von Hamburg nach Istanbul, sank PALMYRA bei einer Kollision mit dem Tanker „BRITISCH MARINER", 18 Seemeilen südwestlich der Insel Ushant. Versuche des in der Nähe befindlichen Schiffes „CAP SAN ANTONIO", die PALMYRA zu bergen, misslangen.

Vermessung: 1.759 BRT, Tragfähigkeit: 3.248 t,
Länge ü. a: 92,5 m, Breite: 13,5 m, Tiefgang: 4,84 m
Besatzung: 25
Technische Daten: Vierfach-Expansionsmaschine,
Leistung : 1.200 PS bei einer Geschwindigkeit von 10,7 Knoten
2 Stück ölbefeuerte 3-Flammrohr-Zylinder-Großraumkessel
Bordelektrizität: 110 Volt Gleichstrom

Dampfer PERGAMON

Werft: Dunlop, Brenner & Co, Glasgow, Baunummer 314
Stapellauf: 15.04.1920
Indienststellung am 18.07.1920 als „DESTRO",
abgeliefert an die Ellerman`s Wilson Linie Hull
Am 13.07.1925 übertragen an die Ellerman Lines Ltd. London, 19.03.1946 umbenannt als „DASTRAIAN".
Im April 1950 übernommen als PERGAMON durch die Reederei Bock, Godeffroy & Co Hamburg, am 10.06.1956 endgültig erworben. Veräußert im Jahre 1964 an Eisen & Metall KG Bremerhaven und dort ab 27.09.1964 verschrottet.
Vermessung: 3.548 BRT, 5.100 t Tragfähigkeit
Länge ü. a.: 99,9 m, Breite: 13,7 m, Tiefgang: 6,9 m
Besatzung: 34
Technische Daten: Dreifach-Expansionsmaschine
1450 PS bei 10 Kn
2 kohlebefeuerte 3-Flamrohr-Zylinder-Großraumkessel
Bordelektrik: 110 Volt Gleichstrom

In Casablanca

Müssen mal wider zutörnen, das zweite Dieselaggregat, das beim Löschen und Laden mit dem Ladegeschirr an Bord benötigt wird, wird überholt. Sollen übermorgen gegen Nachmittag in Casablanca einlaufen. Axel von der Hundewache und ich von der zweiten Wache sind dabei, die Ein- und Auslassventile der Zylinderköpfe einzuschleifen. Einschleifen mit Schleifpaste, erst mit grober, dann mit feiner.

„Axel war'ste schon mal in Casablanca?", frage ich.   Er nickt. „Kenns'te   Wilmas Dödel-Bar?"   Schüttelt mit dem Kopf: „Nöö." „Musst' de unbedingt mal mitkommen", meine ich, „triffst da zwar keine Weiber, die dich abschleppen." Der Puff befindet sich auch hier, wie in den anderen „Kanaker"-Häfen, in der Medina. Die finstere, von vielen Seeleuten angesteuerte Bar, liegt in der Altstadt in einer alten Kaschemme im obersten Stockwerk. Wilma, ca. sechzig Jahre alt, fast zahnlos mit krächzender Stimme, kann ihre Heimat Österreich nicht verleugnen, wenn sie spricht, die Seeleute anspricht: „Na Seemann, wo kommst du her?" Nennt er sein Heimatland, greift sie unter die klapprige Theke und stellt einen Gummipenis auf den Tisch. Gummipenisse in allen Größen: kleine, dünne, große dicke. Gelächter, witzige obszöne Äußerungen machen ihre Runde.

Der Aufgang zu der Kneipe führt über eine alte Wendeltreppe aus Holz. Holz knarrt, die Dielen abgetreten, wenn sie hoch kommen, um zu trinken und zu quatschen. In der Ecke eine alte Musikbox mit abgedroschenen Liedern in allen Sprachen. Neben dem Tresen ist eine Tür, dahinter ein langer Gang, der an einer Tür endet, die ins Freie auf das Flachdach des Nebengebäudes führt. An diesem Gang befinden sich die Toiletten. Die Bezeichnung Toiletten ist viel zu hochtrabend: an der Wand eine Blechrinne zum Urinieren, ein Plumpsklo, gesprungenes, eklig schimmerndes Porzellan, Klopapierrolle mit Bindfaden an einem Nagel hängend.

Wieder kommt ein Seemann, schon ziemlich voll. Als ihm Wilma den ihrer Meinung nach passenden Gummipenis hinstellt, rastet er aus, schmeißt den Gummipenis in die Ecke, räumt mit dem Ellenbogen, den Tresen ab. Wilma schreit, einige springen auf, packen ihn, der Kerl wehrt sich. Es entwickelt sich ein Gerangel. Wilma ruft die Polizei. Nun rastet er ganz aus, packt die Musikbox, schleudert sie in Richtung Treppe. Polternd verkeilt sie sich in der Treppe. Dann rennt er in den Gang, rennt ihn bis zum Ende, will weiter, doch die Tür ist verschlossen. Zerrt an der Klinke, läuft zurück, nimmt einen Anlauf, springt gegen die Tür, tritt zu. Holz splittert, die Tür fällt aus den Angeln, Rennen, Springen aufs Flachdach: Endstation. Endstation in Wilmas Dödelbar, nächste Station ist der Knast. Zelle mit mehreren Gefangenen, verfilzte Matratzen auf dem Steinboden. Rausch ausschlafen. Warten auf den Kapitän zum Auslösen. Zwei Monatsheuern Strafe und die Kosten für die Reparaturen.

Nach dieser Keilerei haben wir die Schnauze voll, und hauen ab. Axel hat Hunger und fragt: „Sollen wir noch irgendwo etwas essen?" Axel hat immer Kohldampf, holt sich an Bord dauernd Nachschlag, und speckert ewig in der Kombüse rum, um etwas Essbares abzustauben. „Ja, können wir", meine ich, als wir die Kaschemme verlassen. Ich zeige auf ein altes flaches Gebäude: „Da hinten ist ein Restaurant, kein feudales, lass uns dort mal hingehen." Gesagt, getan, wir latschen da hin, treten ein und setzen uns.

„Muss mal schell auf Toilette", meine ich, erhebe mich und frage den Kellner: „Wo geht's zu den Toiletten?" Er schaut mich an. Kann wohl kein Deutsch, neuer Anlauf: „Where lavatory?" Er zeigt in die Richtung. Muss den Raum verlassen, betrete einen Gang, links eine Mauer, rechts die Küche, am Ende die Toiletten: Dach aus Stroh, Strohmatten auf Holzbalken. Blicke nach oben, traue meinen Augen nicht. Hängen da auf einer Leine enthäutete „Dachasen", große und kleine Katzen. Mein Magen dreht sich, brauche nicht mehr pinkeln, drehe mich um und laufe zu Axel, „Wenn du Katzenfleisch fressen willst, dann tu es, ich nicht. Lass uns gehen!" Wir hauen ab.

Steuermann Bum Bum

Wir sitzen beim ersten Steuermann in fröhlicher Klönrunde: „Muss mal sein, hab mich mit euch aus der Maschine noch nicht privat unterhalten." Mit euch meint er Sebastian, Florian und mich, die drei Maschinenassistenten vom Dampfer ARGO. Steuermann Brandenburg fährt schon einige Zeit auf ARGO, ein kumpelhafter Typ. Er hat schon wieder seine Pfeife unter Dampf und pafft genüsslich. „Prost, schmeckt gut, geht nichts über ein gutes Bier, nichts über Becks Bier. - Vor drei Jahren habe ich auf Anraten der Reederei nochmals die Schulbank gedrückt." Der nautische Inspektor Frische hatte es ihm empfohlen. „Brandenburg", meinte er, „Sie sind zwar schon 45 Jahre alt, fahren schon lange als dritter und zweiter Steuermann bei uns, hätten Sie ein größeres Patent, das A4, könnten sie noch ein Schiff als Käpten bei mir bekommen." Er besaß aber nur das Patent A2. Inspektor Frische weiter: „Wir, die Reedereien, mit unseren in der Kleinen Fahrt verkehrenden Schiffen haben Probleme, Nautiker zu bekommen, Nautiker die auch ein Schiff führen dürfen." - „So entschloss ich mich, nochmals für sechs Monate in Cuxhaven die Schulbank zu drücken (die Seefahrtsschule wird im Bericht über meine Schulzeit ausführlich beschrieben), um das erforderliche Befähigungszeugnis, das neue Patent zu bekommen. Der Nautik-Lehrer meinte: ‚Meine Herren, wir werden jetzt mal Standortbestimmung mit dem Sextanten vornehmen.' Sebastian, der Neue aus Schwaben, sabbelt dazwischen: ‚Sex-Tanten haben was mit Bumsen zu tun, Idiot.' Also", fährt er fort, „wir gingen auf den Turm der Schule und schossen die Sonne, anschließend errechneten wir die Position. Nach Auswertungen unserer Berechnungen, die er kontrolliert hatte, meinte er: ‚Meine Herren, stehen sie auf und falten die Hände zum Gebet, denn nach Berechnung eines Schülers befinden wir uns im Kölner Dom'."

Die Deckbesatzung nennt Brandenburg „Steuermann Bum Bum". Seine Pfeife nimmt er nur beim Essen, Trinken und Schlafen aus dem Mund. Überall fliegt seine Pfeifenasche rum, insbesondere, wenn er mal wieder hustet. Der zweite Steuermann meinte neulich: „Wenn Bum Bum weiter so rumhustet, brauchen wir beim Eintragen und Abstecken des Kurses auf der Seekarte eine feuerfeste, vor lauter Brandlöchern kann man aus der Seekarte nichts mehr lesen."

„Lagen in Rotterdam im Maashafen mit MS ‚MEISE'", fährt er in seinen Erzählungen fort, „das Schiff war gelöscht worden und sollte nächsten Tag beladen werden. Am späten Abend waren außer mir nur noch der zweite Maschinist und der Assi als Bordwache und glücklicherweise noch zwei Matrosen und der Koch an Bord, die aber noch an Land wollten. Kommt ein Mitarbeiter des Hafenamtes an Bord und meint, das Schiff müsse verholen. Verholen an einen anderen Liegeplatz auf der gegenüberliegenden Seite. Dieses hätte man unserem Käpten bei Schichtende mitgeteilt. Hatte er aber vergessen, und nun? Nun hatte ich ein Problem. Nur zwei Matrosen. Einen brauchte ich fürs Ruder, benötigte doch vorne und achtern für die Manöver mindestes vier Mann. Egal, egal war's dem Heini vom Hafenamt, egal wohl auch dem Alten, er ging einfach an Land, der Sausack, ich war stinkig auf ihn. Alle zusammentrommeln, die noch da waren, beraten, überlegen. Der zweite Maschinist meinte, der Assi könne den Jukel selbst bedienen, dann gehe er mit an Deck, der Koch traute sich auch zu, die Leinen ein- und auszuholen, er habe das auf einem Kümo auch immer gemacht. Ich war froh über diese Angebote. Trotzdem zögerte ich, zögerte aus Angst: wenn, falls, was dann? Fasste mir aber schließlich doch ein Herz und sagte mir: Scheiß egal, wird schon klappen. Es klappte auch, wir verholten ohne große Probleme. Probleme hatten die, die nachts wieder an Bord wollten: ‚Unser Schiff ist weg, gibt's doch nicht, liegt da nicht, bin doch nicht blind...' Probleme hatte am nächsten Tag auch der Alte, als ich ihm sagte, ich würde das der Reederei melden."

Der Storekeeper und die Eier

Der Storekeeper will sonntags immer ein Ei, schön weich gekocht. Immer sonntags ist sein Eiertag. Wenn er die Wochen zählt, meint er: „Noch dreimal Eier, dann sind wir wieder im Hafen." Eier sind aber knapp an Bord, und wenn der Koch sie verarbeitet, nie sonntags. Das ärgert den Storekeeper. Er ärgert sich über den Koch: Warum nicht sonntags? „Ich will sonntags Eier", beschwert er sich beim Koch. „Wenn du sonntags auf See Eier haben willst, muss du dir Hühner zulegen, du Ochse", mault ihn der Koch an. „Du kannst mich mal...", mault der Storekeeper zurück und schiebt ab. ‚Keine schlechte Idee, wenn wir in Djibuti sind, gehe ich auf den Markt und kaufe mir drei Hühner, will mal den Zimmermann fragen ob er mir einen Hühnerstall baut.' „'n Hühnerstall soll ich dir bauen? Hast du einen Lattenschuss? Wofür?", fragt der Zimmermann. „Hab keinen Lattenschuss, kauf mir in Djibuti drei Hühner, will sonntags Eier haben. Bau mir bitte einen Hühnerstall. Im Hafen angekommen, geht er an Land. Hatte einen Koffer aus dem Store geholt, den Koffer des Dunkymans, einen alten großen Pappkarton, in dem Bananen verpackt waren, angepinselt mit Farbe, schimmerte immer noch die Aufschrift „Ciquita" durch und das Bild einer Banane. Pilgert zum Markt und kauft die Hühner.

Der Zimmermann steht in seiner Werkstatt vorne unter der Back, baut den Verschlag für die Hühner und denkt wieder: „Oh Mann, ist der bescheuert, will Hühner züchten!" Der Bootsmann sieht ihn, kommt aus dem Kabelgatt: „Hey, Zimmermann was wird das, wenn's fertig ist?" Der Zimmermann erwidert: „Halt dich fest, der bekloppte Storkeeper ist an Land, kauft sich Hühner, will selber Eier züchten." Darauf der Bootsmann: Wenn das mal gut geht, stell dir vor, da ist nen Hahn dabei, dann das Gehkrähe."

Bepackt mit dem Karton und einem Plastiksack mit Hühnerfutter trabt er los, denkt: „Ob die morgen schon legen?" Erreicht das Schiff, läuft zur Back, hört nicht, wie sie rufen: „Hey, was schleppst du da denn, wo willst du hin?" Der Hühnerstall ist fertig. „Danke, Zimmermann, was kriegste dafür? Hallo Bootsmann, jetzt gibt's bald Eier" und will die Hühner umpacken. „Nicht so schell, erst Richtfest feiern, geh zum Steward, hohl 'n guten Schluck und Bier, wollen Richtfest feiern." Er trabt nach mittschiffs und besorgt es. Nun begießen sie erst mal den neuen Hühnerstall. Der Bootsmann, das Schlitzauge, besorgt sich heimlich einen Dosendeckel, dreht ihn um und schüttet etwas von dem Korn darauf, öffnet den Deckel vom Karton, nimmt die Hühner raus und lässt sie vom Deckel picken. Der Alkohol zeigt seine Wirkung, ein Huhn nach dem anderen legt sich zur Seite und streckt alle Viere von sich. Der Storekeeper sieht

das und jammert: „Meine Hühner, meine Hühner!" Meint der Bootsmann: „Ist nicht schlimm, sind von dem Korn besoffen, die werden
wieder wach, leg sie mal in'n Stall und lass sie schlafen. Nach jeder
Wache schleicht der Bootsmann nach vorne zum Hühnerstall. Die
oben auf der Brücke sehen das und fragen sich: „Warum läuft der
Storkeeper dauernd zur Back?" Antwortet einer: „Der Bootsmann
hat berichtet, der Storekeeper besucht seine Hühner." Ungläubiges
Staunen: Was ist? Was sucht der da? Der hat da vorne einen Hühnerstall? So ein Schmarren, das kann nur einer labern, der nicht alle
Tassen im Schrank hat."

Stunden um Stunden vergehen, schon drei Tage auf See, immer
noch kein Ei. Kann doch nicht angehen! Der Storkeeper wird ungeduldig, ist traurig. Der Bootsmann meint zum Zimmermann: „Müssen uns 'was einfallen lassen, das kann so nicht weitergehen." Gesagt getan, sie formen aus Gips zwei schöne Eier und legen sie in
den Hühnerstall. Aufgeregt, läuft der Storkeeper zum Koch, in den
Händen zwei Eier. „Eier, endlich legen sie, geh jetzt zum Koch, frage ihn, ob ich mir die braten kann." Den Koch hatte man eingeweiht,
muss sich das Lachen verkneifen, als der Storkeeper eilig, außer
sich vor Freude, die Kombüse betritt. „Koch, meine Hühner haben
gelegt, möchte die Eier braten, gib mir bitte eine Pfanne und etwas
Fett." - „Jetzt muss es passieren", sagt sich der Koch, „das Fett ist in
der Pfanne geschmolzen, jetzt muss er die Eier anschlagen." Das
Drama beginnt. Das Anschlagen eines Eies ist kein Problem, kein
Problem wenn es nicht aus Gips wäre. Das merkt jetzt auch der
Storkeeper, rennt laut schreiend aus der Kombüse: „Ihr Idioten habt
mich alle verarscht!" Rennt zum Hühnerstall, packt sich ein Huhn
nach dem anderen, dreht ihnen die Gurgel um und schmeißt sie
über Bord ins Meer.

Die Dusche von oben

„Heini, weißt du, wie viel Liter Wasser in eine Piddeltüte (Kondom),
passen." – „Woher soll ich das denn wissen?", fragt der. Heini hat
die Idee, dies mal zu testen. Weißt du was, ich hab so eine noch
irgendwo rum liegen. „Wir gehen aufs Brückendeck, füllen Wasser
rein und werfen sie aus der Nock aufs Deck. Wird schön knallen!"
Gesagt, getan, sie gehen los, ausgerüstet mit einem Trichter und
vollem Wassereimer. Oben angekommen, befüllen sie die Piddeltüte. Ist gar nicht so einfach. „Heini, wir müssen erst mal den Trichter
da rein bekommen, pass auf, dass sie nicht reißt." Heini lacht und
meint: „Hab' Erfahrung mit Piddeltüten, so nun sitzt der Trichter richtig, kipp Wasser rein, schön sinnig. Langsam füllt sie sich, bis es
eine pralle Blase ist. „Oben zubinden", meint Hein, und gib mir 'nen

Bänzel. Anheben, abheben, langsam, wir tragen den Ballon zum Schanzkleid, legen ihn auf den Rand der Brüstung. Nun vorsichtig anheben und anstoßen. Der Ballon fällt herunter. Wohin fällt er? Kapitän Seidenfuß, klein und pummelig mit Glatze, ist in Gedanken versunken auf dem Weg zum Vorschiff, tritt aus dem überdachten Gang. Der Ballon klatscht auf, klatscht auf die Glatze des Kapitäns, ein Knall, ein schockierter Kapitän, geschockt, durchnässt. Heini & Co. hauen ab, haben Muffensausen, sind in der Hoffnung dass sie keiner gesehen hat. Laufen dem Bootsmann in die Arme. Der meint: „Warum so eilig, ist 'was passiert?" Heini, außer Atmen, keucht: „Der Alte, so 'ne Scheiße" und berichtet ihm von der Aktion. „Ach du dickes Ei, das gibt Ärger!" Er hat recht, es gibt fürchterlichen Ärger. Kommen gerade noch am fristlosen Sack vorbei.

Bootsmann Max erzählt

Bootsmann Max lerne ich auf MS LEVANTE kennen. Beim Auslaufen in Bengasi, als er mit den Matrosen die Achterleine mit dem Heckspill einholen will, gibt dieses den Geist auf, die Trommel sitzt bombenfest. Auf Anweisung des II. Ingenieurs soll ich zusammen mit unserem Elektriker Brammer und dem Bootsmann den Schaden beheben. Der Bootsmann soll uns mit dem Dreibock und dem Flaschenzug helfen, die Trommel zu entfernen. Bei diesen Arbeiten kommen wir uns etwas näher und unterhalten uns. So berichtete er uns unter anderem: „Abgesoffen sind wir fast einmal, als die Decklast verrutschte und der Dampfer in eine gewaltig gefährliche Schräglage geriet. Zellulose hatte das Schiff geladen, auch an Deck, verstaut auf den Luken und angeblich seefest verzurrt. Verzurrt, dass ich nicht lache!", meint er. „Im Skagerrak bekommen wir derbe einen auf den Sack, Windstärke acht, volle Breitseite, die ersten Pakete Zellulose lösen sich und rutschen in den Gangbord, weitre folgen, saugen sich schell mit Seewasser voll, und der Dampfer bekommt Schlagseite. Maschine Stopp! Alles an Deck, in die Schwimmwesten! Die gesamte Deckbesatzung malocht. Lieber malochen, als absaufen! Zerren, heben, ab in die See damit! Langsam richtet das Schiff sich wieder auf."

„Feuer an Bord ist schlimm, Feuer an Bord mit 200 an Deck geladenen Fässern mit stark feuergefährlichem Inhalt umso mehr. Ich fuhr 1959 noch als Matrose auf Motorschiff ‚SPERBER'", fährt er fort, „Mein letztes Schiff als Matrose auf der Reise von Bremen nach London. In der Nordsee auf der Höhe der Insel Terschelling passiert es: Feuer im Maschinenraum. Das Schiff hatte als Antrieb zwei Sechszylinder-Viertakt-Tauchkolben-Motore, Baujahr 1943. Mit Wiederaufbau der deutschen Handelsflotte wurden auf Grund lie-

gende Schiffe gehoben und zum Ausschlachten in die Werften geschleppt. Es wurden insbesondere Motoren, Hilfsmaschinen und
Aggregate, wie Pumpen, Winden etc. wieder aufgemöbelt und in die
Neubauten eingebaut, so auch bei diesem Schiff. Am frühen Mor-
gen platzt im Maschinenraum eine Brennstoffleitung. Dieselöl sprüht
auf den Zylinderkopfdeckel, auf den Abgaskrümmer. Schnell ent-
facht ein Feuer, ein Feuer, das nicht mehr zu löschen ist. „Raus!",
ruft der Wachingenieur zu seinem Assi, raus! Stellt die Maschine ab.
Beide verlassen eiligst den Maschinenraum und schließen das
Schott. Feuer, das sich schnell ausbreitet! „SOS - MS SPERBER in
Seenot, die Aufbauten brennen!" Diese Meldung, aufgefangen von
Norddeich Radio, löst die normale Rettungsaktionen aus. Schiffe
verschiedener Nationen ändern ihren Kurs, um zur Hilfe zu eilen,
nehmen Kurs auf das Schiff, erspähen den Rauchpilz. Ab in die
Rettungsboote, gleich können die Fässer explodieren. Kaum sind wir
von Bord, fliegen Luke zwei und drei in die Luft, die aus Schieß-
baumwolle bestehende Ladung brennt lichterloh. Anschließend
explodieren an Deck Fass für Fass, mit Benzol befüllt. Weg!
Schnell weg von dem brennenden Höllendampfer! „Seid Ihr denn
alle gerettet worden?", will ich wissen. Ja, sie wurden alle gerettet,
gesund und unverletzt, hatten aber nur das, was sie am Leibe trugen, mitnehmen können. „Als wir dann an Bord der herbeigeeilten
Schiffe waren, hörten wir die Detonationen, sahen wie das Schiff
immer noch brannte." Alle Löschversuche der holländischen und
des deutschen Hochseeschleppers „WOTAN" waren vergeblich.
Das Wrack wurde nach Holland zur Verschrottung geschleppt. „Wie
ging es dann weiter?", frage ich. „Wir wurden von einem holländischen Bergungsschlepper aufgenommen und an Bord gut versorgt.
Wir hatten ja nicht mehr, als das, was wir am Leibe trugen. Einige
waren völlig durchnässt. Man hüllte uns in Decken. Anschließend
wurden wir in den Hafen von Harlingen gebracht. Die Reederei rea-
gierte schnell. Am Kai stand schon ein Bus, der uns nach Bremen
brachte. Wir bekamen Geld, um uns neu einzukleiden. Dann ging's
los mit dem Papierkram. Ein neues Seefahrtbuch musste ausgestellt werden, der Amtsarzt musste den neuen Gesundheitspass
erstellen, endlose Nachfragen, Recherchen bei Behörden."
   So erzählt er, während wir das Heckspill reparieren. Wie sagt man
leicht abgewandelt: Wenn einer eine Reise tut, dann kann er was
erlernen.
   „Eine kleine Story noch", meint er: „Fuhr vor Jahren auf 'nem Kümo, hatten da einen Moses, einen Hünen von Kerl, war ganz neu an
Bord, seine erste Reise. Der Steuermann wollte ihn verarschen, soll
man aber nicht, denn, wer im Glashaus sitzt, soll nicht mit Steinen
schmeißen. „Moses", sagt er, „geh in die Maschine und hol den

69

Kompassschlüssel, der Meister weiß Bescheid." - „Kompassschlüssel, so was gibt's doch gar nicht!" – „Sicher, Hau ab!" Der Moses latscht in Richtung Maschine. Der da unten weiß Bescheid, weiß, was der Steuermann vor hat, ahnt aber nicht, was der Moses plant, gibt ihm den großen schweren Schlüssel, den er sonst benötigt, falls mal die Mutter auf der Schiffswelle gelöst werden soll, um die Schraube auszubauen. „Die wollen mich verarschen", meint der Moses, schnappt sich das Monstrum und denkt bei sich: „Die wollen mich verarschen, ich die aber auch!" Oben angekommen, meint der Steuermann: „Bring den erst mal in die Nock, brauchen wir nicht mehr." - „Nicht mehr? Steuermann, wirklich nicht mehr?" - „Ja, hast doch gehört, bist du taub?" Der Moses ist weder blöde noch taub, geht in die Nock und wirft den Schlüssel über Bord, lacht und meint: „Wer andern eine Grube gräbt, fällt selbst hinein!"

„Der Elektriker muss nach unten in seine kleine Werkstatt im Maschinenraum. ‚Brauche ein neues Steuersegment, komme gleich wieder', meint er und schiebt ab. Er ist ein bekloppter Hund, frisst dauernd Sonnenblumenkerne, hat immer seine Hosentasche damit vollgestopft. Außerdem frisst er auch Knoblauchzehen. Stinkt wie eine Bestie. Nicht nur er stinkt, auch seine Kammer stinkt. Der scharfe Gestank ist überall, im Gang, in der Messe. Wir sind stocksauer und überlegen, überlegen, wie wir ihm eins auswischen können. Ich laufe zum Koch und frage: ‚Gibt es etwas, was Schlimmeres als diesen gottverdammten Knoblauchgeruch?' – ‚Vergammelter Käse, Camembert-Käse stinkt, wenn er alt ist bestialisch', meint der Koch. Ich bitte ihn, mir ein Stück zu geben und verstecke es in der Kammer vom Blitz. Betrete die stinkige warme Kammer, denke: ‚Warum lüftet der Ochse nicht mal seine Hütte, hat ein großes Fenster, ist zu faul, seine Scheiß-Blumen, die kanarischen Kartoffelpflanzen, zu entfernen.' Verstecke den Käse unter der Tischplatte. Wenige Tage später, man kann es nicht fassen, lüftet der seine Kammer. Auf die Frage: ‚Hallo Blitz, seit wann lüftest du?' meint er: ‚Es stinkt nach Käse, wenn ich nur wüsste, welcher Lümmel das war und wo er den Mist versteckt hat. Lachend meine Antwort: ‚Guck mal unter deinen Tisch!'"

Die Zeugwäsche

„Hatten wenigsten 'ne Waschmaschine an Bord, wenn auch für 32 Mann. Wenn noch Passagiere an Bord waren, war sie fast immer belegt. „Wie konnte man dann nur waschen?", frage ich. „Ja, es war eine senkrecht drehende Maschine der Firma Miele vorhanden." „Auf Dampfer ARGO nicht, auf Dampfer ARGO waren zwei Dampfrohre in den Duschräumen. Man stellte einen mit Waschpulver, den

Klamotten und Wasser gefüllten Blecheimer unter das Dampfrohr und drehte das Ventil dann etwas auf. In der Regel kippte man dann nach einer kurzen Zeit, wenn es richtig gekocht hatte, den Eimer aus und wusch die Klamotten im Waschbecken aus", erklärte ich ihm. „Nicht unser Chief Wichmann, das alte Hutzelmännchen. Er ließ, nachdem er das Ventil endlich mal geschlossen hatte, die Blechpütz einfach in der Hoffnung stehen, irgend so ein Trottel würde für ihn Zeugwäsche machen. Machte aber keiner für ihn. Tagelang stand der Eimer schon da, und es stank. Der III. Maschinist hatte die Schnauze voll und schmiss eine Handvoll vom Koch ergaunerter Lorbeerblätter in den Eimer. Nun fing 's im Eimer erst recht an zu stinken. Der Assi zum Chief: „Ist das Ihr Mist in der Pütz im Wachraum, der da so erbärmlich stinkt? Murrend wusch das Hutzelmännchen seine Klamotten endlich aus."

Arroganter Lackaffe

Sind bald fertig, müssen nur noch die Trommel wieder einbauen, als der zweite Offizier in Sicht kommt. Der Bootsmann sieht ihn als erster. „Was will der schon wieder, der Lackaffe?", stöhnt der Bootsmann. Ein Lackaffe, arrogant, von sich eingenommen, selbstherrlich, trägt wie immer, auch auf hoher See, seine Kakiuniform, Schulterklappen mit zwei goldenen Streifen, weißes Hemd, Krawatte, Mütze mit weißem Bezug. „Arrogant wie all die anderen Ärmelstreifen, ausgenommen der Dritte und der Funker", meint der Bootsmann. Er hat Recht, in der Offiziersmesse, beim Einnehmen der Mahlzeiten, herrscht die Hierarchie. Sie, die Besseren, sitzen an einem anderen Tisch als die Assis und der Elektriker, sie die Creme de la Creme, die zwei Nautischen Offiziere, der Funkoffizier und die drei Schiffsingenieure. „Der dritte Offizier und der Funker sind nicht arrogant, unterhalten sich auch mit der Mannschaft, wenn auch auf Abstand, haben Angst, einen Rüffel zu bekommen", meint der Bootsmann. Die leitenden Herren, der Kapitän, sein Erster Offizier und der Leitende Ingenieur, sie speisen ein Deck höher im Salon mit den Passagieren.

„Bootsmann, wie lange werden sie hier noch benötigt? Wenn Sie abkömmlich sind, melden Sie sich bitte bei mir auf der Brücke, muss etwas mit ihnen besprechen", äußert der Zweite herablassend. „Schießen Sie los, bin ganz Ohr", antwortet der Bootsmann. „Nicht hier, das geziemt sich nicht, habe Ihnen doch erklärt: auf der Brücke!", gibt er zur Antwort und „schreitet" wieder nach mittschiffs.

„Dieser beknackte Blödmann", meint der Bootsmann und erzählt mir von dem Bockmist, den er, der II. Offizier, sich in Bangkok geleistet hat. Der Zweite Offizier (Ladungsoffizier) ist verantwortlich für die Ladung des Schiffes. Unter dem Windenhaus 2 im Oberdeck des Laderaumes stehen hinter einem Holzverschlag zwei große Holzkisten. In einer wird die benutzte schmutzige Wäsche gelagert, die nun an Land zur Wäscherei soll. Die andere Kiste ist für die deutsche Botschaft bestimmt. Im Hafen fahren der Wagen der Wäscherei und der einer Spedition vor. Der II. gibt Anweisung, Anweisung mit Folgen, weil er zu blöde ist und nicht richtig hinschaut. Ordnet an, gibt Anweisung: „Kiste 1 verladen in den Wagen der Wäscherei, Kiste 2 in den Wagen des Spediteurs der Botschaft." So fährt der Wagen des Spediteurs mit der Kiste voller dreckiger Wäsche zur Botschaft und der Wagen der Wäscherei mit Diplomaten-Unterlagen in die Wäscherei. Es dauert nicht lange, als eine schwarze Limousine mit Standarte, ein Dienstfahrzeug der Botschaft, anrauscht und an der Gangway hält. Der Mitarbeiter eilt grimmig an Bord und wünscht dringend den Herrn Kapitän zu sprechen. Man führt ihn in den Salon. Dem Kapitän war dieser Bockmist des II. Offiziers nicht bekannt, konnte er auch nicht wissen, kann sich ja nicht um alles selber kümmern, hat ja dafür ja seine Mitarbeiter, die Herren Offiziere. So erfährt er von dieser Aktion, einer Aktion mit Folgen. Er erfährt vom Inhalt dieser Kiste: Unter anderem beladen mit wichtigen Dokumenten, Urkunden, Vordrucken. „Herr Kapitän, der Botschafter, Herr Doktor von Breitenbach ist ungehalten, ungehalten über die Fehler Ihres Ladeoffiziers. Sorgen Sie umgehend dafür, dass wir die Sendung schnellstens vollständig und unversehrt erhalten. Ihre Reederei in Bremen wurde bereits verständigt." Ein vor Schreck erbleichter Kapitän, ein dusseliger Ladeoffizier, eine blamierte Reederei, ein zorniger Botschafter mit dreckiger Bordwäsche statt der angeforderten Materialien.

Jimmy der Dunkymann und Schmierer Valentin

Joachim, unser Oberheizer, genannt „Jimmy der Dunkymann" war schon fast 60 Jahre alt und fuhr schon über 40 Jahre zur See. Über sein Privatleben erzählte er wenig. Ich habe ihn auch nicht darauf angesprochen. Er erwähnte nur, dass er von einem Bauernhof aus einem Dorf bei Elsfleth stamme. Seine Frau sei schon lange tot, und er habe zwei Töchter. Er ging die so genannte Tageswache von 08:00 bis 12:00 Uhr und von 20:00 Uhr bis Mitternacht. Im Maschinenraum waren gleichzeitig der Chief und zwei Assis auf Wache. Auf Schiffen, bei denen der Chief auch noch seinen Dienst als Wachingenieur versah, hatte er zwei Assis zur Seite, den Dienstältesten und den „Neuen", das war ich, der „Schmierer Valentin". Auf ölbefeuerten Dampfschiffen hatte ein Heizer während der Reise auf Wache nicht viel zu tun. Er musste lediglich den Betriebsdruck der

Kessel auf Niveau halten. So kam es, dass ich mich beim Rundgang durch den Kesselraum öfters mit ihm unterhielt. Sein erstes Schiff war der Passagierdampfer „BERLIN" des Norddeutschen Lloyd gewesen. Hier hatte er als Kohlentrimmer angefangen. Er erzählte, dass dies ein knochenharter Job gewesen sei. Es waren zwei Heizräume vorhanden. Im ersten, direkt hinter dem Maschinenraum, befanden sich die vorderen vier Drei-Flammrohre der Doppelender-Zylinderkessel, dahinter im großen Heizraum die anderen vier Drei-Flammrohre des Doppelenders und zusätzlich an der Rückwand noch die zwei Zylinderkessel mit je drei Flammrohren, also insgesamt 30 Feuerstellen. Pro Wache mussten 12 Trimmer 30 Tonnen Kohle aus den Bunkern in die Kesselräume zu den Feuerstellen befördern. Der Transport erfolgte mit hölzernen Schubkarren. Bei starkem Seegang, wenn das Schiff schlingerte, war das eine mühsame Arbeit. Es kam schon mal vor, dass Kohle runter fiel oder die Karre sogar umkippte. Für eine Reise nach Amerika waren ca. 1.500 t notwendig. Hinzu kam noch die Entsorgung der Asche und Schlacke. Musste diese anfangs noch in Körben über Leitern an Deck transportiert und dann außenbords gekippt werden, wurden später mechanische Aschenheber eingebaut. An den Feuern arbeiteten pro Wache acht Heizer. Sie mussten die Heizroste mit Kohle versorgen, um die benötigte Dampfmenge bei einem Dampfdruck von 15 at zu erzeugen.

Das Berufsbild der **Kohlentrimmer** oder **Kohlenzieher**:

Der **Kohlentrimmer** oder auch **Kohlenzieher** war ein Beruf in der Seeschifffahrt und Binnenschifffahrt, und zwar sowohl in der Handelsschifffahrt als auch bei der Marine. Der Beruf ist heute ausgestorben. Der Kohlentrimmer hatte die Aufgabe, auf mit Kohle befeuerten Dampfschiffen die Kohle aus den zum Teil weit vom Kesselraum entfernten Kohlebunkern heranzuschaffen. Die Arbeit wurde in der Regel im Dreiwachen-Törn gefahren. Das bedeutete, dass ein Trimmer vier Stunden arbeitete, acht Stunden Ruhezeit hatte und dann nochmals einen Törn von vier Stunden Arbeit plus acht Stunden Ruhezeit abhielt. Die 24 Tagesstunden bestanden folglich aus 8 Stunden Arbeit und 16 Stunden Freiwache. Die Arbeitsbedingungen, unter denen die Trimmer arbeiteten, waren oftmals unbeschreiblich hart und aus heutiger Sicht nahezu unzumutbar. Die Kohlebunker waren lichtlose, verwinkelte und mit Spanten, Stützen und Stringern durchzogene Schiffsräume, die zum Teil in gleicher Höhe, zum Teil aber auch höher oder niedriger als die Kesselräume lagen. Die Kohle musste, sofern sie nicht selbstständig aus den Bunkerlöchern rieselte, aus dem Bunker mit Hilfe von Trimmerschaufeln in Schubkarren geschaufelt werden. Die Schubkarren mussten dann über Holzbohlen, die auf der Kohle lagen, zum Kesselraum gebracht werden und wurden dort vor den Kesseln ausgeladen. In den Bunkern, die oft mit stickiger Luft und Kohlenstaub gefüllt waren, diente eine einfache Kabellampe als notdürftige Beleuchtung. In hohen Bunkern, die über mehrere Decks reichten, war die Arbeit nicht ungefährlich, wenn sich die Kohlen während des Abschaufelns und durch Seegang rutschend bewegten. „Der Kohlentrimmer", so erzählte unser Oberheizer Jimmy weiter, „war das letzte Glied in der Kette des Maschinenpersonals. Keiner der Vorgesetzten, angefangen vom Chief bis zu den Wachingenieuren, beachtete sie. Ihr nächster Vorgesetzter war der Oberheizer der Wache. Untergebracht waren wir 36 Kohlentrimmer", berichtete er weiter, „in drei Kabinen ohne Tageslicht weit unten im tiefsten Deck, mit je 12 Trimmern, drei Kojen übereinander. An jeder Seite schliefen sechs Mann. Am Fußende der Kojen hing ein kleiner Kasten für Wertsachen, den man abschließen konnte. Für jeden war ein schmaler Spind für die ‚Klamotten' vorhanden. Man brauchte ja nicht viel an Zeug. Bei der Arbeit trugen wir ein Unterhemd, das Schweißtuch, eine Hose und die Heizerlatschen. Gutes Zeug für den Landgang war nicht erforderlich, denn den gab es kaum. Man hatte eben das gut aufgehoben, was man bei der Anmusterung trug. Wenn wir im Hafen lagen", erzählte er weiter, „mussten wir beim Kohlebunkern mithelfen. Ich habe vom Auslaufen in Bremerhaven und bis zum Einlaufen höchstens sechs Stunden das Tageslicht gesehen. Die sanitären Einrichtungen waren unserem Niveau angepasst: für 12 Mann drei Duschen, vier Waschbecken und vier WC's." Auf meine weitere Frage: „Und wo habt Ihr gegessen?" lächelte er und sagte: „In einem kleinen, schäbigen, stickigen Raum, unserer Messe. In der Mitte war die hölzerne Back mit zwei Bänken, an einer Wand hingen Schränke für das Geschirr und die Töpfe. Das Essen mussten wir uns in der Mannschaftskombüse selber holen. Kannst du nun verstehen, warum ein Großteil der Trimmer nur eine Reise machte? Ich hatte nach zwei Reisen die ‚Schnauze voll' und habe in 'n ‚Sack gehauen'." So saß er nun auf einem alten Eimer, den er umgedreht hatte auf Wache, blickte auf die Manometer, stand manchmal auf, ging zum Brennergeschränk, lugte in die Flamme und murmelte: „Herrlich, Heizer auf einem Schiff mit Ölfeuerung zu sein. Du bist ja schon wieder da, Valentin", sagte er und drehte sich mir zu. „Jimmy, antwortete ich, „warum nennst du mich ‚Valentin'". „Ach, weißt du, auf meinem ersten Schiff als Heizer, ich glaube es war die „PERGAMON", war ein Assi, der genau so neugierig und nett war wie du. Ich nenne sie in der Maschine alle nach dem, was sie so tun, die Meister (er meinte die Wachingenieure) und die Schmierer (er meinte die Assis)." So war ich für ihn „der Schmierer namens Valentin". Im Grunde hatte er mit der Bezeichnung Schmierer Recht, aber dazu an anderer Stelle. Den Chief titulierte er mit „der Alte", während er zum Kapitän und seinen Offizieren ein gestörtes Verhältnis hatte. Er bezeichnete sie als Lackaffen, weil, während er ganz unten im Dreck bei Hitze und Mief schaffte, sie oben auf der Brücke in Uniform mit Rangabzeichen ihren Dienst versahen. „Jimmy", sprach ich ihn an, „warum die Worte ‚herrlich Heizer auf einem Schiff mit Ölfeuerung zu sein'?" - „Ach", antwortete er, „weil die Arbeit nicht so anstrengend wie bei Kohlenbefeuerung ist." So erzählte er mir von seiner Arbeit als Heizer. Anfangs fuhr er auf Schiffen, die auf Grund der Kessel- und Maschinengröße keine Trimmer hatten, so dass er auch selbst die Kohle aus dem Bunker herbeischaffen musste.

Auszug aus dem **Berufsbild des Heizers**:

Der **Schiffsheizer** hatte die ihm anvertrauten Dampfkessel so zu bedienen, dass jederzeit ausreichend Dampf in der benötigten Spannung (Druck) zum Betrieb des Schiffs zur Verfügung stand. Zu dieser Bedienung gehörten das regelmäßige und kontrollierte Aufwerfen und Durchstoßen von Kohle, die Kontrolle des Kessel-Wasserstandes, die Nachspeisung mit Kessel- und Speisewasser, die regelmäßige Reinigung der Feuer, die Beseitigung der entstandenen Asche, die Versetzung des Kesselwassers mit Chemikalien (z. B. Soda und Tripnatrium-Phosphat), die die Bildung von Kesselstein bzw. Mineralstoffablagerungen verhindern sollten, Reinigungs- und Reparaturarbeiten und ggfs. auch das Kohletrimmen, falls dazu keine Kohlentrimmer zur Verfügung standen. Darunter versteht man das Heranschaffen von Kohle aus den zum Teil weit entfernten Kohlebunkern. Die Arbeit wurde in der Regel im Drei-Wachen-Törn gefahren. Das bedeutete, dass ein Heizer vier Stunden arbeitete, acht Stunden Ruhezeit hatte und dann nochmals einen Törn von vier Stunden Arbeit plus acht Stunden Ruhezeit abhielt. Die 24 Stunden bestanden folglich aus acht Stunden Arbeit und 16 Stunden Freiwache. Die Arbeit in den zum Teil dunklen und heißen (30 - 40° C, in tropischen Gewässern bis zu 60° C) Kesselräumen der Schiffe war äußerst anstrengend, Kräfte raubend und nicht ungefährlich. Verbrennungen und Verbrühungen durch undichte Ventile oder Rohrleitungen kamen oft vor.

Ein geübter Schiffsheizer konnte unter Berücksichtigung aller Arbeiten pro Stunde maximal etwa 750 kg Kohle verfeuern. Für seine Arbeit stand ihm das so genannte Feuergeschirr, verschiedene Werkzeuge wie Kohlenschaufel, Schleuse, Reinmachkrücke, Aschfallkrücke, Pricker, Rohrbürste und Rostenzange zur Verfügung. Es handelte sich um lange Eisenstangen von 20 bis 30 kg Gewicht, die mit besonderen Enden für den entsprechenden Verwendungszweck ausgestattet waren.

Jimmy, das Schlitzohr und der Rußbläser

Der „Rußbläser" ist, ich zitiere aus dem „Handbuch für Schiffsingenieure Seemaschinisten", eine Einrichtung, die durch ihren Einsatz die Kesselheizflächen vom abgelagerten Ruß befreit. Kam er zunächst bei kohlebefeuerten Kesseln zum Einsatz, wurde er später auch bei ölbefeuerten Kesselanlagen eingesetzt. Das Gerät war an der Rückwand der Rauchkammer so angeordnet, dass die Düsen in Richtung Rauchrohrbündel, über den Flammrohren gelegen, arbeiteten. So entfernte der Rußbläser, wenn er im Betrieb den Dampf versprühte, den abgelagerten Ruß, der aus dem Schornstein in die Atmosphäre gelangte. Die Aufgabe des Oberheizers war es, wenn er es für erforderlich hielt, Ruß zu blasen. Dabei musste er sich mit dem Brückenpersonal in Verbindung setzen, um sicher zu stellen, dass der Ruß durch den Wind vom Schiff abgetrieben wurde. Damit sollte sicher gestellt sein, dass die fettigen Russpartikel, auch „Heizerflöhe" genannt, sich nicht auf dem Schiff niederließen. Es war auch verständlicherweise unüblich, dies im Hafen vorzunehmen. Jimmy hatte sich wieder über die „Affen" da oben aufgeregt und aus Wut den Rußbläser in Betrieb genommen. So kam, was kommen musste, der schwarze Qualm fiel an Deck und hinterlies seine Spuren. Nun musste Jimmy beim „Alten" und dem Kapitän antreten. Es gab einen gewaltigen „Anschiss", und Jimmy musste in seiner Freizeit den „Schiett" mit sauber machen.

Ich war auch außerhalb der Wache öfters bei Jimmy. Wir sind auch zusammen an Land gegangen. Als ich in der Werft abmusterte, fiel mir der Abschied von Jimmy, mit dem ich fast sechs Monate zusammen gewesen war, nicht leicht. Während meiner Schulzeit in Bremerhaven habe ich ihn einmal an Bord besucht. Ich nehme an, dass er, als Dampfer ARGO verkauft wurde, abgemustert hat und der Seefahrt „Ade" gesagt hat.

Motorschiff LIBANON – Stückgutfrachter

MS LIBANON
Reederei: Deutsche Levante-Linie, Hamburg

Heimathafen: Hamburg
Unterscheidungssignal: DIBV
Baujahr: 1952 - Flensburger Schiffbau Gesellschaft, Flensburg
Vermessung: 4.435 BRT, Tragfähigkeit: 6.135 t
115,60 m lang, 16,06 m breit, Tiefgang von 6,99 m
8 Passagiere
Besatzung im Drei-Wachen-Betrieb auf mittlerer / großer Fahrt
30 Mann
Der Kapitän steht über allen als Vertreter der Reederei
Bereich Deck: 3 Wachoffiziere, Funkoffizier, Bootsmann, Zimmermann, 6 Matrosen
Bereich Maschine: Chiefingenieur, 2., 3., 4. Wachingenieur, 3 Ingenieursassistenten, Storekeeper, Elektriker, 3 Motorenwärter
Bereich Wirtschaft: 2 Köche, 3 Stewards - Bis auf die Matrosen, die achtern wohnten, war die restliche Besatzung mittschiffs untergebracht. Hier befanden sich auch die Messen sowie die Kombüse.
Ladung: Vorwiegend Stückgut, Maschinen, Fahrzeuge aller Art etc. Hierfür waren fünf Laderäume, unterteilt in drei Decks mit unterschiedlicher Höhe vorhanden. Die Luken mit unterschiedlichen Längen waren mit 6 m breiten MacGregor-Stahllukendeckeln seewasserfest verschlossen. Das Ladegeschirr bestand aus 8 Ladeposten und 16 Ladebäumen á 3 – 5 t sowie einem Schwergutbaum für 15 t. Zum Laden und Löschen waren 16 elektrisch betriebene Ladewinden installiert. Laderäume, Wohn -und Aufenthaltsräume wurden durch elektrische Lüfter über Lufthauben be- und entlüftet.

77

Technische Daten: Der Maschinenraum befand sich mittschiffs. Als Antrieb war ein Zweitakt-Kreuzkopfmotor ohne Aufladung, Fabrikat Wumag, mit 3.000 PS vorhanden, der die Schraube bei einer Geschwindigkeit von 13 Knoten mit 110 U/min antrieb. Zur Strom- und Drucklufterzeugung waren 3 Viertakttauchkolbenmotoren mit zusammen 600 PS sowie ein Notdiesel mit 75 PS zur Verfügung. Die Heizung erfolgte über einen ölbefeuerten Hilfskessel. Brennstoffverbrauch (Dieselöl) 11.800 kg pro Seetag.

Einsatzgebiet: Liniendienst Europa – Levante: Mittelmeer Süd- und Nordküste, Schwarzes Meer. Reisedauer je nach Anzahl der zu bedienenden Häfen und Liegezeiten 6 - 8 Wochen. Zurückgelegte Reisestrecke Hamburg - Mittelmeer ca. 9.000 sm. Reine Fahrzeit (Seetage) 30 Tage.

Das Schiff wurde am 6.04.1979 verschrottet.

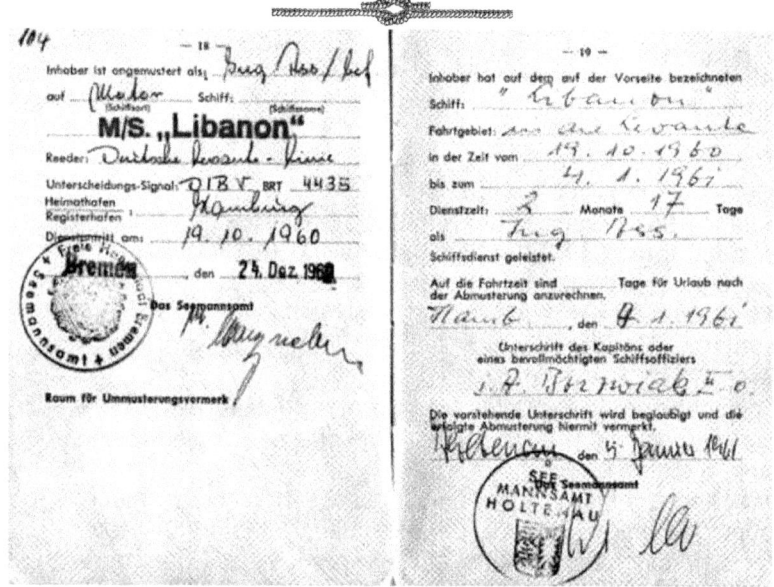

Seefahrtbuch LIBANON 1960 – 1961

Meine Fahrzeit als Ing.-Assi dauerte vom 19.10.1960 bis 4.01.1961. MS LIBANON lief am 21.10.1960 in Hamburg aus und fuhr über Bremen, Rotterdam, Varna, Izmir nach Alexandrien. Die Rückreise führte über Piräus, Algier, Antwerpen, Rotterdam und Bremen wieder nach Hamburg. Dort lief das Schiff am 2.01.1961 ein. In dieser Zeit wurden ca. 9.150 Seemeilen zurückgelegt.

Die Hauptmaschine bereitete uns öfter Probleme, da die Kolbenstange durch die Verbrennungsexplosionen zu heiß wurde. Des Weiteren wurde die Stopfbuchse undicht, so dass Funken nach Außen drangen. Ständig mussten wir Assis mit Unterstützung der Schmierer mit Kühlöl die Stangen kühlen. Dieses Problem hatten auch die anderen Schiffe der Reederei mit gleichen Maschinen, wie z. B. MS CAIRO und MS ATHEN.

In die Bilge tauchen – Ballastleitung ist undicht

Eines Tages stellte ich fest, dass der Wasserspiegel in der Maschinenraum-Bilge ungewöhnlich angestiegen war und informierte meinen Wachingenieur. Wir nahmen einige Flurplatten auf und durchleuchteten mit der Taschenlampe den „Keller". Die Flurplatten bilden den so genannten Fußboden im Maschinenraum. Es sind geriffelte Eisenbleche, die auf Längsträgern mit Senkkopfschrauben befestigt sind. Unter den Flurplatten befinden sich mehrere Rohrleitungen, wie z. B. die Hauptseewasserleitung zu den Verteilerkästen der Schieber, die Seewasserleitung zum Frischwasserkühler, die Lenz- und Füllleitungen zu den Ballasttanks im Doppelboden, die Leitungen zu den Vorratstanks für Treibstoff und Süßwasser usw. Da wir von oben den Schaden nicht genau lokalisieren konnten, blieb mir nichts anderes übrig, als in den Keller zu steigen, um genau zu suchen. Endlich fand ich die Ursache. Es war eine Leitung zu den Ballasttanks undicht, aber hinter dem Schieber, wahrscheinlich Lochfraß durch Rost. Der Schaden befand sich an einer sehr engen Stelle. Man kam schlecht an ihn heran. Nun war „guter Rat teuer". Wie nun reparieren? Schweißen konnte man an der Stelle nicht, und ein Auswechseln der Leitung war erst recht nicht möglich. Mein Wachingenieur, ein alter Fuchs, wusste sich zu helfen: „Komm erst mal hoch, ich habe eine Idee", rief er mir zu. Oben angekommen meinte er: „Geh mal zum Smutje, er soll dir ein Stück Speckschwarte geben, mit viel Fett dran. Und dann hol vom Bootsmann eine Rolle dünnes Schiemannsgarn!" Zuerst dachte ich, er wolle mich veräppeln, aber ich machte mich auf den Weg. Der Smutje schaute mich skeptisch an, als ich ihm sagte: „Der II. schickt mich, ich soll ein Stück Speckschwarte mit viel Fett dran holen." – „Was will der denn damit?" – „Wir haben ein Leck in einer Seewasserleitung. Weiß ich auch nicht, was er mit der Schwarte will, aber gib sie mir schnell. Ich gehe in der Zeit zum Bootsmann, soll noch Schiemannsgarn holen", antwortete ich und machte mich auf die Socken, um den Bootsmann zu suchen. Da er nicht in seiner Kabine und auch nicht in der Messe war, ging ich nach vorne ins Kabelgat, wo er seine Werkstatt hatte. Das Kabelgat war vorne im Vorschiff unter der Back. Gott sein Dank, dort fand ich ihn. Er war am Spleißen (Reparatur des Tauwerks). „Hallo Bootsmann, der II. schickt mich, du sollst mir dünnes Schiemannsgarn geben, was er damit will, weiß ich auch nicht." – „Aber ich", erwiderte er, wahrscheinlich müsst ihr eine Wasserleitung abdichten, warst sicher schon beim Koch und hast um Speckschwarten gebettelt." – „Ja", gab ich ihm zur Antwort, nahm das Garn und machte mich nun auf den Weg zum Koch, eilte dann mit den Sachen wieder in den Maschinenraum und wollte nun wissen, wie es weitergehen sollte. Während er aus der Speck-schwarte ein passendes Stück zurechtschnitt sagte er: „Habe den Chief und den Kapitän schon informiert. Wir werden erst mal den Ballasttank 5 lenzen, damit der Druck weg ist. Geh inzwischen hoch und hol den Assi von der Chief-Wache, schmeiß aber vorher die Lenzpumpe an." Bald waren wir vollzählig. Der Chief war inzwi-schen auch eingetroffen. „Nun krabbeln wir beide nach unten", meinte er, drückte mir Speckschwarte und die Rolle Garn in die Hand und verschwand im Leitungssystem. Ich folgte ihm. Unten angekommen, legte er die Speckschwarte mit dem Fett nach unten um das Leck und band es stramm um das Rohr. „Wenn das Garn nun nass wird", erklärte er mir, „quillt es auf und drückt das Fett der Schwarte in das Leck. Das habe ich schon öfters gemacht." Ge-sagt, getan, wir tauchten wieder auf, ich pumpte den Ballasttank wieder voll. Der „Notverband" hielt. Im nächsten Hafen wurde dann das Loch zugeschweißt.

Ufer an den Dardanellen

Die Fahrt durch die Dardanellen und den Bosporus war sehr ge-fährlich. Das Schiffsaufkommen war durch die Fähren zwischen Konstantinopel und Istanbul enorm hoch. Hinzu kam noch die Strö-mung vom Schwarzen Meer ins Mittelmeer. Diese resultiert daher, dass im Mittelmeer, bedingt durch die Hitze, viel Seewasser ver-dampft. Vom Schwarzen Meer und aus dem Atlantik fließt mit einer mehr oder weniger starken Strömung Wasser in das Mittelmeer nach.

MS LIBANON lief von Hamburg kommend in Constanza ein. Die Einklarierung wurde im Salon vorgenommen. Kapitän Lübken sowie der II. Offizier und der Funker waren anwesend. Alle Seefahrtbücher lagen bereit. Die rumänischen Beamten in Uniform kamen, mit dabei die Offizierfrau Radya. Radya war ein Teufelsweib, Radya war gerissen, Radya drangsalierte gerne Männer, die sie sich später nahm, egal wo und wie, sie war geil. Radya schmuggelte. Sie schmuggelte Nylonhemden, Nylonstrümpfe und Dessous. Sie schaute sich jedes Seefahrtsbuch an, bis sie fündig wurde beim Seefahrtsbuch des Bootsmanns. Ihre Augen leuchteten, ihre Zunge leckte die Lippen.

Mit einem energischen Blick erklärte sie: „Herr Kapitän, ich muss leider die Mannschaftskabine eines ihrer Besatzungsmitglieder, die ihres Bootsmanns inspizieren. Es besteht der Verdacht der Schmuggelei. Lassen Sie mich dort hinbringen. Der Mann muss bei der Durchsuchung anwesend sein." Anwesend? Kapitän Lübken runzelte die Stirn, er wusste, um diese Frau kommt er nicht herum, kannte sie noch von der letzten Reise. Gesagt getan, der Boots-mann war schon anwesend, als sie nach Durchsicht der restlichen Seefahrtbücher herrschsüchtig nach achten lief. Sie öffnete die Tür, ohne anzuklopfen. Der Bootsmann saß auf seinem kleinen Sofa. Nun stand sie vor ihm, baute sich auf, ihre Brüste pressten sich stramm gegen die etwas zu klein ausgefallene Uniformjacke. „Na, mein Freund, nun zeige mir, was ihr uns und mir alles mitgebracht habt, hatte dir ja beim Auslaufen einen Wunschzettel mitgegeben."

Es war üblich, solche Waren in Hamburg einzukaufen, wenn man ins Schwarze Meer nach Rumänien und Bulgarien fuhr. Solche Sa-chen waren dort normalerweise nicht erhältlich, man verhökerte sie für Wein, Weib und mehr. In Hamburg hatte der Bootsmann diese Einkäufe organisiert, sammelte das Geld von denen ein, die sich daran beteiligen wollten. Auch mich sprach er an: „Hey, du bist doch der neue Assi, pass mal auf, in Constanza verscheuern wir die Kla-motten, können dann Krimsekt saufen und Kaviar fressen bis zum Abwinken und es mit tollen Frauen treiben, ist alles organisiert." „Hört sich gut an", meinte ich und wollte wissen, wie viel Geld er erwartet. „Gib mir einen Zwanziger, das reicht", meinte er. Ich gab es ihm.

Constanza

Der Bootsmann sagte zu Radya: „Haben ca. dreißig Hemden, jede Menge Nylonstrümpfe, und für dich, Chefin, habe ich schöne schwarze Nylonstrümpfe und Straps besorgt und Dessous in roten und schwarzen Farben, wie gewünscht." Er schaute sie an und meinte: „Hoffentlich passen dir die Büstenhalter, ich habe den Eindruck, du hast oben zugelegt. Oder ist deine Jacke eingelaufen? Ist mir aber egal, du weißt ja, ich mag volle große Brüste." Sie schaute ihn lüstern an und meinte: „Das sehen wir heute Abend, ich bin um zwanzig Uhr da, du hast heute Abend Landgangsperre." Sie drehte sich um und verschwand. Der Abend kam, Radya erschien mit einer Flasche Krimsekt. Kaum stand sie vor ihm, sagte sie: „So, mein Lieber, dann lass uns beginnen!" Er gehorchte. Danach zog sie sich an, ging, drehte sich noch einmal um und meinte: „Bis morgen Abend, dann treiben wir es wieder!"

Die Besatzung ging an Land. Jeder hatte vier Hemden angezogen und in den Jackentaschen die Nylonstrümpfe. Sie gingen ins Casino. Der alte Oberkellner Radu, Vater der Radya, war informiert, seine Mitarbeiter, die Kellner und Serviererinnen auch. Im Casino wurden sie bedient. Einer nach dem anderen ging, wenn Radu ihnen ein Zeichen gab in Richtung Toilette, verschwand mit einem Kellner, zog die Hemden aus, die Kellner deponierten sie. Sie gingen in längeren Abständen zu einer Tür mit der Aufschrift ‚Nur für Personal', klopften an. Die Tür öffnete sich, sie gingen zu den Serviererinnen, tauschten die Strümpfe gegen Sex. „Drei Mark für die Nylonstrümpfe vom Grabbeltisch bei Karstadt in Hamburg in der Mönckebergstraße für einen ‚Shorttime' mit einer süßen Rumänin, günstig und herrlich, zahlst auf'm Straßenstrich in St Pauli weitaus mehr bei den abgewichsten Bordsteinschwalben", meinte Ede. „Und dann nur siebzehn Mark für Krimsekt und Kaviar, mein Herz, was willst du noch mehr?" antworte ich. Geld wollten sie nicht. Für ihre marode Währung bekamen sie keine Luxusartikel aus dem Westen. Der Bootsmann musste mehr investieren für die Klamotten seiner perversen Radya und musste sie noch lieblos befriedigen, der arme Kerl.

Wie lebte die Bevölkerung zu dieser Zeit? Ich hatte den Eindruck: in Armut und Angst. Sie malochten schwer, Frauen arbeiteten im Straßenbau. Sie wurden im ganzen Land mit politischen Parolen und Hetze gegen den kapitalistischen Westen überschüttet, überall in der Stadt, besonders an den öffentlichen Gebäuden, sah man Spruchbänder.

Der Aufbau einer Viertakt-Tauchkolbenmaschine

Viertakt Tauchkolben Motor

Die Hauptmaschine MS LEVANTE war eine Viertakt-Tauchkolbenmaschine.

Der Aufbau der Viertakt-Tauchkolbenmaschine ist sehr einfach. Sie besteht aus dem Zylinderblock, dem Treibwerkgehäuse sowie dem Kurbelgehäuse. Der Motor wird je nach Raumhöhe entweder direkt auf ein Fundament oder auf den Doppelboden gestellt. Während bei kleineren Motoren der Maschinenblock aus einem Teil hergestellt ist, werden bei großen Maschinen diese Bauteile miteinander verschraubt.

Zylinderkopf

Der Zylinderkopf ist mit den notwendigen Steuerorganen versehen und sehr massiv gebaut, da er dem hohen Verbrennungsdruck standhalten muss. Des Weiteren muss er so konstruiert sein, dass die Kühlung der einzelnen Teile gleichmäßig ist, um unzulässige Wärmespannungen fern zu halten. Als Material wird Stahl oder Stahlguss verwandt. Er ist dichtend mit dem Zylinderblock verschraubt und mit Anschlüssen für Zuluft, Abgase sowie Kühlwasser versehen. Die Sammelleitungen für Zuluft sowie die Abgase befinden sich an der hinteren Längsseite der Maschine. Hier ist beim aufgeladenen Motor auch der Turbolader angeordnet. Die Steuerorgane sind mit den Medienleitungen und den Stößelwellen verbunden. Der Zylinderblock ist mit Kanälen zur Kühlung der Laufbuchse durch Frischwasser versehen. Die Zylinderbuchse, auch Laufbuchse genannt, ist bei großen Arbeitszylindern in den Zylinderblock eingesetzt, bei kleineren Einheiten ist die Laufbuchse im Zylinderblock tauchend in den Triebraum eingearbeitet. Damit die in den Zylinderblock eingesetzte Laufbuchse den Wärmespannungen folgen kann, wird sie nur an einem Ende mit radialem Dehnungsspiel eingesetzt. Am freien Ende werden für den Abschluss gegen den Kühlwasserraum Stopfbuchsen oder Gummiringe in Nuten verwandt. Die Wandungen der Laufbuchse sind im Gegensatz zum Zweitaktmotor geschlossen und im oberen Teil zur besseren Strömung des Luftwechsels angefräst.

Die Arbeitskolben der Dieselmotoren, gleichgültig für welche Maschinenart, sind die am stärksten beanspruchten Bauteile des Motors, da sie nicht nur den Verbrennungsdruck auf die Triebwerksbauteile (Kolbenstange, Kreuzkopf, Treibstange) weiterleiten. Sie sind durch die Verbrennungswärme großen Wärmespannungen ausgesetzt.

Der Kolben ist zur Aufnahme der Kolbenringe mit Nuten versehen. Die Kolbenringe sind als Spalt-Federringe ausgebildet, damit sie die Laufbuchsenfläche beim Arbeitstakt gegen den Kolben abdichten. Aus diesem Grunde werden beim Einsetzen des Kolbens in die Laufbuchse die Ringe versetzt angeordnet.

Arbeitskolben

Der Tauchkolben muss außer den axialen Kräften auch die senkrecht von der Pleuelstange ausgeübten Kräfte aufnehmen, d. h. die Funktion des Kreuzkopfes übernehmen, da die Pleuelstange direkt auf die Kurbelwelle greift. Aus diesem Grunde ist der Kolben unterhalb des Kolbenbolzens zur Schwenkung der Pleuelstange hohl. Bei Arbeitszylindern ab einer Leistung von ca. 250 PS wird der Kolben über so genannte „Posaunenrohre" mittels Öl gekühlt. Da der Kolben der Viertaktmaschine in den Triebraum eintaucht und dadurch Schmieröl mitreißt, benötigt er zur Abstreifung des Schmieröles an den Wandungen des Zylinders Ölabstreifringe mit einer Schabfläche. Sie sind wie die Kolbenringe als Federringe ausgebildet. Der Kolben (auch Tauchkolben genannt) ist zur Aufnahme der Pleuelstange mit dem Kolbenbolzen ausgestattet. Die Pleuelstange kommt nur bei der Tauchkolbenmaschine als direkte Kraftübersetzung zwischen Kolben und Kurbelwelle zum Einsatz. Aus baulichen Gründen sind dem Kolbendurchmesser des Arbeitszylinders Grenzen gesetzt, da der Triebraum auf Grund des Kurbelradius zu groß würde. Während das obere Teil mit dem Lagerstuhl auf den Kolbenbolzen greift, ist das untere Teil mit der Kurbelwelle verbunden. Das Triebraumgehäuse ist an der Steuerseite zur Aufnahme der Steuerwelle, der Brennstoffpumpe, der Anlassschieber sowie der Stößelstangen breiter als der Zylinderblock. Außerdem ist das Triebwerkgehäuse an beiden Längsseiten pro Arbeitszylinder sowie im unteren Bereich zur Kontrolle, zur Besichtigung und für Reparaturen mit je einem abnehmbaren Deckeln versehen.

Die Kurbelwelle ist mehrmals gelagert und pro Arbeitszylinder mit Exentern versehen. Ferner treibt es die Steuerung der Nockenwelle an sowie die angehängten Pumpen. Sie sind hinter dem Drucklager mit dem Schwungrad verbunden.

Pleuelstange

Das Schwungrad wird unter anderem zur Speicherung der kinetischen Energie (Rotationsenergie) genutzt. Hubmotoren und Dampfmaschinen können nur im Arbeitstakt Energie an die Kurbelwelle abgeben. Für die restlichen Takte benötigt sie zur Drehbewegung die im Schwungrad zwischengespeicherte Energie. Des Weiteren wird dadurch ein runder Lauf der Maschine sichergestellt.

Damit der Propellerschub nicht auf den Motor übergreifen kann, befindet sich am Ende der Maschine das Drucklager.

Die Schmierung, aller zu versorgender Bauteile erfolgt zentral über eine von der Kurbelwelle angetriebene Zahnradpumpe, die das Öl aus der Ölwanne absaugt und in den Kreislauf drückt.

Die Kühlung erfolgt über eine Kreisel- oder Kolbenpumpe, die bei kleinen Motoren angehängt von der Kurbelwelle angetrieben wird. Sie drückt das Frischwasser in das Kühlsystem der Maschine sowie zur Abkühlung in einen extern aufgestellten Wärmeaustauscher.

Kurbelwelle

Der Viertakt-Tauchkolbenmotor wird als Hauptmaschine einzeln oder doppelt, dann über ein Getriebe oder als Hilfsdiesel zum Antrieb von Generatoren oder Kompressoren eingesetzt. Der Hilfsdiesel ist nicht umsteuerbar und verfügt in der Regel auch nicht über eine Aufladung.

Eine weitere Bauart des Viertakt-Tauchkolben-Motors war die in den 1950er Jahren von den Ottensener Eisenwerken hergestellte V-Maschine. Bei 6-Zylinder-Paaren v-förmig angeordnet, leistete jeder Arbeitszylinder der nicht aufgeladenen Maschine bei einem Hub von 580 mm und einem Zylinderdurchmesser von 385 mm 150 PSe, bei einer Drehzahl von 375 U/min.

Zweitakt-Kreuzkopfmaschine

MS LIBANON hatte eine Zweitakt-Kreuzkopfmaschine ohne Aufladung, die hier kurz erläutert wird:

Höhere Leistung der Arbeitszylinder kann nur mit dem Kreuzkopf erreicht werden. Durch den großen Kolbendurchmesser sowie den großen Hubraum entstehen Kräfte von 100 kg/cm², denen Kolben und Pleuelstange nicht standhalten können. Aus diesem Grunde ist die Maschine im Aufbau höher, massiver und schwerer und der Aufbau komplizierter, als bei der Tauchkolbenmaschine. Die gegossene Grundplatte wird je nach Ausführung direkt auf den Doppelboden oder auf besondere Fundamente gestellt, die auch die Gleitschienen für den Kreuzkopf aufnehmen (siehe Kolbendampfmaschine). Auf der Grundplatte stehen die ebenfalls gusseisernen Ständer mit starken abnehmbaren Blechplatten. Sie bilden dadurch den Kurbelwellen- und den Triebwerksraum. In der oberen Abschlussdecke befindet sich die Kolbenstangen-Stopfbuchse mit zwei Gruppen von Ölabstreifringen in getrennten Nutbetten einerseits für das Abstreifen von Verbrennungsrückständen, anderseits für das Abstreifen von Triebwerksschmieröl.

Der Aufbau einer Kreuzkopfmaschine

Der Zylinderkopf des Zweitaktmotors hat zur Steuerung des Ladewechsels überwiegend keine Ventile, da dieses in der Laufbuchse stattfindet. Das Bodenteil ist kragenförmig ausgearbeitet und greift im Zylinderblock auf die Laufbuchse. Der Zylinderkopf ist mittels Dichtungen mit dem Zylinderblock verschraubt. Er wird mit Frischwasser gekühlt. Zu diesem Zecke hat er große Kühlkammern, die nach Entfernen des Deckels gereinigt werden können. Der Zylinderkopf hat Anschlussflansche für das Kühlwassersystem.

Der Kolben (Großwasserraumkolben) besteht aus dem Kolbenoberteil, dem Einsatz, der Dichtung, dem Kolbenhemd, dem Führungsring, dem Gleitring, ferner den Nuten für die Kolbenringe. Diese sind als Spalt-Spannringe ausgebildet, damit sie die Laufbuchsenfläche beim Arbeitstakt gegen den Kolben abdichten. Aus diesem Grunde werden beim Einsetzen des Kolbens in die Laufbuchse die Ringe versetzt angeordnet. Der Kolben wird über so genannte „Posaunenrohre" mit Wasser gekühlt. Die Kolbenstange ist mit dem Kolben sowie dem Kreuzkopf starr verbunden (angeflanscht).

Zylinderstation Kreuzkopfmaschine

Die Zylinderbuchse, auch Laufbuchse genannt, ist bei der Zweitaktmaschine wegen der Auslass- und Einlassschlitze ein empfindliches Maschinenbauteil. Die Spülschlitze sind gleichmäßig am ganzen Umfang der Laufbuchse verteilt und so angeordnet, dass der einströmenden Spülluft eine Drallströmung erteilt wird. Die Laufbuchse, insbesondere auch die Schlitze, müssen öfters gewartet bzw. gewechselt werden, da sie ablaufen und die Schlitze verkoksen. Die Laufbuchse ist wie beim Viertakt-Motor in den Zylinderblock eingesetzt und gegen die Auslasskanäle abgedichtet. Der obere Teil der Laufbuchse wird durch Wasser und der untere Teil durch die Spülluft gekühlt. Am unteren Ende wird sie durch den Abschlussdeckel begrenzt. Die Spülung der Zylinder erfolgt nach dem Umkehrverfahren. Die Unterseiten der Arbeitskolben fördern zusammen mit einer am vorderen Kurbelwellenende angehängten Spülpumpe die erforderliche Luft. Die Aufladung erfolgt über Abgasturbolader. Die mit gleicher Drehzahl der Kurbelwelle laufenden Nachladeschieber erhalten ihren Antrieb mittels Rollenkette von der durch schräg verzahnte Stirnräder angetriebenen Brennstoffnockenwelle. Die Steuereinrichtungen befinden sich im oberen Bereich außerhalb des Triebwerkraumes auf der so genannten Mittelstation.

Mittelstation mit den Brennstoffpumpen

Das Triebwerk des Zweitakt-Kreuzkopf-Motors besteht also analog zur Kolbendampfmaschine aus dem Kolben, der Kolbenstange, dem Kreuzkopf sowie der Pleuelstange.

Die Kurbelwelle ist mehrmals gelagert und pro Arbeitszylinder mit Exentern versehen. Ferner treibt sie über eine Getriebevorlage oder Rollenkette die Nockenwelle an.

Das Schwungrad einschließlich Drucklager wurde bereits beschrieben.

Die Schmierung aller zu versorgenden Bauteile erfolgt zentral über eine von der Kurbelwelle angetriebene Zahnradpumpe, die das Öl aus der Ölwanne absaugt und in den Kreislauf drückt. Die Kühlung erfolgt über eine Kreisel- oder Kolbenpumpe, die bei kleinen Motoren angehängt von der Kurbelwelle angetrieben wird. Sie drückt das Frischwasser in das Kühlsystem der Maschine sowie zur Abkühlung in einen extern aufgestellten Wärmeaustauscher (Rückkühler).

Die Kreuzkopfmaschine wurde auch als Viertaktmotor bzw. doppelt wirkender Zweitakt-Motor gebaut.

MS HANNA DREIER

An Bord von MS Libanon kam ich nicht klar. Ich hatte Probleme mit dem Chief und meinem Assi-Kollegen, mit dem ich auf einer Kammer untergebracht war. Ich entschloss mich, schon bald nach Ende der Reise wieder abzumustern.

So kam es, dass ich dann schon einen Tag später, am 05.01.1961 erneut wieder auf dem Küstenmotorschiff „HANNA DREIER" anmusterte.

Küstenmotorschiff „HANNA DREIER"

Hier war ich auf meinem bisher kleinsten Schiff alleine in der Maschine. Wir waren eine kleine Besatzung, sie bestand aus acht Mann, dem Kapitän Lindemann, dem Steuermann, einem Koch, vier Matrosen und mir. Da die Maschinenleistung über 400 PS betrug und nur der Steuermann das kleine Maschinenpatent besaß, musste ein Maschinenassistent an Bord sein. Das Schiff war im Jahre 1956 auf der Ranke Werft in Kranz – Neuenfelde gebaut worden. Bei einer Länge von 47,75 m und einer Breite von 8 m, hatte es einen Tiefgang von 2,78 m mit einer Verdrängung von 539 t bei 388 BRT. Die Maschinenleistung betrug ca. 475 PS bei 8,5 Kn. Das Schiff wurde 1973 nach Dänemark verkauft.

So fuhr ich bis zum 04.07.1961 kreuz und quer durch Nord- und Ostsee, es wurden kleine Häfen angelaufen. Die Ladung bestand vorwiegend aus Holz, Zellulose und Papier, teilweise auch mit Deckslast.

Meine Aufgaben war die Pflege und Überwachung aller Maschinen an Bord, also im Maschinenraum selbst, als auch an Deck. Neben der Hauptmaschine mit dem angehängten Generator für die Stromlieferung auf See, gab es noch einen Hilfsdiesel zur Strom- und Drucklufterzeugung, sowie Aggregate (Pumpen ect.) einen Heizkessel, Schieber und Ventile. An Deck befanden sich fünf Winden, die von einem Einzylinder-Glühkopfmotor angetrieben wurden. Insofern war ich für alles zuständig. An Bord gingen Kapitän, Steuermann und Matrosen auf See im Zwei-Wachsystem die englische Wache.

Sie ging von 00:00 bis 06:00 Uhr, von 06:00 bis 08:00, von 8:00-12:00, sowie von 12:00 bis 16.00, dann von 16.00 bis 18:00, und von 18:00 bis 24:00 Uhr.

— 20 —

Inhaber ist angemustert als: _Masch.-Assi._

auf _M.o.101_ Schiff: _____
   (Schiffsart)   (Schiffsname)
       Hanna Dreier

Reeder: _Joh. Meier HG_

Unterscheidungs-Signal: _DLMG_ BRT _388_

Heimathafen
Registerhafen _Hamburg_

Diensttritt am: _5. Januar 1961_

Das Seemannsamt

MANNSAMT HOLTENAU

Raum für Ummusterungsvermerk

— 21 —

Inhaber hat auf dem auf der Vorseite bezeichneten

Schiff: _Hanna Dreier_

Fahrtgebiet: _Nord - u. Ostsee_

in der Zeit vom _05 Januar 1961_

bis zum _04 Juli 1961_

Dienstzeit: _6_ Monate _30_ Tage

als _Masch - Assistent_

Schiffsdienst geleistet.

Auf die Fahrtzeit sind _—_ Tage für Urlaub nach der Abmusterung anzurechnen.

Cuxhaven, den _11.08.61_

Unterschrift des Kapitäns oder eines bevollmächtigten Schiffsoffiziers

Hindemann

Die vorstehende Unterschrift wird beglaubigt und die erfolgte Abmusterung hiermit vermerkt.

Cuxhaven, den **1 1. Aug. 1961**

Das Seemannsamt

i.A. Richter

CUXHAVEN

Ich hatte auf See Wache zusammen mit dem Kapitän, während auf der Wache des Steuermanns ein Wachgänger (der dienstälteste Matrose) meine Arbeiten (Kontrollgang Abschmieren ect.) übernahm. Stellte er irgendwelche Mängel fest, weckte er mich. Auf Revierfahrt bei Ein- und Auslaufen musste ich zusätzlich meinen Dienst verrichten. Insbesondere bei Manöverbetrieb musste ich am Fahrstand der Maschine stehen, um, falls die pneumatische Bedienung versagte, die Maschine von Hand bedienen zu können. Meine Kammer befand ich unter Deck. Dort hatten auch die Matrosen ihre große 4-Mann-Kabine, in der sie auch die Mahlzeiten einnahmen. Ferner hatte auch der Koch dort seine Kammer. Der Kapitän und Steuermann wohnten im Hauptdeck. Dort waren auch die Kombüse und der Salon in dem wir drei aßen.

In dieser Zeit habe ich viel an Erfahrung gesammelt, was die Verantwortung und Selbstständigkeit anging.

Ewig konnte ich nicht an Bord bleiben, musste meine Ausbildungszeit fortsetzen, da ich bald auf die Seemaschinistenschule wollte, aber dazu später.

Deshalb beendete ich am 04.07.1961 in Cuxhaven meinen Dienst, und nahm zunächst den mir zustehenden Urlaub. Am 11.08.1961 musterte ich dann in Cuxhaven ab.

MS „PHÖNIX"

Im Sommer 1961 hatte ich bereits 18 Monate Fahrzeit als Assi hinter mir, Halbzeit in meiner Ausbildungsphase zum Seemaschinisten. Es wurde Zeit, eine andere Reederei zu finden, eine Reederei, bei der ich als Maschinisten-Assistent meine sechs Monate Dampfschiffzeit absolvieren konnte. Bei dem Reederei-Konzern Hamburg-Süd hatte ich dazu keine Chance, jedenfalls nicht für mich als einen Maschinisten-Assistent, wohl für einen Ingenieursaspiranten, der ich ja nicht war und wie bereits geschildert nicht werden konnte. So ging ich zum Arbeitsamt in die Admiralitätsstraße, um mich beraten zu lassen. Der zuständige Sachbearbeiter, ein netter und hilfsbereiter Vermittler, kramte in seinen Unterlagen und suchte Reedereien, die Dampfschiffe besaßen. Ich meinte: „Es muss ja nicht unbedingt eine Hamburger Reederei sein, habe mal erfahren, dass es in Bremen eine Reederei, die Argo-Linie - Richard Adler & Söhne gibt, die mehrere Dampfschiffe besitzt und vorwiegend auf Kurs England und Finnland fährt. „Ich muss das wohl in Bremen abklären." Er griff zum Telefon: „Werde die in Bremen mal anrufen und fragen, wie da die Chancen stehen." Ich hatte Glück, großes Glück, die Reederei suchte Maschinisten-Assistenten. Er gab mir die Anschrift, ich dankte ihm und fuhr nach Bremen. In Bremen am Weserufer befand sich das Argo-Haus. Ich sollte mich bei Herrn Fritsche melden.

Die Argo-Reederei geht auf das Ende des neunzehnten Jahrhunderts zurück. Mehrere Kaufleute und Reeder gründeten damals die Dampfschifffahrtsgesellschaft Argo AG mit Sitz in Bremen. Die ersten bei dieser Reederei fahrenden Schiffe waren klein und zum Teil

mit Hilfssegeln ausgestattet. Im Laufe der nachfolgenden fast einhundert Jahre fusionierte sie mit anderen Reedereien. Bedingt
durch die beiden Weltkriege gingen Schiffe verloren oder mussten
an die Siegermächte abgeliefert werden. Stets bauten die Männer
um Richard Adler und dessen Söhne immer wieder ihre Reederei
neu auf. In den Jahren ab 1992 jedoch baute die Reederei immer
mehr ab und gehört heute der Vergangenheit an. So fuhren bei
dieser Reederei, die spöttisch die Bremer Pfeffersäcke mit dem gelben Stern auf grünem Grund genannt wurden, mehr als 100 Schiffe
jahrzehntelang mit ihren Seeleuten von Bremen aus über alle Meere.

Die Reederei Argo, besaß zu meiner Zeit mehre Schiffe, welche in
der kleinen Fahrt im Liniendienst nach England, vorwiegend Hull
sowie nach Finnland eingesetzt waren. Zu dieser Reederei gehörte
auch die Atlas-Levante-Linie. Schiffe dieser Reederei hatte ich
schon im Mittelmeer gesehen. Ich trug Herrn Fritsche meine Wünsche vor. „Ach, Sie kommen vom Arbeitsamt in Hamburg, wurde mir
schon berichtet, suchen ein Dampfschiff? Zurzeit sind aber leider
alle Stellen besetzt. Sie haben noch Zeit, fahren Sie erst noch mal
einige Zeit auf einem Motorschiff, könnte ihnen die MS PHÖNIX
anbieten, läuft in einer Woche von Finnland kommend in Bremen
ein", meinte er.

So heuerte ich am 15. August 1961 an. Damit begann meine Fahrenszeit auf kleiner Fahrt. Obwohl auf kleiner Fahrt, arbeiteten wir,
wie auf allen Schiffen der Reederei im Drei-Wachen-Betrieb. MS
PHÖNIX lag an Schuppen 18 auf der (von der Weser kommend)
Backbordseite und löschte die in Kotka geladenen Papierrollen auf
ein Binnenschiff zum Weitertransport nach Minden, Empfänger:
Melitta-Werke, Minden.

Auf dieser Seite lagen nur Schiffe der Argo-Reederei, während auf
der anderen Seite die Schiffe der Neptun-Reederei festgemacht
hatten. Der Hafen war voll.

Motorschiff PHÖNIX

Reederei: Argo, Adler & Söhne, Bremen
Unterscheidungssignal: DLDG
Baujahr: 1956 - Adler Werft
Indienststellung am 22.12.1956 in Bremen
Heimathafen: Bremen
Abmessungen: 1.197 BRT, Tragfähigkeit: 1.820 t,
Länge: 68,99 m, Breite: 10,50 m, Tiefgang: 4,20 m
Besatzung im Drei-Wachen-Betrieb Kleine Fahrt: 16 Mann
Der Kapitän steht über allen als Vertreter der Reederei an Bord
Bereich Deck: 1. und 2. Wachoffizier, 6 Decks-Seeleute

Bereich Maschine: Chiefingenieur, 2. und 3. Ingenieur,
3 Ingenieurassistenten
1 Koch

Die Wohnräume der Besatzung sowie die Messen, Kombüse und der Maschinenraum befanden sich in den Aufbauten im Achterschiff.

Ladung: vorwiegend Stückgut, Maschinen, sowie Papier, Zellulose unter Deck und als Deckslast.   Zwei Luken mit MacGregor-Lukendeckel.   Im Haupt- bzw. Zwischendeck konnten die Laderäume mit je einem Zwischendeck beladen werden.   Hierfür standen sechs Ladebäume je 5 t und ein Schwergutbaum für 10 t zur Verfügung.   Bedient wurden diese durch 6 elektrisch angetriebene Ladewinden mit Spillkopf, installiert auf zwei Windenhäusern.   Die Laderäume sowie Wohnräume und der Maschinenraum wurden über die Lademasten und Lüfterhauben be- und entlüftet.

Einsatzgebiet: Kleine Fahrt – Nord- und Ostsee.   Vorwiegend Linienverkehr: Rotterdam – Bremen - Finnland.   Für Fahrten im Eis war der Schiffsrumpf gemäß der finnischen Eisklassen-Zertifikation verstärkt.   Somit konnte das Schiff sich im Packeis ohne fremde Hilfe fortbewegen.   Jedoch lag es im strengen Winter 1966 in der Ostsee in der Höhe von Bornholm im Eis fest und musste frei gebrochen werden.

Technische Daten

Der Antrieb des Schiffes (Maschinenraum) befand sich im Achterschiff.   Dadurch wurde kein Wellentunnel benötigt, eine lange Schiffswelle entfiel (Gewichteinsparung).   Als Antrieb diente ein Neun-Zylinder-Tauchkolben-Zweitaktmotor, Fabrikat Henschel mit direktem Propellerantrieb, Zylinderdurchmesser 290 mm, Hub 700 mm, bei 320 U/min. Die Leistung betrug 1.330 PSe. Bei maximaler Leistung betrug der Brennstoffverbrauch ca. 5,3 t pro Seetag.

Zur **Stromerzeugung** der elektrischen Verbraucher (Winden, Lüfter, Pumpen, Bordheizung sowie Beleuchtung ect.) standen zwei Dieselaggregate für 110-Volt-Gleichstrom zur Verfügung.   Ein weiterer Hilfsdiesel trieb den Kompressor für die Anlassluft an.

Das Schiff wurde im Dezember 1963 nach Belgien verkauft. Über den Verbleib danach ist mir nichts bekannt.

Meine Fahrzeit als Ing.-Assi. dauerte vom 15.08.1961 bis 16.05.1962.

MS PHÖNIX mit einer Vermessung von 1.197 BRT war einer der großen „Schlickrutscher". Die Besatzungen größerer Schiffe machten solche abfälligen Äußerungen über Kümos und andere kleine Schiffe: Schlickrutscher. Sollten sie doch, ich jedenfalls freute ich mich schon auf ein kleineres Schiff und die Fahrten in Nord- und

Ostsee. Hatte erst mal die Nase voll von den langen Reisen. Kurze Reisen bedeuten weniger Seetage, viele kleine Häfen, mehr Abwechslung. Weniger Ärmelstreifen, wenn auch schon mal der Kapitän und der Chief in einer Uniformjacke, meist einer abgetragenen Kakijacke rum liefen, keine arroganten Vorgesetzten, keine hochnäsigen Kollegen.

In der Maschine versahen drei Maschinisten mit ihren Assis den Dienst. Alles war viel gemütlicher. Es gab nur zwei Messen, eine für die Deckbesatzung sowie eine weitere für den Kapitän, die zwei Steuerleute, die Maschinisten und uns drei Assis. Die Kammern waren klein, aber wohnlich eingerichtet. Wir Assis wohnten im Zwischendeck zusammen mit dem Koch, auf der Steuerbordseite die sechs Deckleute, vier Matrosen und zwei Leichtmatrosen.

Der Maschinenraum war klein und übersichtlich, die Neunzylinder-Hauptmaschine mit ihren 1.330 PS war mittig angeordnet, auf beiden Seiten die Hilfsdiesel, ein paar Pumpen, der kleine naturbefeuerte Ölkessel für die Bordheizung, mehr nicht.

Gehe meine erste Wache

Auslaufen Bremen, keine Manöverwache, der II. Maschinist fährt die Manöver, ich notiere. „Assi, na, wie gefällt es dir? Haste dich schon eingelebt?" fragte er. „Glaub schon", antwortete ich.

„Zutörnen nur, wenn es unbedingt sein muss", meinte der Chief, „machen wir im nächsten Hafen." ‚Papa Henschel' nannten sie ihn. Papa Henschel war schon fast sechzig Jahre alt, fuhr bereits vierzig Jahre bei der Argo, sein erstes Schiff, auf dem er 1923 als Heizer angemustert hatte, war der Dampfer „AEGINA" der Roland-Linie. Seit dieser Zeit war er auf vielen Schiffen des Reederei-Verbundes der Argo gefahren, selbst im Krieg, bis zum Ende auf Dampfer „HECHT". Sein erstes Schiff nach dem Krieg war der Dampfer „SPECHT". Er fuhr auf der PHÖNIX seit deren Indienststellung. „Soll mein letztes Schiff sein, gehe dann in Ruhestand." Zu Hause war er in Bremerhaven-Geestemünde. Er hatte 1919 bei der Tecklenborg-Werft in Gestemünde seine Lehre als Maschinenschlosser begonnen. Der ruhige Eigenbrödler ging selten an Land, saß viel an seinem Schreibtisch und las. Hatten wir Assis mal Probleme, gingen wir zu Papa Henschel.

„Hast du denn schon ein Versteck für den Schnaps, den wir schmuggeln und in Finnland verkaufen wollen?" fragte mich der Zweite, während er am Fahrstand auf den Maschinentelegrafen schaute. Ehe ich antworten konnte, sagte er: „Geh mal nach oben und schau, wo wir sind." Ich lief hoch, der Hafen lag achter raus, waren in der Höhe von Farge, vor uns überquerte die Fähre die Weser. Ging wieder runter und erstatte Meldung. „Dann wird's ja etwas ruhiger", meinte er und setzte sich auf den Hocker. Ich war im Begriff, die Kipphebel der Hauptmaschine und des Jockels (Hilfsdiesel) zu ölen. „Wenn du damit fertig bist, lass uns mal die Sache mit den Schmuggelverstecken bekakeln", meinte er.

Hatte meine Arbeit beendet, vierzig Kipphebel geölt und stand nun vor ihm. „Hol dir ne leere Pütz von da hinten überm Judenloch." Als Judenloch bezeichnete man die Bilge unterhalb des Stevenrohres, dort wo die Welle durch die Bordwand zur Schraube führt. Ich schnappte mir die Pütz. „Dreh sie um und setzt dich drauf! So, o-kay! Kann es nicht ab, wenn einer vor mir steht, wenn ich sitze, bin nicht sein Richter", meinte er und erklärte mir, wie das Schmuggeln so abläuft.

So erfuhr ich die Geflogenheiten: „Wenn du nachher Freiwache hast, gehste zum Steward, der ist für den Einkauf zuständig, organisiert den Einkauf beim Schiffshändler in Rotterdam. Wir schmuggeln vorzugsweise Wodka. Die Flasche kostet unverzollt zwei Mark, verkaufen sie für mindestens 10 Finn-Mark, umgerechnet etwa 12 DM." - „Und wo soll ich die verstecken?" war meine Frage. „Da wende dich an Hannes, den Assi von Papa Henschel, der verwaltet die Verstecke für euch und gibt dir noch Tipps." Ehe er weiter erzählte, klingelte der Maschinentelegraph, der Zeiger sprang auf „halbe Fahrt voraus". Wir sprangen auf und unterbrachen die Besprechung.

Nach Wachende suchte ich Hannes auf: „Der Zweite hat mir gesagt, du möchtest mich über das Schmuggeln informieren." Er erklärte mir die Verstecke: „Kannst zwei Schwanenhälse der Ballasttanks bekommen, und den Rest kannste in der Bilge unter dem Maschinenfundament verbergen. Zeichne die Flaschen, die du unterm Maschinenfundament versteckst, damit wir sie auseinander halten können. Klaus und der Dritte verstecken da auch ihre Flaschen." Der Schwanenhals befand sich an Deck im Bereich der Reling. Er war flach und im oberen Bereich gebogen, damit beim Fluten bzw. Füllen die Luft entweichen und das Wasser überlaufen konnte. „Du bindest die Flasche an eine lange Leine und lässt sie bis auf den Grund runter gleiten. Wenn die Flasche unten ist, verkeilst du den Tampen unterhalb des Halses. Ich zeige dir das." Nun wollte ich das mit dem Verkaufen wissen. Er meinte: „Verkaufe grundsätzlich nur an Bord und ganz vorsichtig, immer nur dem Käufer allein. Die sichersten Kunden sind die Hafenarbeiter und die Soldaten. Aber auch da helfen wir mit, wollen ja nicht auffallen, reicht schon, wenn die Schwarze Gang uns filzt", meinte er. „Wir haben viele Möglichkeiten hier an Bord, auch wenn es ein kleines Schiff ist, aber wenn die von der Schwarzen Gang in ihren Kesselpäckchen kommen, finden sie meistens alles."

Von Rotterdam kommend liefen wir in den Nord-Ostsee-Kanal ein. Hatte wieder mit dem II. Wache. „Bin noch nie durch den Kanal gefahren, wie lange dauert denn die Durchfahrt?" wollte ich wissen. Er rechnete, überlegte und meinte: „Wenn wir keinen Entgegen-kommer haben, also nicht in einer Weiche warten müssen, können wir es in vier bis fünf Stunden schaffen, haben aber auch schon mal acht Stunden benötigt."

Hatten in der Schleuse festgemacht. Von der Brücke kam die Nachricht: „Maschine wird nicht benötigt, dauert vermutlich so um fünfundvierzig Minuten, bis das Schleusentor zum Kanal öffnet." - „So, das war's, kannst dir mal die Schleuse ansehen. Könntest mir dabei im Kiosk etwas kaufen, den Weserkurier, einen Schmöker, Wildwest-Roman und eine Tafel Vollmilch-Schokolade." Er holte einen Zehnmarkschein aus der Tasche. Könnte mir ja auch was holen, überlegte ich. Oben an Deck traf ich Hannes, er sollte für Papa Henschel auch einen Schmöker kaufen. Wir gingen beide zum Kiosk. „Hole dem Chief gleich mehrere seiner Lieblingsromane. Am liebsten liest er diese bekloppten Liebesromane. Bin froh, wenn er was zu lesen hat, liest immer während der Wache auf der Kammer, kommt aber vier bis fünfmal runter und meint: ‚So, Assi, geh mal hoch, mach Pause und stell mir dann eine Muck Kaffee auf meinen Schreibtisch.'" Wenn der Koch Feierabend hat, können wir trotzdem in die Kombüse, um uns Kaffee zu kochen oder um eine Butterstulle zu schmieren. Hannes meinte: „Aber erst, seitdem Kapitän Strunck an Bord ist, sein Vorgänger, Kapitän Mewis, wollte das nicht. Wie-der an Bord, ging ich zur Kammer des Zweiten. Er kam mir entge-gen, bedankte sich: „Leg das eben auf meinen Tisch, geh schon mal vor."

Das Schleusentor ging auf und PHÖNIX setzte ihre Reise fort. Nach Ende meiner Wache ging ich an Deck, wollte mir die Land-schaft anschauen. Es wurde langsam dunkel, die Hochbrücke von Rendsburg lag schon achter raus. Der Altmatrose sah mich, er war auf dem Weg zur Brücke: „Assi, komm mit, kannst von oben besser sehen", meinte er. Ich konnte dieses alles nicht fassen, diese ganz andere Atmosphäre an Bord, so etwas hatte ich in den ganzen 18 Monaten nicht erlebt. Auf der Brücke angekommen, hörte ich den Käpten: „Sieh an, unser Assi besucht uns." Ich konnte mir alles an-sehen, keiner schaute mich schief an. Wie gesagt, so etwas war Neuland für mich, wie vieles an Bord der PHÖNIX.

Die Schwarze Gang

Hannes hatte Recht, sie kamen. Wir waren am frühen Morgen in Kotka eingelaufen, nachmittags, wir hatten noch keine Flasche ver-

97

kauft, kamen sie. Sie verteilten sich über das ganze Schiff, gingen in die Kammern, egal ob da einer schlief oder nicht, durchwühlten die Kojen, klopften die Matratzen ab, durchwühlten die Spinde, die Schubladen, suchten in den WC's, in den Duschräumen, hinter den Spiegeln, an Deck, in den Laderäumen. Sie suchten in allen Ecken und Winkeln, klopften Verkleidungen ab und schraubten die Verschalungen los. Sie durchwühlten die Proviantsäcke, egal ob Mehl, Reis oder Nudeln drin waren, öffneten alle Kisten. Der Koch war sauer, dachte: Bloß nicht meckern, dann spielen sie ganz verrückt! Sie stiegen in die Rettungsboote, kletterten in die Masten und in den Schornstein. Die Zöllner waren ja alle ehemalige Seefahrer, gefahren an Deck, in der Kombüse und in der Maschine.

Ich hatte Bordwache im Maschinenraum, war gerade dabei, den zweiten Hilfdiesel abzustellen, da die Winden nicht mehr benötigt wurden und somit kein Bedarf mehr für Strom an Deck war. Sie kamen die steile Treppe rückwärts gehend herab, tauchten ein in die Bilge, suchten, durchleuchten mit ihren Taschenlampen die Bilgenbrühe und das Rohrleitungsgewirr, öffneten Seewasserfilter, Ölfilter. Sie suchten, suchten und – fanden!

„Assi, deine Flaschen?" fragte einer, der etwas Deutsch konnte. Ich zuckte mit den Achseln, wackelte ein paar Mal mit dem Kopf hin und her und haute ab. Sie fanden die Schnapsflaschen, viele Schnapsflaschen, freuten sich und dampften ab. Sie luden ihre Beute ein und zogen von dannen, um Meldung zu machen. Wir standen da, Hannes und Erick. Der Altmatrose meinte: „Schöne Scheiße, jetzt haben sie uns erwischt, das wird teuer!" Ich fragte die beiden: „Was machen die jetzt mit den Flaschen?" Erick meinte: „Saufen die nachher selber aus oder verscheuern sie, diese Halunken." Konnte mir das nicht vorstellen, soll aber schon vorgekommen sein.

Die Meldung: „Durchsuchung des deutsches Motorschiffes PHÖNIX der Reederei Argo aus Bremen, vertreten durch den Kapitän Albert Strunk, erfolgreich abgeschlossen. Gefunden und beschlagnahmt:

65 Einliterflaschen unverzollten 45%tigen Alkohol."

Die illegale Einfuhr jeder dieser Flaschen wurde mit einer Geldstrafe von umgerechnet dreißig Deutsche Mark belegt. Da das Schiff bereits zwei Jahre vorher mit Erfolg durchfilzt worden war, erhöhte sich die Strafe um 50% auf fünfundvierzig Deutsche Mark. Musste also unsere Besatzung auch noch für die Idioten von damals bluten, aber wir waren ja auch Idioten, haben doch auch geschmuggelt. Fast alle schmuggelten, Schmuggeln gehörte dazu, Schmuggel war an der Tagesordnung, Schmuggeln musste sein. Alkohol soffen fast alle, besonders die Finnen.

So überbrachte ein Oberzöllner im Hafen von Kotka dem Kapitän Strunck einen Ordnungsbescheid in Höhe von 2.925 Mark, schnellstens zu zahlen. Dazu die Ankündigung: „Sollte das Bußgeld bis zum Ausklarieren nicht bezahlt sein, wird das Schiff an die Kette gelegt." Kapitän Strunk besorgte sich beim Agenten das Bargeld, errechnete die Höhe der Summe, die jedem, der geschmuggelt hatte, durch die Reederei von der Heuer abgezogen werden sollte. Ich war mit ca. 200 Mark dabei, fast eine Netto-Monatsheuer.

Zwei Flaschen hatten sie nicht gefunden, die leerten wir abends, um unseren Frust runter zu spülen. Papa Henschel und Kapitän Strunk trösteten uns.

In der Offiziersmesse

Am Freitag verkündete Herr Hecht, der erste Steuermann, wir würden erst Montag auslaufen, denn es fehle noch Ladung. Kurt, mein

Assi-Kollege maulte: „So 'n Mist, wieder mal kein Sonntag auf See."
Ein Seesonntag wurde mit einem zusätzlichen freien Tag abgegol-
ten. „Währen sowieso erst Sonntag nach zwölf Uhr ausgelaufen",
antwortete ich. Nach zwölf Uhr kein Seesonntag, kein zusätzlicher
freier Tag, aber vor zwölf ja, deshalb hatten die Kapitäne die Order,
falls möglich, erst nach zwölf Uhr auszulaufen. „Die von Deck haben
es gut, haben am Sonntag frei, aber wir müssen jeder acht Stunden
Hafenwache gehen, also ohne Entschädigung Überstunden kloppen", fluchte Hannes. „Bordwache acht Stunden lang, nur weil der
kleine Jockel läuft, der Hilfsdiesel zur Stromerzeugung und der lütte
Kessel für die Warmwassererzeugung in Betrieb ist", meinte ich.
Unser Zweiter, der zufällig vorbei kam hörte das und meinte: Wenn
Ihr Langeweile habt, könnt ihr ja Messing putzen und Farbe waschen, wäre mal nötig, braucht dann auf See nicht zutörnen." „Gute
Idee", antwortete Kurt, „geh gleich zu Erick und hole das nötige Material." Er meinte Sodapulver, Schrubber und Bürste.

Erick wurde von allen als Altmatrose bezeichnet, aber nicht wegen
seines Alters, Erick fuhr im fünften Jahr als Matrose und war bereits
zwei Jahre auf PHÖNIX. Er hatte die Funktion eines Bootsmanns,
ging keine Seewache. Mit den beiden Leichtmatrosen hielt er das
Schiff in Schuss, außen sowie innen: Rost kloppen, streichen, Seile
und Tampen reparieren, pflegen und spleißen.

Während alle, die frei hatten, entweder an Land gingen oder sich
an Bord beschäftigten, etwa mit Zeugwäsche, putzten wir drei die
Messingleitungen und reinigten die Wände im Maschinenraum. So
verging auch dieser langweilige Sonntag. Papa Henschel kam ab
und zu in den Maschinenraum: „Fleißig seid ihr, richtig fleißig, stell
euch eine Kiste Bier vor Hannes' Kabine." Hannes als Chief-Assi
hatte eine eigene Kabine, allerdings kleiner als die, die ich mir mit
Kurt teilte. Ich hatte Bordwache, hatte den Jockel gerade abgeschmiert und ging zu Hannes in die Kabine. „Lass die Tür auf und
das Schott vom Maschinenraum auch und setz dich hin", meinte
Hannes. Der Jockel tuckerte langsam vor sich hin. Ich hatte mich
hingesetzt und fragte: „Hannes, warst du schon mal auf der Reeperbahn im Café Keese?" Während Hannes zwei Flaschen aus der
Kiste von Papa Henschel holte und sie öffnete, meinte er: „Nein,
erzähle mir etwas davon." Ich erzählte ihm von Wilma.

War in der Kneipe ‚Zum Anker' in der Davidstraße, Ecke Herbertstraße. Schnappte Brocken von einem Seemann auf: „Gehe jetzt ins
Café Keese, ist besser, als mit 'ner Bordsteinschwalbe auf die
Schnelle und noch gegen Geld einzutörnen." Fragte ihn: „Hey, wo
ist denn Café Keese?" Er antwortete: „Willste mit, dann komm!" Wir
betraten das Café, es war schon gut besucht, wir fanden aber noch
einen Platz im Blickfeld des Eingangsbereiches. Die Musik spielte,

einige Paare tanzten bereits eng umschlungen. Mein Begleiter, ich hatte ihn nicht nach dem Namen gefragt, schoss bald ab, wurde von einer Blondine, schon älteren Semesters, zum Tanzen aufgefordert. Mir fiel sofort auf, dass es sich um gepflegte attraktive Damen so ab vierzig Jahren handelte, die mehr als nur tanzen wollten. Dann betraten sie, die Kapitänsfrau Wilma mit Freundin das Café. Wilma, fünfzig Jahre alt, noch voll in der Blüte ihres Lebens, war sauer, frustriert, als sie die Nachricht ihres Mannes erhielt: „...und muss leider aus diesem Grunde noch eine Reise an Bord bleiben…" Kapitän Hannes Blankenstein fuhr auf einem Trampschiff und war schon zwei Jahre unterwegs im Einsatz zwischen Australien und Südamerika. Dabei hatte er ihr doch versprochen, bei der Reederei zwecks Heimaturlaubs vorzusprechen. Dachte zurück an all die Jahre, als er nur sechs bis acht Wochen auf See war. Aber dann bekam er endlich ein Schiff als Kapitän, hatte sein Ziel erreicht, fuhr nicht mehr als Nautischer Offizier, sondern als Kapitän, als Kapitän auf einem Trampschiff, das lange unterwegs ist. Das hatte er ihr aber verschwiegen, sonst hätte sie protestiert. Wieder ein halbes Jahr ohne ihn, ohne einen Mann. Sie war schon enthaltsam genug, oder? Sie ging zu ihrer Freundin, der Witwe Hanna, gleichaltrig und weinte sich aus. Die beiden Frauen hatten sich anlässlich eines Kaffeeklatsches unten im Strandcafé in Blankenese kennen gelernt. Hanna suchte seit dem Tode ihres Mannes hin und wieder Abwechslung und besuchte Café Keese auf der Reeperbahn, tanzte, amüsierte sich. Sie ging immer dorthin, weil dort Damenwahl an der Tagesordnung war, forderte Liebhaber zum Tanzen auf. Sie stand auf dunkelhäutige Seeleute und schleppte sie ab. Hanna konnte sie verstehen, mitfühlen, hatte sie doch aus Trauer und Anstand lange verzichten müssen, verzichten auf männliche Liebe. „Kann dich verstehen, irgendwann geht es nicht mehr, denn was der Mensch braucht, dass brauch er, ob Mann oder Frau", meinte sie. „Frage mich nur, wie dein Mann das so wegsteckt, glaubst du nicht, dass er es auch mal in einem Hafen treibt?" meinte sie. Schweigen. Hanna ergriff das Wort: „Komm doch mal mit ins Café Keese, damit du mal Abwechslung hast, da kannst du mal wieder tanzen und etwas erleben." - „Hast ja recht, ich komme mit", meinte Wilma. Sie machten sich auf den Weg, fuhren mit dem Taxi zur Reeperbahn, um sich einen Freier beim Tanzen aufzureißen. Es dauerte gar nicht lange, bis Hanna ihren Freier aufgabelt hatte. Wilma sah sich um, sah den blonden Jüngling, sah mich. Dachte sich: Mit dem will ich's mal probieren. Probieren, tanzen, flirten, ihn gefügig machen, gefügig machen zum Mitnehmen in ihr Haus, mitnehmen, um zu lieben, immer und immer wieder, nachholen, was sie so lange vermisst hatte. Und so fuhren wir zu ihr nach Hause nach Blankenese in die schöne Villa am Hang des Süllberges. Nach dem intimen Beisammensein sagte sie zu mir: „Komm bald wieder!" und gab mir zwanzig Mark und einen Zettel mit ihrer Telefonnummer. „Nimm dir ein Taxi, süßer scharfer Blondy und besuch mich bald wieder!"

„Und, hast du sie wieder besucht?" wollte er wissen. Ich schüttelte mit dem Kopf. „Gehe noch mal nach unten, komme gleich wieder, dann erzähle mir von dir", meinte ich und verschwand. Als ich wiederkam, berichtete er von einem seiner Erlebnisse bei der Reederei Offen. „Ich heuerte Ende 1958 an, zuerst als Schmierer, dann als Assi. Habe mit der Schule in Bremerhaven schon gesprochen, sie rechnen mir die vier Monate als Schmierer an, sind beim C3 nicht so pingelig." - „Ist doch eigentlich auch egal, ob als Schmierer auf einem großen Dampfer oder als Assi auf PHÖNIX, hier sind wir ja auch Schmierer", meinte ich. „Habe doch eben auch den Jockel abgeschmiert."

Er berichtete weiter: „Wir lagen im Dock bei Blohm & Voss. Das Schiff bekam außenbords unterhalb der Wasserlinie einen neuen Anstrich, außerdem wurden diverse Reparaturen durchgeführt, so auch an der Hauptmaschine. Ich war bei der Reederei gewesen, musste wegen meines Ziehscheines etwas besprechen. Auf dem Rückweg im Elbtunnel kam mir ein Unfallwagen entgegen." Die kürzeste Verbindung auf die andere Elbseite war der (alte) Elbtunnel. Hunderte von Autos, Zweirädern und Fußgängern nutzten ihn, also auch der Unfallwagen auf dem Weg zum nahe gelegenen Hafenkrankenhaus. „Wieder an Bord, erfuhr ich, wo er her kam. Er kam von der Werft, vom Motorschiff ,SIMON VON UTRECHT'. An Bord hatte es einen Unfall gegeben, es hatte Fiedje (Fritz), den Dreiachtel-Fiez erwischt, den netten Werftarbeiter. Sein Kollege hockte immer noch kreidebleich vor der Hauptmaschine und stammelte: ,Das wollte ich nicht, wollte ich nicht! Ist er tot?' Ein Werksamariter nahm sich seiner an.

An der Hauptmaschine hatten Fiedje und sein Kollege die schwere Stahlplatte, die Verkleidung des Reibwerkraumes eines Zylinders abgebaut. Fiedje löste auf der Unterstation die Schrauben und sein Kollege auf der Mittelstation. Er da oben sollte nicht alle Schrauben lösen, aber Fiedje da unten alle. Erst wenn oben die letzte Schraube entfernt war, wollte man die Verkleidungsplatte abheben. Wollte man, aber der da oben, dieser Penner, löste alle Schrauben. Dann passierte es, alle Schrauben waren entfernt, die Platte knallte auf den Fundamentrahmen, schlug nach außen auf Fiedje, stieß ihn um und begrub ihn. Schwer verletzt brachte man ihn ins Hafenkrankenhaus.

Unfälle ereigneten sich dauernd auf der Werft, obwohl die Leitung alles Mögliche unternahm, um sie in Grenzen zu halten. Am Werkstor war eine große Tafel installiert, auf der die Zahl der Mittel- und Schwerverletzten angezeigt wurde, aber auch die Unfälle mit tödlichem Ausgang. Abgenommen hatten die Zahlen schon. ‚Früher', erzählte mir ein älterer Mitarbeiter, ‚waren diese Zahlen höher, früher, als die Schiffe noch genietet wurden. Dann flogen die rotglühenden Nieten, fingerdick und größer, von der Esse mehrere Meter hoch und mussten aufgefangen werden. Da gab es schon öfters Unfälle'. Wo gehobelt wird, da fallen Späne, auch bei den „Keedelkloppern" von Blohm & Voss.

Besuchen konnte sie nun ihren Mann im Krankenhaus öfters und lange, brauchte ja freitags nicht am Werkstor stehen und auf ihn zu warten. Am Werkstor standen sie und die anderen Ehefrauen, um den größten Teil des Inhalts zu retten, bevor er versoffen wurde, wenn ihre Männer mit der Lohntüte ankamen. Lohntüten mit fünfundsiebzig DM Abschlagszahlung für eine Woche. Von montags bis samstags, mindestens acht Stunden tägliche Maloche, manchmal auch mehr. Inhalt bei Empfang nachzählen, Empfang quittieren. Am Monatsende bekamen sie dann die Endabrechnung. Man feierte freitags in der Kneipe hinter dem Werkstor vor dem Elbtunnel den Lohntütenball. Während die Frauen nach Hause gingen, tranken sie in der Kneipe in der Nähe des Werktores noch kräftig ihre Biere. Fiedje hatte auch schön zu gelangt, setzte sich auf seinen Drahtesel und fuhr in leichter Schlangenlinie nach Hause, nach Hause in die Wohnung eines Mehrfamilienhauses am Pinnasberg. Fuhr vorbei am Zoll, der Zöller rief: ‚Haben Sie was zu verzollen?' Sein Kollege meinte: ‚Den brauchste nicht anzuhauen, ist einer von der Werft, die schmuggeln nicht, lege dafür meine Hand ins Feuer.' - Fritz lallte mehr, als er sprach: ‚Hab – hik, hab – hik – zwei volle – kik – Stangen Zigaretten.' – ‚Der ist ja ganz schön voll, der verrückte Kerl', meinte der, der für ihn die Hand ins Feuer legen wollte. Wäre wohl beinahe verbrannt. Zwei Stangen Zigaretten für den Hauswirt, hatte Angst, dass der die Miete erhöhen würde. Sechs Wochen lag er nun im Krankenhaus, freitags gab's solange keine Lohntüte, seine Frau musste mit den paar Mücken Krankengeld auskommen."

Montag am späten Vormittag legte MS PHÖNIX ab, lief Kurs Rotterdam aus. „Wenn alles gut läuft, sind wir Freitag Abend in Rotterdam, dann geht die Post ab!" meinte Erick, als er die Achterleine einholte. Geht ab die Post!

Erick ging wie immer in das Kneipenviertel im Ortsteil Kateendrecht, in die Harlem-Bar, ein eisiger Wind pfiff ihm um die Ohren, ihm war kalt. Trat ein, setzte sich an den Tresen, bestellte ein Bier, ein Bier von Heineken, ärgerte sich mal wieder, dass die Kasköppe nicht vernünftig zapfen konnten – Hahn auf, Glas randvoll ohne Schaumkrone. Sah sich um, schaute nach rechts und links. Sah sie da sitzen, die hübsche junge Mulattin: Langes schwarzes Haar, breiter Mund mit vollen Lippen. Er lächelte sie an, sie lächelte zurück, es war mehr als ein Lächeln, der Funken sprang über, der Funken der Zuneigung. Er winkte sie herüber, sie stand auf, ging auf ihn zu, ihre Hüften wiegten weiblich im Schritt. Sie setzte sich neben ihn, wieder das Lächeln. Sie fragte ihn: „Wie heißt du? Bist du ein Seemann?" Er antwortete: „Ich bin Erick, fahre auf einem deutschen Schiff." Auf einem deutschen Schiff und dann in Holland, in Rotterdam, in einer Kneipe auf Kateendrecht? Das kann ins Auge gehen, wie er es vor zwei Jahren erlebt hatte. Der Hass auf die Deutschen war immer noch da. Der verfluchte Krieg war doch nun schon 17 Jahre zu Ende. Dies schoss wieder durch sein Gehirn. Er fragte sie nach ihrem Namen. Mit verlangendem Blick antwortete sie „Maraike". Sie gingen, verschwanden in den Hausflur eines der alten schmalen Grachtenhäuser, gingen hinauf über das knarrende schmale Treppenhaus, betraten einen schmucklosen Raum. Mobiliar: nur ein altes Eisenbett, eine klapprige Kommode, ein kleiner Tisch und ein Stuhl.

Nach dem Miteinander ging er ohne ein Wort des Dankes, ohne ihr das Moos, das ihr zustand, zu geben, hatten auch über Geld nicht gesprochen. Er ging, sie war sauer, schrie hinter ihm hehr: „Neuken, neuken niet betalen de Onmens!" Noch auf dem Bürgersteig vernahm er ihr Gezeter. Er atmete tief durch, steckte sich eine Zigarette an, sein Mund war trocken, der Geschmack bitter und pelzig, machte sich Vorwürfe: Hab keinen Liebeszoll entrichtet. Er schämte sich, ging wieder in die Harlem-Bar, trank hastig zwei Biere, schaute immer zu Tür, aber sie kam nicht. Er bezahlte, schmiss die Geldscheine auf den Tressen und sagte zu Heintje, dem Zapfer: „Voor Maraike" und ging. Maraike, das Mulattenmädchen sah er nie wieder. Wie gewonnen, so zerronnen.

Am Abend vorher gingen sie noch an Land, in die nahe gelegene Hafenpinte, von den Seeleuten ‚Golden Titt' genannt, eine typische Hafenkneipe wie all die anderen in den Hafenstädten, in Hamburg der ‚Rattenkeller', der ‚Silbersack', in Kiel die ‚Rote Laterne' oder in Bremerhaven ‚Zum goldenen Anker'. Hafenpinten, in denen es für den Seemann das gab, was er brauchte: Alkohol, Weib und Gesang, denn was der Seemann brauchte, sollte er haben, egal ob er ein- oder wieder auslief. Golden Titt, die Spelunke mit der hölzernen, schwenkbaren Eingangstür, die nach innen und außen aufging. Schwenkbar war gut beim Reinlatschen, brauchte man nicht an der Türklinke rumhantieren, klemmte auch nicht. Stieß man mit dem Fuß davor oder mit dem Ellenbogen, und schon konnte man rein. Gut fürs Rauswerfen, wenn einer randalierte, wegschubsen, mit Wucht wegdrücken gegen die Tür, schon lag er in der Gosse.

Gerda war auch schon da und suchte ein Opfer zum Abschleppen. Sie war Ende vierzig, füllig, mit großem Busen, ihr Haar kastanienbraun gefärbt. Sie stand auf Jünglinge, höchstens fünfundzwanzig Jahre alt. Meinte, die seien noch unerfahren, gut anzulernen und willig, aber müssten schon sehr potent sein. Dabei verdrehte sie ihre Augen und schnalzte mit der Zunge, als sie ihn sah, den Jüngling Dieter Gotthard, den Leichtmatrosen. Er stammte aus dem Rheinland, sein Vater war Araber, er kannte ihn nicht. Ein drahtiges Bürschchen. Gerda witterte Morgenluft, sie ging auf Dieter los, belabertere ihn, sülzte rum, machte in gefügig mit allen Tricks. Sie verstand ihr Handwerk, er ging mit ihr, leicht irritiert. Sie strahlte, hatte wieder einen Jüngling gefunden. Erick meinte: „Das arme Schwein, ob er wohl weiß, wie die ihn fertig macht?" Fertig gemacht mit allem, was dazu gehörte, immer und immer wieder, ausgelaugt, mit Knutschflecken schleppte er sich an Bord, er der Leichtmatrose vom Motorschiff PHÖNIX.

„Männer, jetzt geht's ins Eis!"

Ein kalter Tag in Bremen, das Thermometer zeigte minus 10°C. MS PHÖNIX lag im Europahafen am Argo-Kai. Das Schiff war seeklar zum Auslaufen nach Kotka in Finnland. Steuermann Hecht hatte den Wetterbericht gehört. „Starker Wind aus Süd-West, verbunden mit starken Schneefällen, die Aussichten für den Weser-Elberaum: In den Mittagsstunden Einsetzen von ergiebigen Schneefällen bei Windstärke sechs, zunehmend sieben bis acht, schlechte bis mittlere Sicht." Auch aus Finnland kam keine gute Nachricht. Kapitän Meinert von MS „GANTER" ließ wissen, dass „die Eisdecke ab Bornholm in Richtung Finnland an Stärke zunimmt." Kapitän Strunks Stimme erschall von der Brücke: „Auf geht's, Männer, ab ins Eis, klar vorne und achtern, Maschine Achtung!" Die Matrosen versammelten sich an Deck, warteten auf die Anweisungen von Erick. Alle waren da, nur der Leichtmatrose nicht. „Wo bleibt denn der Leichtmatrose?" meinte er. Jungmann Otto, mit dem er sich die Kammer teilte, lachte und sagte: „Den kannste abhaken, der ist fix und fertig mit Hose und Jacke, platt wie 'ne Ratte, den hat Gisela vernascht bis zum Abwinken."

MS PHÖNIX legte ab. „Auf geht's ins Eis, für mich Neuland", meinte ich zum Zweiten, mit dem ich an Deck stand. In zwei Stunden sollte unsere Wache beginnen. „Warte ab, Pitt und lass dich überraschen!" Ich stutzte, sagte er doch zum ersten Mal Pitt zu mir, Pitt wie mich meine Kollegen nannten, obwohl ich Peter heiße. Er fuhr fort: „Kalt wird es da oben sein, so um die 40°C minus und noch mehr, ist allerdings eine trockene Kälte. Und am Tage wird es auch nicht richtig hell, habe extra noch Strahler für die Mastlampen geordert, ohne Beleuchtung des Decks geht es auch am Tage nicht."

„Ach, gut dass ich dich treffe. War gestern Nachmittag noch im Argo-Haus und unter anderem auch bei Herrn Fritsche. Er wollte wissen, ob wir mit dir zufrieden sind." Er unterbreitete mir, dass Hannes und Kurt in Kürze abmustern werden. Hannes heuert auf Dampfer ARGO an, und Kurt muss auf die Adler-Werft, um sein notwendiges Praktikum anzutreten. Also kommen zwei Neue, und du sollst dann Chief-Assi werden, möchte Papa Henschel jedenfalls und ich leider auch", dabei schmunzelte er.

Auf der Höhe von Nordenham kam der Schneefall, wurde immer stärker, die Sicht immer schlechter. Kapitän Strunk beorderte Erick und den Zweiten Steuermann Müller als zusätzliche Ausguckmänner auf die Brücke. Sie standen in den Nocks, da die Scheiben des Ruderhauses zum Teil zugeschneit waren, nur zwei Scheiben waren mit Rotationswischern ausgerüstet. Steuermann Hecht beobachtete im Radar die Situation, und Müller und Erick standen in den Nocks an Steuerbord- und Backbordseite. Ihnen erging es auch nicht besser, mussten dauernd die Ferngläser vom Schnee befreien. Wir passierten das Feuerschiff ELBE 1. Die Sicht wurde besser, der Schneesturm kam nun von achtern. Es schneite aber weiter. Es schneite in Brunsbüttel, in Rendsburg, in Kiel-Holtenau, erst querab von Laboe wurde es besser. Dafür trafen wir auf die ersten Treibeisfelder, die sich aber bald auflösten. Wir erreichten das offene Wasser der Ostsee. Der Wind frischte auf, blies von vorne. Die Gischt überzog das Vordeck. Bei einer Temperatur bei fast minus 20°C bildete sich Eis. Eis auf dem gesamten Vorschiff. Jetzt war er da, der ‚Schwarze Frost': Die Ankerwinde ein Eisblock.

Die Luken, Lademasten und das Tauwerk waren überzogen mit einer dicken Eiskruste.

Die Insel Bornholm passierten wir an der Backbordseite. Die ersten kleinen Treibeisfelder tauchten auf, wurden noch spielend überwunden. Es wurde Nacht, eine kalte sternenklare Nacht. Wir sahen ohne zusätzliche Beleuchtung, dass die Treibeisfelder zunahmen, dichter wurden. In der Höhe von Gotland boxte sich PHÖNIX durch aufgeschobene Eisschollen. Das Schiff vibrierte. Es wurde schwierig, das Schiff auf Kurs zu halten, auszuweichen, die dicken Brocken zu umfahren.

dickes Eis an Bord: „Schwarzer Frost"

dickes Eis an Bord: „Schwarzer Frost"

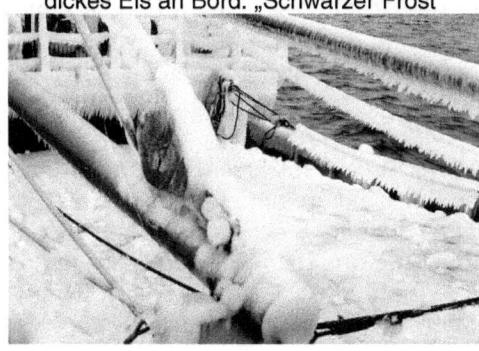

Wieder knallte eine große Scholle vor den Bug, wieder ein Knall, wieder das Zittern. Immer lauter wurde das Krachen und Bumsen des Schiffskörpers gegen das Eis. PHÖNIX war speziell für den Einsatz im Eis gebaut worden, erfüllte die Vorgaben für die höchste Eisklasse des Germanischen Lloyd, die Stahlplatten des Rumpfes waren dicker als bei normalen Schiffen.

Der Bugsteven lief im unteren Bereich keilförmig aus, um das Eis besser brechen zu können. Nur die Maschinenleistung hätte stärker sein können, etwa wie die vom Motorschiff GANTER, das hatte fast 600 PS mehr bei fast gleicher Schiffsgröße.

Unterhalb der Wasserlinie vorne unter der Vorpiek knallte es. Man hörte, wie der Bugsteven das Eis knackte und zerbrach. Die Geschwindigkeit nahm ab, obwohl wir unten alles aus dem Motor herauskitzelten. „Jetzt bloß nicht stecken bleiben, das kann gefährlich werden, nicht im Eis einfrieren! Ich glaube, wir müssen einen Eisbrecher anfordern", meinte Kapitän Struck. Er stand schon mehrere Stunden auf der Brücke. In weiser Voraussicht hatte man sich schon vor Bornholm zur Eiswache entschieden. Die beiden Steuerleute gingen jetzt zwei Wachen, jeder sechs Stunden. Für Kapitän Strunk aber hieß es, solange wir Eis brachen, musste er oben auf der Brücke bleiben. Er ging in den rückwärtig gelegen Karteraum, in dem über dem großen Kartentisch an der Außenwand das Funkgerät installiert war. Das Funkgerät konnte man mit einem Radio vergleichen. Man stellte eine bestimmte Frequenz im UKW-Bereich ein und sprach hinein. „Hallo Eisbrecher „SAMPO", hallo Eisbrecher SAMPO, Kapitän Strunk vom deutschen Motorschiff PHÖNIX, hören Sie mich? Kommen Sie!" - „Ja, hier ist Eisbrecher SAMPO. Kommen Sie!" Er teilte die Position mit, das Schiff befindet sich nordöstlich der Insel Gotska-Sandön. „Eisbrecher SAMPO, bitte kommen, erbitten Eisbrecherhilfe!" - „SAMPO an PHÖNIX - hören sie mich? Bitte kommen! Stecken Sie total fest?" - „PHÖNIX an Eisbrecher Sampo, bitte kommen! Ja, total fest." Eisbrecher SAMPO teilte mit, dass er komme und PHÖNIX in einem bereits erstellten Konvoi in Richtung der finnischen Südspitze bringen würde.

Der 75 m lange und 17,4 m breite Eisbrecher SAMPO mit einem Verdrängungsgewicht von 3.540 Tonnen, einer Maschinenleistung von 8.800 PS, knapp zwei Jahre alt, war in Turku stationiert. (www.nordic-holidays.de) Die im Eis erfahrene sechzehnköpfige Besatzung, alles Finnen, kannten die Tücken des Eises, seine Veränderungen, seine Stärke. Die Festigkeit des Eises hängt von der Entstehungstemperatur und dem Salzgehalt ab, je höher man in den Norden kommt, je mehr sinkt der Salzgehalt. Oben im Bottnischen Meerbusen ist der Salzgehalt fast Null, hier bunkerten früher die

Dampfschiffe Süßwasser für ihre Kessel. Eisbrecher hatten also kein Problem, die Schiffe bis zu einer Eisdecke von 120 cm frei zu schleppen. Mehrere Bedingungen musste ein Eisbrecher gegenüber normalen Schiffen erfüllen: Er sollte eine Bug- und Rumpfform haben, die nicht nur das Eis bricht, sondern die gebrochenen Eisstücke auch derart unter oder über das Festeis schiebt, dass eine offene Fahrrinne zurück bleibt. Die Schiffsaußenhaut muss besonders stabil gebaut sein, um nicht von den Eismassen zerdrückt zu werden; spezielle Rumpfformen müssen sicherstellen, dass es nicht zu rechtwinkligen Eispressungen kommen kann, wenn der Eisbrecher selbst einmal festsitzt. Der Rumpf eines im Eis fahrenden Schiffes bedarf besonderer Eisverstärkung. Eisbrecher sind im Verhältnis zu ihrer Größe besonders breite Schiffe, um eine möglichst breite Fahrrinne zu erzeugen. Der Bug ist normalerweise derart geformt, dass das Eis nicht von einer scharfen Bugkante wie von einem Messer zerschnitten, sondern von der flachen und gewölbten Bugunterseite nach unten gedrückt wird, so dass sich der Eisbrecher auf das Eis schiebt und es unter seinem eigenem Gewicht zerbricht. Die Form des Bugs muss gewährleisten, dass die Eisbruchstücke um den Schiffsrumpf weit herum gedrückt werden und nicht den Propeller oder das Ruder beschädigen. Ein Auftürmen des gebrochenen Eises zu Schollen vor dem Bug würde den Eisbrecher stark behindern oder zum Stillstand zwingen.

Eisbrecher

Sollte das Gewicht des Schiffs alleine nicht ausreichen, um die Eismassen zu zerbrechen, kann noch ein besonderer Stampfmechanismus zur Unterstützung zugeschaltet werden. Eine Methode, das Stampfen zu erzeugen, besteht darin, große Wassermassen zwischen Bug und Heck des Eisbrechers hin- und herzupumpen, wodurch das Schiff ins Schwingen gerät (Nickschwingungen, Stampfen) und der Druck auf das Eis verstärkt wird. Bei großen Eisstärken oder im Packeis kann die Schiffsgeschwindigkeit durch den hohen Widerstand, den das Eis entgegensetzt, gegen Null zurückgehen. In diesem Fall muss der Eisbrecher zurücksetzen und einen neuen Anlauf fahren. Dieses unter Umständen mehrfache Zurück- und Vorausgehen nennt man ‚Boxen'.

109

So erreichte also PHÖNIX im Kielwasser der SAMPO die Reede von Hangö. Der Wind frischte auf, es wurde aus Süden kommend Windstärke sieben bis acht gemeldet. Eine Weiterfahrt war nicht möglich, da das gesamte Eisfeld in den Finnischen Meerbusen gedrückt wurde und so die Gefahr einer Eispressung bestand. PHÖNIX lag da unter diversen anderer Schiffen, hatte sich in eine feste Eisdecke hinein geschoben. Am nächsten Morgen sollte es weiter gehen. Kapitän Struck konnte sich endlich in die Koje hauen.

Eisbrecher „VOIMA" kam, brach mit seinen enormen Kräften das Eis, schob es krachend an die Seite, befreite die im Eis festsitzenden Schiffe, auch PHÖNIX. Die Fahrt ging weiter. Es war kälter geworden, dafür aber windstill. PHÖNIX glitt in der freien Eisrinne, links und rechts die Abkantung der fast 80 cm dicken Eisschicht. „Wie auf der Autobahn", meinte der Zweite Steuermann, „kannst dich nicht verfahren, immer geradeaus."

PHÖNIX hatte es bald geschafft, der Lotse kam an Bord, diesmal mit Skiern. PHÖNIX lief in Kotka ein. Obwohl der Eisbrecher die Eisschicht im Hafenbecken entfernt hatte, trieben immer noch oder schon wieder Eisfelder an der Wasseroberfläche, hauptsächlich am Kai. „Das ist nicht gut", meinte der Käpten. „Es ist nicht gut, wenn sich zwischen dem fest vertäutem Schiff und der Pier Eis befindet, davon müssen wir soviel wie möglich wegbekommen." Dies gelang auch durch das knifflige Anlegemanöver und dem Einsatz von Ericks Mannen. Mit langen Staken bekamen sie bei dem Rangier-Manöver fast alles weg.

Kotka hinter Eisfläche

Schnell war die Ladung gelöscht und neue übernommen. Nach einer Liegezeit von zwei Tagen verließ das Schiff in Ballast wieder Kotka, um in Rauma weitere Ladung zu übernehmen. Wir liefen aus und erreichten die geräumte Fahrrinne. Das Wetter war schön, klare trockene Luft, Temperatur um minus 30°C, die Sonne schien. Der schwarze Frost war inzwischen auch schon vom Deck entfernt worden. Der Lotse ging von Bord, wurde diesmal mit dem kleinen Hafen-Eisbrecher abgeholt.

„Mit dem Ruder stimm etwas nicht, ich glaube, das Ruderblatt klemmt in den Endpunkten. So können wir die Heimreise nicht antreten, müssen etwas unternehmen", meinte der erste Steuermann Hecht. Der Dritte Maschinist ging in den Rudermaschinenraum, der Rudergänger auf der Brücke drehte das Handrad der Steuersäule von Backbord nach Steuerbord, der Maschinist beobachtete die Rudermaschine und stellte fest, dass das Getriebe drückte, drückte gegen das Blatt, das nicht in die Endstellung Backbord lief. Er bediente mit dem Hebel die Notsteuereinrichtung, das selbe Ergebnis. Trotz großer Kraftanstrengung bekam er es nicht in die Endstellung.

So suchte sich die Schiffsführung am Rande der Eisschicht etwas abseits gelegen von der Fahrrinne einen Platz und legte das Schiff vor Anker. Die Matrosen setzen das Ruderboot mit Erick aus, der sich die Sache vor Ort anschaute. „Mal gut, dass wir in Ballast sind, so kann man wenigstens das Ruderblatt sehen." Er bewegte sich mit dem Kahn ganz dicht an die Backbordseite und sah die Ursache: Ein Holzbalken hatte sich am Heck verklemmt, das Ruderblatt drückte kurz vor der Endstellung dagegen. Nachdem er den Holzbalken entfernt hatte, war alles wieder in Ordnung. PHÖNIX setzte die Reise in Richtung Rauma fort.

In Rauma wurde für Bremen geladen. Die Rückfahrt verlief störungsfrei. In Bremen legte PHÖNIX wieder an der Argo-Pier an. Die Ladung Zellulose aus Rauma wurde gelöscht.

„Geh mal zu Papa Henschel", meinte unser Zweiter zu Kurt. Kurt ging zum Chief, der hatte Besuch, Herr Fritsche und ein Herr, den er nicht kannte, empfingen ihn. Der Herr war der Ingenieur der Adler-Werft, er war für den Reparaturbetrieb zuständig. Er teilte Kurt mit, dass er sofort auf der Werft sein Praktikum antreten könne. „Es wäre schön, wenn Sie bald kommen, die „ALBIEREO", ein Levante-Schiff der auch zur Reederei Adler & Söhne gehörenden Atlas-Levante-Linie liegt seit vorgestern auf der Helling, wird umfangreich überholt, auch die Hauptmaschine", sagte er zu Kurt. „Ja, in Ordnung, dann fahre ich schnell nach Hause und kann dann übermorgen meinen Dienst antreten."

So packte Kurt seine Koffer und verabschiedete sich bei uns: „Macht's gut, wenn ihr das nächste Mal in Bremen seid, besuche ich euch." So war das eben bei der Seefahrt, einer ging, ein anderer kam. Es kam der neue Assi Hans-Werner, die PHÖNIX war sein erstes Schiff. „So ein Mist, jetzt muss ich wieder einen anlernen, einen, der womöglich von Tuten und Blasen keine Ahnung hat", fluchte der Dritte Maschinist. In der Tat hatte er keine Ahnung, kam aus dem tiefsten Binnenland, aus Olpe im Sauerland, auch ohne Werft-Praktikum.

Gut dass die Reederei Adler & Söhne noch eine eigene Werft besaß. In den Jahren von 1951 bis 1964, waren hier 28 Schiffe gebaut worden, unter anderem auch 1957 das Motorschiff PHÖNIX mit der Baunummer 10. Der größte hier gebaute Neubau mit der Baunummer 16 war das im Jahre 1959 abgelieferte Motorschiff „AQUILA", bestimmt für die Atlas-Levante-Linie mit einer Größe von 5.862 BRT.

Klar vorne und achtern, Maschine Achtung, Auslaufen Bremen, ab, wieder Weser aufwärts nach Rotterdam.

Beim Ablegen meinten die Matrosen: „Wetten, dass Erick wieder in die Harlem-Bar geht, um Maraike zu suchen?" Dieter, unserem Leichtmatrosen, fiel der Abschied wieder schwer, Gisela hatte ihn erneut in der Mangel gehabt.

Hans Werner hatte seine erste Wache als Maschinen-Assistent auf MS PHÖNIX. Der Dritte Maschinist hatte geflucht, dass er schon wieder einen neuen Assi anlernen sollte. Hannes und ich hatten dem Neuen alles erklärt: „Schreib dir das auf, mach dir Notizen, wenn du das nicht behalten kannst, der Dritte kann ganz schön sauer werden, wenn es nicht so klappt!" – „Der Dritte war auch ganz schön verwöhnt, Kurt machte ja alles alleine", warf ich ein. Wir beide hatten nicht den besten Eindruck, hatten das Gefühl, dass der Neue faul und auch dumm war. Wie dumm und faul er war, bewies er bald. Sein Bockmist wäre fast ins Auge gegangen, wenn der Dritte es nicht zufällig gemerkt hätte. Er schaute sich um, schaute hier und schaute da, er traute seinem neuen Assi nicht so richtig, sah das Schauglas, den Flüssigkeitsanzeiger des Tagestanks, sah kein Dieselöl mehr, wurde kreidebleich, schrie den Assi an, rannte zur Treibstoffpumpe, drehte die Ventile auf, stellte die Pumpe an. „Gerade noch in letzter Minute, dann wären die Hauptmaschine und der Hilfdiesel ausgefallen, weil der Treibstoff alle war, dieser blöde Ochse!" „Assi, warum haben Sie denn nicht nach dem Tagestank geschaut? Ihr Verhalten ist unmöglich!" maulte er ihn an. „Dachte, das wird noch reichen, in einer halben Stunde ist doch Wachende, dann können das die anderen machen", meinte er.

Wenn einer seekrank wird, ist das nicht gut, man fühlt sich hundeelend und muss kotzen. Aber als es den neuen, den stoffeligen Assi Hans-Werner erwischte, kam Freude auf. Er stand würgend an der Reling an Deck, aber, so doof konnte nur er sein, an der Luvseite. So kam's, wie's kommen musste, sein Mageninhalt kam auf ihn selbst zurück. Der Koch sah ihn da würgend stehen, schnappte sich ein Stück fetten Speck, lief zu ihm und meinte: „Hier Assi, iss es, tut deinem Magen gut!" Folgsam würgte er den Speck runter – und fing wieder an zu kotzen.

Decksladung kommt an Bord

Decksladung

Wieder mal in Rotterdam. Die Ladung aus Bremen wurde gelöscht. „Wir laufen gegen zweiundzwanzig Uhr aus, alle Mann spätestens um zwanzig Uhr an Bord sein!" verkündete der Erste Steuermann. Sie gingen wieder an Land, in die Harlem-Bar. Dieter ging mit, war ja noch nie in Rotterdam. Erick war schon gegangen und meinte: „Dieter, denk dran, zwanzig Uhr an Bord sein, vergiss es nicht!" - „Nöö, nöö, vergesse ich nicht", antwortete er. Erick, in der Hoffnung Maraike wieder zu finden, war damit nicht erfolgreich.

Es war Zwanzig Uhr, es wurde zwanzig Uhr dreißig, einundzwanzig Uhr. Nun wurde es gleich zweiundzwanzig Uhr. „Jetzt wird's ernst!" Erick ging zum Käpten und meldete: „Der Leichtmatrose ist nicht da!" Alle hielten Ausschau, er kam nicht. Der Lotse kam an Bord, und sie mussten auslaufen - ohne den Leichtmatrosen. „Hoffentlich ist dem nichts passiert", meinte Erick zum Zweiten Steuermann. „Habe eben noch mitbekommen, wie der Käpten den Makler bat, sich um den Leichtmatrosen zu kümmern."

113

Antje, die nette Holländerin aus der Harlem-Bar kümmerte sich um ihn, wenn man das, was die beiden trieben, kümmern nennen will. Irgendwann schaute er auf die Uhr, verfiel in Panik, hetzte zur Pier, sah nur noch die Schlusslichter. Er war, wie der Seemann sagt, achtern raus gesegelt. In der Schleuse von Brunsbüttel kam er unter dem Gelächter aller wieder an Bord.

Weihnachten an Bord

Wir lagen mal wieder in Rotterdam, sollten am 23. Dezember auslaufen. So feierten wir, die Stammgäste in der Harlem-Bar schon mal vor. Heintje und Antje schenkten jedem eine Flasche jungen Genever. Erick meinte: „Den verscheuern wir nicht, den trinken wir selber." Dann sangen wir alle „Stille Nacht, heilige Nacht, alles schläft, einsam wacht..." Singt der Leichtmatrose, der Ochse, weiter: „...wenn PHÖNIX sich vom Acker macht." Am späten Nachmittag des Heiligen Abends liefen wir in die Schleuse Brunsbüttel ein. Während meiner Fahrzeit war ich Weihnachten meistens auf See oder, wenn wir in einem deutschen Hafen lagen, an Bord, ging freiwillig Hafenwache für die, die eben mal schell für ein paar Stunden nach Hause konnten.

Fußball spielten sie auch, die Finnlandfahrer, die Besatzungsmitglieder der Argo-Reederei sowie der finnischen Reedereien. Es war mal wieder soweit, Kapitän Torp vom Motorschiff „ALK" hatte es organisiert, einen Platz und einen Gegner gefunden. Der Platz war nach Meinung unseres Altmatrosen Erick ein „Kartoffelacker". Gegner war die Besatzung des finnischen Motorschiffs „RAUMA". Erick, unser Altmatrose wurde vom Käpten darüber informiert: „Setz dich

114

mit denen von der ALK wegen einer Mannschaftsaufstellung zusammen." Gemeinsam mit seinem Kollegen von MS ALK stellte er einen Trupp zusammen. Erick meinte: „Ich gehe ins Tor und bringe fünf Mann mit, einige von unserer Mannschaft haben vor der Seefahrt lange Zeit Fußball gespielt." Erick selbst spielte lange Jahre bei seinem Heimatverein SV Leesen. Sein Kollege konnte auch sechs Mann auftreiben. „Sonntagmorgen gegen 11 Uhr spielen wir auf einem Platz neben der Turnhalle der Schule", gab Kapitän Torp bekannt. Der Platz war in einem schlechten Zustand, viele Wasserpfützen, hier etwas Rasen, dort Schlacke.

Das Spiel begann, wir losten einen Schiedsrichter aus, gewannen die Losung, benannten unseren ersten Steuermann. Dafür hatten die Finnen Anstoß. Gespielt wurde zwei mal 30 Minuten lang. Die Finnen stürmten los, unsere Abwehr, dirigiert von Erick wurde gefordert, schlugen den Ball nach vorne, ins Aus, nach dem Moto: erst mal weg. Langsam fand unser Sturm zusammen, hatte auch Chancen. Zur Halbzeit war noch kein Tor gefallen. In der Halbzeitpause stellte Erik die Mannschaft um, änderte die Positionen. Nach dem Anpfiff wurde es hektisch. Gerufe, Gebrülle, auch vom Spielfeldrand, von den Zuschauern, mehr auf Finnisch, als auf Deutsch. Die Finnen stürmten an. Es fiel das erste Tor. Nun rappelten wir uns zusammen, stürmten auf Teufel komm heraus! Mit Erfolg: Kurz vor Ende erzielte Hannes den Ausgleich. Nach Spielende feierten wir auf ALK.

MS ALK, im Jahre 1959auf der Adler-Werft gebaut, war moderner eingerichtet als MS PHÖNIX, besaß einen kleinen Salon, in dem der Kapitän, der 1. Steuermann und der Chief die Mahlzeiten einnahmen. Das Geschirr, Teller, Tassen und Besteck waren mit der Reedereiflagge versehen. Kapitän Struck erzählte später auf der Brücke seinem Steuermann Hecht die folgende Story: „Auf einer Reise von Bremen nach Rotterdam fuhren die Frau und der fünfjährige Sohn Heinz des Kapitäns mit. Beim Mittagessen sagte Sohn Heinz zum Steward: „Onkel, schauen Sie mal, solche Teller haben wir auch zu Hause." Gelächter von den anderen Anwesenden. Frau Torp bekam vor Scham einen roten Kopf. Der Kapitän beugte sich über seinen Teller. Ohne aufzuschauen meinte er dann: „Ich hatte damals etwas von dem neuen Geschirr gekauft." Steuermann Hein meinte: „Wenn das mal stimmt."

MS PHÖNIX und das Sturmtief ‚Vincinette'

MS PHÖNIX befindet sich auf der Reise von Rauma nach Rotterdam. Am Mittwoch, dem 15. Februar, gegen 18:00 Uhr, wird die Schleuse Brunsbüttelkoog verlassen mit Kurs Nordsee. Beim Abhören des Wetterberichts von Radio Norddeich erfährt der 1. Offizier Hecht: „Sturmwarnung, Windstärke acht bis neun Südwest zunehmend." Dieses war dem Elbelotsen auch schon bekannt. Gegen 20:00 Uhr erreichen wir Cuxhaven. Wind und Wellen haben schon stark zugenommen. Die Springflut setzt ein, drückt gewaltige Wassermengen in die Elbe. PHÖNIX kämpft, will gegenhalten, will unbedingt. Der Lotse geht von Bord und wünscht gute Reise. Gute Reise in die Hölle? Wir passieren das Feuerschiff „ELBE 1", den äußersten Vorposten in der Elbmündung. Die hohe Back der „BÜRGERMEISTER O'SWALD" hebt sich mal schräg, mal horizontal, Spielball der sturmgepeitschten haushohen Wellen, zerrt an den dicken Ankerketten. Windstärke zehn oder mehr. Das Sturmtief „Vincinette" tobt, rast vom Norden kommend mit 67 Knoten in die Deutsche Bucht und legt noch zu. Die Brücke ist doppelt besetzt mit Kapitän, Steuermann, Rudergänger und einem weiteren Matrosen. Radar und Funkgerät sind eingeschaltet. Radio Norddeich hat den normalen Sprechkontakt verboten: „Umschalten auf Notfrequenz!"

Alles ist verstaut und verzurrt, in der Kombüse scheppern Töpfe, Pfannen in den Schränken, an den Back's in den Messen sind die Schlingerleisten aufgeklappt. Alle Sturmklappen der Bullaugen sind fest verschraubt. Die Freiwachen rollen und rutschen in den Kojen, keiner kann richtig schlafen. Liegt 's an den vom Sturm verursachten Schiffsbewegungen oder ist doch Angst mit im Spiel? Kurswechsel auf den Elbe-Humber-Weg. Der Sturm trifft schräg von Steuerbord aufs Schiff. Brecher schlagen ein, klatschen auf Back, und Deck. Gurgelnd läuft die See wieder ab. Im Maschinenraum halten sie sich fest, versuchen ihre Runden zu drehen. „Pass auf, Assi, geh vorsichtig! Schlag nicht gegen den Heizungskessel!", meint der Wachmaschinist und klammert sich am Pult fest. Der Diesel quält sich, Abgastemperaturen ziemlich hoch, dreht durch, trotz Drehzahlregler, dreht durch, wenn die Back eintaucht, und die Schraube aus dem Wasser kommt.

Auf der Brücke, stehen sie, versuchen sich krampfhaft festzuhalten. Der Kapitän starrt ins Radar: „Backbord Entgegenkommer, fährt ziemlich dicht auf. Jetzt bloß keinen Ruderschaden, Kurs halten!", meint er zum Rudergänger, der breitbeinig vor dem Ruder steht. Aus dem Lautsprecher des Funkgerätes die ersten verzweifelten Rufe: „SOS – SOS, Mayday, Mayday!" Geben Positionen und Namen durch. Leuchtraketen steigen auf. „Die armen Kerle, und keiner kann ihnen wahrscheinlich helfen", murmelte Kapitän Struck. Steuermann Hecht beugt sich über den Kartentisch. Mit gespreizten Beinen sich gegen den Tisch stemmend, versucht er krampfhaft Halt zu bekommen. Wieder bricht sie rein, die Wand, die schwarze mit der weißen Schaumkrone, der „blanke Hans", PHÖNIX schüttelt sich wie ein begossener Pudel. Mit einem Ohr am Lautsprecher vernimmt man letzte verzweifelte Rufe, Rufe mit den Worten der Angst, der Angst vor dem Seemannstod, nicht mehr hoffnungsvoll, der Ruf wird weniger, verstummt: aus, vorbei, Ende. Auf einem Seemannsgrab, da blühen keine Blumen. Nicht der letzte Hilferuf, nicht das letzte Schiff, das die mörderische See verschlingt.

Schwere See von vorne

Sorgen und Angst bei den Besatzungsmitgliedern an Bord der PHÖNIX, deren Verwandte, Eltern, Geschwister, Frauen und Kinder, in dem Katastrophengebiet zu Hause sind. Sorgen und Angst, die für den Moses zur Wirklichkeit wird, zur Wahrheit durch die Mitteilung von zu Hause, einem kleinen Dorfe bei Stade. Die Mitteilung, dass Vater ertrunken sei, kurz, bevor er das Schlauchboot der Rettungskräfte erreichte, zu schlapp, um das Boot noch zu erreichen, die Flut spülte ihn weg, war stärker. Die Mitteilung, dass Bruder Hannes, Matrose des Kümos „ANNELIES" auf See geblieben sei.

Mit einer Verspätung von 22 Stunden legt MS PHÖNIX im Maashafen zu Rotterdam an. Der Moses darf nach Hause zu seiner Mutter, der Witwe, die auch noch einen Sohn verloren hat. Zwar wurde der Leichnam des Vaters Tage später angespült gefunden, aber die von Hannes nicht, denn „was die See genommen, gibt sie nicht zurück".

So fuhr ich fast vier Monate auf PHÖNIX. Ging mittlerweile die Chief-Wache. Hannes hatte abgemustert, bekamen also wieder einen neuen Ing.-Assi namens Claus. Er hatte bald seinen Spitznamen weg: ‚der rote Bomber'. Immer wenn er Bier trank, bekam er einen hochroten Kopf. Er fuhr vorher bei der Hansa, kam auch zur

117

Argo-Reederei, weil er auch, wie ich, seine sechsmonatige Ausbildung im Dampfbetrieb benötigte. Jeder Mensch hat seine Macken, so auch er. Er war mehr als ein penibler Mensch. Putze die Kammer, Hans-Werner, der Faule, freute sich. Claus putzte wie ein Bekloppter das Messing und die Flurplatten. Darüber freute sich besonders Papa Henschel. Mir ging er langsam auf den Sack. Ich sprach ihn darauf an: „Ich glaube, du hast Probleme oder warum spielst du hier den Putzteufel?" und dachte: Der ist bekloppt!

Als Decksladung hatten wir Mähdrescher an Bord. Auf Grund der großen Anbauflächen, ca. 2 Millionen Hektar, war der Bedarf an Mähdreschern in diesen Jahren riesengroß.

Auf der Rückreise von Finnland, ich ging schon die Chief-Wache, bat mich unser Zweiter: „Könntest du mal zur Winde zwei gehen? Der Altmatrose ist da und hat Probleme, bekommt sie nicht in Gang." Bei den Winden auf PHÖNIX handelte es sich um einfache kleine Gleichstrom-Winden.

Große Winden waren mit einem so genannten Leonardsatz, betrieben mit 380 Volt Drehstrom, ausgestattet. „Erick, was ist, gibt's Probleme?" fragte ich ihn. „Ja, sie springt nicht an." – „Dann lass mich mal schauen", meinte ich. Konnte meiner Meinung nach nur an der Steuersäule liegen, dachte ich und öffnete die Klappe, drehte das Handrad und stelle fest, dass mal wieder einige Walzen und Finger, die zur Überleitung des Stromes dienten, nicht in Ordnung waren. Sie hatten wohl bei den letzten Ladevorgängen gebrannt, ich sah deutlich die verkohlten Stellen, es gab also keine Verbindung mehr. „Muss eben in die Maschine, um Ersatzteile zu holen, bin gleich wieder da", sprach ich, schon auf dem Weg nach unten. Nach

Auswechslung der Teile lief die Winde wieder. „Es ist doch herrlich, erst verscheuerst du für viel Geld den Schnaps und dann wirst du noch eingeladen, um ihn auszusaufen", meinte Erick zu mir. Wir waren auf der Reise von Helsinki nach Kemi. Kemi ist die nördlichste Hafenstadt Finnlands an Ende des Bottischen Meerbusens. „Wenn wir am 24 Juni in Kemi sind, feiern die Finnen ihr großes Mittsommerfest. Sie zünden in der Nacht große Stapel mit Holz an, das Feuer nennen sie Johannuskoko, eine uralte Tradition, soll die bösen Geister vertreiben, feiern rund um die Uhr, dafür benötigen sie unseren geschmuggelten Schluck", meinte der Steuermann Müller. In der Tat, für diese Feier und dann noch fast am Monatsende, mussten sie bei uns zukaufen.

Rolf Peter Geurink kniend vor Schaltkasten

Der Alkohol war in Finnland rationiert, konnte nur in bestimmten Geschäften auf Bezugschein teuer gekauft werden. Der Alkoholanteil lag bei maximal zweiunddreißig Prozent und war weitaus teurer als unser Schnaps, den wir für 10 Finnmark (gleich zwölf Deutsche Mark) an sie verkauften. „Brauchen keine Angst vor der Schwarzen Gang haben, die kommen diesmal nicht", meinte Erick. Er sollte

Recht behalten. „Brauche zwanzig Flaschen, gibt einen sicheren Abnehmer, den Vorarbeiter der Schauerleute, sollten einen vernünftigen Preis machen, er lädt uns zu sich nach Hause ein." So verkauften wir ihm den Schaps, waren seine Gäste und feierten lange und ausgiebig.

Die Fahrzeit auf PHÖNIX lief dahin. Zwischenzeitlich hatte ich mich an der Schiffsingenieurschule in Bremerhaven für den Lehrgang zum Seemaschinist II angemeldet, der am 10. Januar 1963 beginnen sollte. Jetzt war der März schon bald beendet, und ich hatte noch keine Zusage von der Reederei bezüglich der Ummusterung auf ein Dampfschiff. Wenn wir jetzt in Bremen einlaufen, dann mache ich dem Herrn Fritsche Feuer unter dem Hintern, schwor ich mir. Kaum in Bremen eingelaufen, machte ich mich mal wieder auf ins Argo-Haus. Trabte flirtend an der Trulla vom Empfang vorbei und stattete Fritsche einen Besuch ab. „Ach, wen haben wir denn da? Den Assi von MS PHÖNIX. Grüßen Sie den Chief von mir, was gibt mir die Ehre?" Ehre, labert mal wieder geschwollen, der Heini, dachte ich. „Möchte endlich wissen, wann ich auf einem Dampfschiff anheuern kann, habe hier die Zusage der Schiffsingenieur-Schule in Bremerhaven." Ich übergab ihm den Brief. „Ich glaube, es wird langsam eng, habe noch 28 Frei- und Urlaubstage gut", meinte ich. „Ja, ja, ich weiß, habe Sie nicht vergessen, es gibt da noch einige Probleme, aber ich verspreche Ihnen, dass sie spätestens Mitte bis Ende Mai einen Dampfer bekommen", sicherte er mir zu. Wir unterhielten uns noch eine Weile, dann machte ich mich wieder vom Acker. Er hielt Wort, am 16.05.1962 musterte ich ab, am 22.05.1962 auf einem Dampfer der Argo-Reederei wieder an.

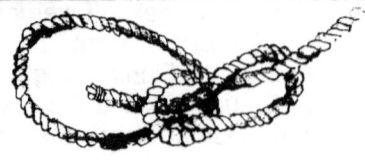

Dampfschiff „ARGO"

Reederei: Argo-Linie Adler & Söhne Bremen

Heimathafen Bremen
Unterscheidungssignal DDTQ
Baujahr: 1950 Vulkan Werft Bremen
Vermessung: 1.500 BRT, Tragfähigkeit: 2.800 t,
Länge: 84 m, Breite: 12 m, Tiefgang 5,5 m
Besatzung im Drei-Wach-Betrieb auf mittlerer und kleiner Fahrt: 22
Mann
Der Kapitän über allen stehend als Vertreter der Reederei an Bord
Besatzung Deck: 1., 2. Offizier, Bootsmann, 6 Deck-Seeleute
Besatzung Maschine: Chiefingenieur, 2. und 3. Wachingenieur,
4 Ingenieursassistenten, 3 Heizer,
Service: 1 Koch, 1 Steward
   Die Wohnräume für Kapitän, Offiziere, Ingenieure, Ingenieursas-
sistenten, Steward, Koch, die Offiziersmesse, Kombüse sowie Kes-
sel- und Maschinenraum befanden sich in den Aufbauten mittschiffs.
Der Bootsmann, die Deck-Seeleute, sowie die Heizer und die Mann-
schaftsmesse befanden sich achtern.
Ladung: Vorwiegend Stückgut, Maschinen, Papier, Zellulose unter
Deck und als Deckslast. Hierfür waren zwei Luken, je eine vor und
eine hinter den Aufbauten, für insgesamt acht Laderäume angeord-
net. Die Ladeluken waren mit Holzbohlen und seewasserfesten
Persenningen mit Holzkeilen und Stahltrossen verschlossen. Das
Ladegeschirr bestand aus acht Ladebäumen zu je 5 t und einem
Schwergutbaum mit 20 t Tragfähigkeit. Zur Bedienung standen acht
mit Dampf betriebene Ladewinden mit Hangerspill seitlich vor den
Ladeluken. Die Laderäume wurden über elektrisch betriebene Venti-
latoren be- und entlüftet.
Technische Daten: Da sich die Hauptmaschine mittschiffs befand,
war eine ca. 50 Meter lange Schiffswelle, die im Wellentunnel mehrfach gelagert war, durch den Schiffskörper im unteren Bereich der
Laderäume bis zur Schraube eingebaut. Da es sich um ein mit
Dampf betriebenes Schiff handelte, befand sich hinter dem Maschinenraum ein separater Kesselraum, in dem sich die Kessel befanden. Bei Kesselanlagen, die mit Kohle geheizt wurden, benötigte
man zusätzlich Bunker zur Aufnahme der Kohle (Kohlenbunker),
während bei Ölfeuerung lediglich Ballasttanks wie bei Motorschiffen
genügten. Die Kessel des Dampfers ARGO wurden mittels Öl be-
feuert. Bei der Hauptmaschine handelte es sich um eine Doppelverbundmaschine LS 8 von den Ottenser Eisenwerken mit folgenden

Daten: 2 HD-Zylinder, Durchmesser 500 mm, 2 ND-Zylinder, Durchmesser 960 mm, Kolbenhub 800 mm, Drehzahl bei Volllast 100 U/min bei 12,5 Kn, Leistung ca. 1.850 PS.

Zu dieser Zeit gab es nur noch vereinzelt Frachtschiffe, die als Antriebsmaschine eine Kolbendampfmaschine hatten, die Reederei Argo sowie die Atlas-Levante-Linie besaßen außer dem Dampfer ARGO noch weitere vier Dampfschiffe.

Während das Ankerspill mittels Dampfmaschinen angetrieben wurde, hatte die Rudermaschine einen elektrisch-pneumatischen Antrieb. Die Stromversorgung erfolgte mittels einer Compoundmachine mit angeflanschtem Gleichstromgenerator Betriebsspannung 110 V.

Der Dampfkessel

Zur Erzeugung des Dampfes gab (und gibt) es von der Bauart sowie Funktion verschiedene Typen und Ausführungsarten. Hier sei der Schottische Großwasserraum-Flammrohrkessel beschrieben. Die Rauchgasrohre wurden hinter der Feuerbuchse (Fuchs) zur Stirnseite umgelegt, lagen also parallel über den Flammrohren. Der Zylinder wurde bis zu einer maximalen Länge von 4.300 mm und einem Durchmesser bis zu 3.500 mm bei einer Wandungsstärke von 32 mm gebaut, jedoch aus Konstruktionsgründen nur bis zu einem Druck von 26 at. Je nach der geforderten Dampfmenge für die Kolbendampfmaschinen wurde er als Doppelender oder Einender hergestellt. Sein Wasserinhalt betrug bis zu 30 t. Er wurde mit einem bis zu vier Flammrohren gebaut. Hinter den Flammrohren befand sich jeweils eine Feuerbuchse (auch Fuchs genannt), von der ausgehend die Rauchrohre zur Stirnseite geführt waren, woran sich nach oben der Rauchabzug anschloss, in dem häufig ein Luftvorwärmer eingebaut war. Die Flammrohre hatten einen Durchmesser von 700 bis 1.200 mm und gewellte Form. Während anfänglich die Rauchrohre vernietet waren, wurden sie später auch verschweiß. Die Feuerbuchse war mit vielen Stehbolzen an der Rückseite des Behälters aufgehängt. Sie endete oberhalb seines Rauchrohrbündels und war mit Schamottsteinen ausgekleidet. Das Rauchrohrbündel lag über den Flammrohren, und war an den Enden in zwei Stahlplatten eingewalzt. Die Abmessungen wie Länge, Durchmesser sowie Stückzahl ergab sich aus der Leistungsberechnung der Heizfläche. Das Kesselwasser nahm fast den gesamten Behälterraum ein, bis ca. 173 mm über dem höchsten vom Feuer berührten Zug, d. h. Flammrohre, Rauchkammern und Rauchrohre waren vom Wasser umgeben. Darüber befand sich der Dampfraum. Außerdem wurden in dem Rauchrohrbündel besondere, als Anker ausgebildete Rauchrohre als verbindende Konstruktionsteile zwischen Feuerbuchse und Stirnseite des Kessels erforderlich. Weiter waren noch Deckenanker zur Versteifung der flachen Decken der Feuerbuchsen notwendig. Dem gleichen Zweck dienten die Trommelanker, die aus hochkant gestellten Blechträgern bestanden und sich mit den Enden auf der hinteren Rohrwand bzw. auf der hinteren Feuerbuchsenwand abstützen. Zwecks innerer Besichtigung, Reinigung und Reparaturen waren an verschiedenen Stellen des Kessels Mann- und Schlammlöcher vorhanden. Um beschädigte Rohre ausziehen zu können, war der Durchmesser der Rohre in der vorderen Rohrwand etwas ausgeweitet gegenüber der hinteren Rohrwand.

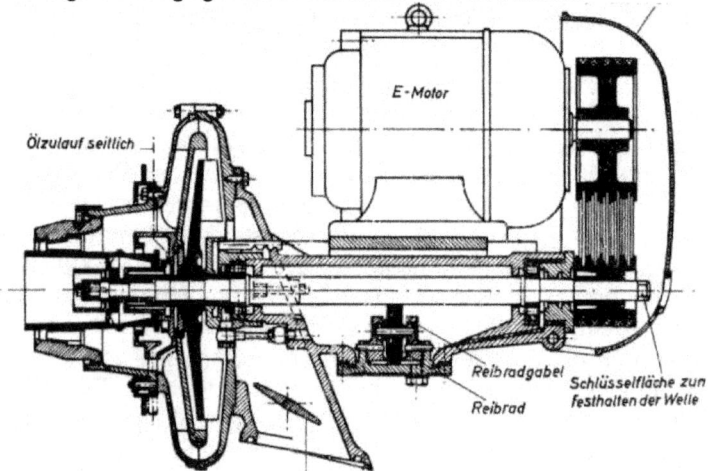

Brennergeschränk

An der Stirnseite befanden sich aus diesem Grunde Revisionsklappen. Für Kohlenfeuerung waren es Roststäbe, die vorne auf einer so genannten Schürrplatte abgestützt waren und hinten auf dem Feuerbodenträger auflagen. Bei der Ölbefeuerung entfielen die Roststäbe, und das Brennergeschränk wurde direkt in das Flammrohr eingebracht. Für die Erzeugung von Heißdampf konnten in die Rauchrohre besondere Überhitzungsrohre eingeführt werden, die an der Stirnseite im Rauchabzugsammler eingewalzt waren. Als Kesselverkleidung zum Schutz des Kessels gegen Abkühlung und zur Vermeidung der Abstrahlung wurde auf Mantel- und Stirnseite des Kessels Kieselgur oder eine Asbestverkleidung aufgebracht. Ein eigentliches Kesselfundament besaß der Kessel nicht. Er wurde auf Lagerböcke gelegt und mit so genannten Stoppern gegen Verschiebungen gesichert. Des Weiteren befanden sich im oberen Teil des Kesselmantels Ösen, die mittels Laschen an den Deckenbalken oder an den Nachbarkesseln befestigt wurden. Wurde die zur Verbrennung des Brennstoffes (Kohle, Öl) im Feuerraum benötigte Luftmenge durch ein Kesselgebläse dem Verbrennungsprozess zugeführt, sprach man vom natürlichen Zug. Aus diesem Grunde musste grundsätzlich vor der Feuerung - bei Kohlefeuerung also unter dem Rost, bei Ölbefeuerung vor dem Brenner - ein größerer Luftdruck als im Verbrennungsraum herrschen, damit die Verbrennungsluft mit einer gewissen Geschwindigkeit durch die glühende Kohlenschicht bzw. durch das Luftregister, in dem der Ölbrenner integriert ist, einströmte. Somit entstand die für eine optimale Verbrennung erforderliche Luftmenge mit einem Überdruck von ca. 10 - 40 mm WS. Das Kesselgebläse drückte die Frischluft über den nachgeschalteten Luftvorwärmer und erwärmte sie auf maximal 120 °C.

Das Öl

Als Heizöl wurden Mineralleichtöle als auch Mineralschweröle zur Verfeuerung genommen. Die Unterschiede dieser Öle lagen in erster Linie in ihrem Viskositäts- und Heizwert, der beim Leichtöl ca. 10.500 kcal/kg betrug und beim Schweröl ca. 9.600 kcal/kg. Die Viskosität beim Schweröl war höher als beim Leichtöl. Das Heizöl wurde je nach Viskositätswert bis ca. 120°C erwärmt und dann in den Öldruckzerstäuber des Brenner-Geschränkes gepumpt. Im Ölzerstäuber wurde das Öl unter hohem Druck zerstäubt, verdampft und in ein Gas (Kohlenwasserstoff) verwandelt. Mit der zugeführten Luft und der Zündhilfe kam es zur Verbrennung. Das Brennergeschränk war mit einem Flansch verbunden, der vor dem Flammrohr angebracht und mit einer Schau- und Zündtür ausgestattet war. Durch die Tür konnte die Zündlunte eingeführt sowie die Flamme kontrolliert werden. Unter der Zündhilfe (Lunte) verstand man eine lange Eisenstange mit einem mit Öl getränkten Wollstoff, den der Heizer in Brand steckte und in die Zündöffnung einführte. So entstand die Verbrennung des zerstäubten Öls.

Dampfaufmachen

Dampfaufmachen erforderte eine gewisse Kenntnis und Aufmerksamkeit, um den gesamten Kessel gleichmäßig zu erwärmen, um Materialspannungen zu vermeiden, da sonst große Schäden am Kessel entstehen konnten. Aus diesem Grunde sollte bei diesem Vorgang mittels einer Umwälzpumpe das Kesselwasser umgewälzt werden, damit der gesamte Kessel gleichmäßig erwärmt wurde. Zunächst wurde der Kessel mit äußerst sauberem Frischwasser, das, falls nötig, mit Chemikalien aufbereitet war (siehe Speisewasserpflege), aufgefüllt und zwar soweit, bis im Wasserstandsschauglas etwa 25 mm WS sichtbar waren. Der Kesseldruck durfte erst nach vollständiger Entlüftung der sich bildenden Luft langsam erhöht werden. Dabei war zu kontrollieren, ob am Kessel keine Leckagen auftraten, ob insbesondere die Mannlochdeckel dicht waren. Das Aufheizen des Schottischen Zylinder-Großraumkessels mit seinem großen Wasserinhalt konnte bis zu 72 Stunden dauern. Das Reinigen der Rauchgasseite erfolgte mittels Rußbläser. Diese waren an der Rückseite der Rauchkammer so eingebaut, dass sie in Richtung der Rauchrohre arbeiteten. Dadurch konnten mittels Dampf die Rauchrohre gereinigt werden. Der Ruß wurde dann unter Druck durch den Schornstein abgeleitet. Abgesehen davon, das dieses nach Verlassen des Schornsteins Dreck verursachte, ging auch Dampf und damit Kesselwasser verloren. Auf der Wasserseite konnte bei Verschlammung und Verölung durch Ausblasen und Abschäumen der Schmutz und das Öl entfernt werden. Der dafür benötigte Dampf ging ebenfalls bei dieser Reinigung über die Ablassventile verloren.

Der Kreislauf Wasser – Dampf – Wasser

Erwärmt man Wasser in einem offenen Gefäß bei einem Druck von 1 bar, entsteht bei 100°C Wasserdampf, der in der Atmosphäre mit einem gewissen Volumen verdampft, bis kein Wasser mehr vorhanden ist. Erfolgt dieses in einem geschlossenen Gefäß (Kessel), kann der Dampf nicht entweichen. Sein Volumen wird komprimiert, Druck und Temperatur nehmen zu. Die Entwicklungsstufen der Dampfbildung sind: der Nassdampf, der Sattdampf und der Heißdampf. Mit steigender Temperatur steigt auch die Dampfspannung. Da zu jedem Druck eine bestimmte Temperatur gehört, beträgt diese bei einem Druck von 16 at (= 15 atü) 200°C. Dieser Wert ist der Sattdampfwert X = 1 der Dampf ist gesättigt, der Wärmeinhalt beträgt 667 kcal/kg. Das Volumen hat sich um 148.000-mal verkleinert. Da bei den damals überwiegend eingesetzten Großraumwasserkesseln nur Drücke bis maximal 25 ata gefahren werden konnten, überhitzte man den Dampf aus gesamtwirtschaftlichen Gründen bis ca. 350° C. Der Dampf verrichtete nun in der Maschine seine Arbeit, indem der Druck – z. B. 18 Kg pro Quadratzentimeter auf den Kolben drückte. Dadurch expandierte der Dampf. Dampfspannung, Druck und Temperatur nahmen ab, während das Volumen zunahm. Aus diesem Grunde mussten alle mit dem Dampf in Berührung kommenden Teile immer größer werden, um den Dampf nicht zu bremsen. Erst wenn der Dampf im Kondensator völlig expandierte und das Kondensat abgeleitet wurde, entstand wieder Wasser, welches dem Kessel zugeführt wurde. Dieses bezeichnete man auch als Wärmegefälle.

Kesseldaten des Dampfschiffes ARGO mit einer Leistung 1.850 PS

Typ: Schottischer Zylinder-Großwasserraum-Flammrohrkessel
Anzahl:	zwei Stück
Durchmesser:	3,10 m
Länge:	2,70 m
Inhalt Kessel:	20 t Süßwasser
Feuerbuchsen / Flammrohre / Kessel:	2 Stück
Durchmesser:	700 / 710 mm,
Wandstärke:	15 mm
Dampfleistung pro Kessel	ca. 4750 kg/h
Dampftemperatur:	320° Heißdampf
maximaler Druck:	15,5 at
Nachgeschalteter Dampfüberhitzer	
Brennstoff:	Marine-Heizöl 10.000 kcal/kg
Ölbrenner:	4 Stück Saake-Zerstäubungsbrenner
Öldurchsatz pro Brenner:	235 kg/h
Mittlerer Verbrauch pro Kessel:	800 kg/h,
Verbrauch bei Vollast:	Max. 940 kg/h
Verbrennungsluft:	Künstlicher Zug (10 bis 40 mm WS) mit Gebläse
Temperatur:	80° C
Wirkungsgrad:	72 % bis 75 ohne Dampfüberhitzer

Die Kolbendampfmaschine

Bei der Kolbendampfmaschine unterschied man zwischen
der **Mehrfachexpansionsmaschine,** vorwiegend mit drei Zylindern
bestückt, dem Hochdruck-, Mitteldruck- und Niederdruckzylinder. Es
wurden auch vereinzelt Maschinen mit zwei Niederdruckzylindern
gebaut,
der **Compoundmachine**, mit je einem Hoch- und Niederdruckzylinder,
der **Verbundmaschine**, bestehend aus zwei oder mehreren hintereinander geschalteten Mehrfachexpansions- bzw. Compoudmaschinen.

a) **der Aufbau**
Im oberen Bereich über den Fundamentsäulen befand sich die Zylinderstation. Unter jedem Zylinder standen zwei gusseiserne Fundamentsäulen, die mit dem Maschinenfundament verbunden waren.
Das Maschinenfundament war mit dem Schiffskörper verbunden. An
den hinteren Fundamentsäulen befanden sich die Gleitbahnen für
den jeweiligen Kreuzkopf, sowie die Lagerkonsolen für die Lager
der Steuerwellen.

b) **die Zylinderstation**
Die Zylinderstation bestand aus den Dampfzylindern, je nach Type
zwei bis vier Zylindern.

Vor bzw. zwischen den Zylindern befanden sich die Schiebergehäuse, sie konnten je nach Schieberart rund oder eckig sein. Die Schiebergehäuse waren mit den Dampfkanälen verbunden. Die Zylinder und Schiebergehäuse waren oben mit einem Deckel verschlossen und hatten unten eine Durchführung für die Kolben- und Schieberstangen, die mit einer Stopfbuchse versehen waren. Der Kolben einer Dampfmaschine war nicht so hoch wie der einer Verbrennungsmaschine. Des Weiteren waren die notwendigen Schieber und Ventile angeordnet. Alle Bauteile waren gegen Wärmeverlust isoliert und mit einem Blechmantel verkleidet.

c) **der Triebwerksraum**

Hiermit bezeichnete man den Bereich zwischen Zylinderstadion und Kurbelwellenraum. In diesem Bereich arbeiteten die Kolben und Schieberstangen, der Kreuzkopf sowie die Pleuelstangen und Excenterstangen mit den Steuerschlitten für die Schieberstangen. Letztere waren über Wellen und so genannte Kulissensteine gelagert. Im Triebwerkraum einer Dreifachexpansionsmaschine befanden sich drei Pleuelstangen mit Kreuzkopf sowie pro Zylinder zwei Exzeterstangen für die Steuerung der Schieber. Der Triebwerkraum war offen und ging in den Kurbelwellenraum über. Im unteren Bereich war er mit eingehängten Stahlplatten abgekleidet.

d) **der Kurbelwellenraum**

Er befand sich oberhalb des Maschinenfundamentes. Hier waren die stabilen Lagerböcke zur Aufnahme der Kurbelwellenlager angeordnet. Die Kurbelwelle lief durch die gesamte Maschine. Während an einem Ende das Schwungrad angeflanscht war, endete sie am anderen Ende und war über das Drucklager mit der Schiffswelle verbunden. Die Kurbelwelle hatte versetzt angeordnete Kurbelwangen mit Zapfen. Diese waren mit den Pleuelstangen sowie den Excenterstangen verbunden, die drehend gelagert waren.

Kurbelwelle

Zylinderstation

e) **die Maschinengrößen**

Die Abmessungen einer Kolbendampfmaschine waren abhängig von der Größe der Zylinder, dem Hub, der Drehzahl und dem Dampfdruck. Es handelte sich um eine Dreifachexpansionsmaschine mit den Durchmessern:

HD = 540 mm, MD = 900 mm und HD = 1434 mm,

sowie einem Hub von 900 mm und einer Drehzahl von 120 U/min bei einer Bauhöhe von 5,75 m und 5,50 m Länge. Der Dampfdruck vor dem HD-Zylinder betrug 15,5 ata Sattdampf, vor Eintritt in den MD-Zylinder 6 ata Nassdampf, vor Eintritt in den ND-Zylinder 1,5 bar Nassdampf und bei Austritt 620 QS = 0,17 at Nassdampf. Leistung der Maschine: 2.200 Psi = 1936 WPS bei maxi. 13 Knoten.

Eine um die Jahrhundertwende gebaute Verbundmaschine, bestehend aus vier Mehrfach-Expansionskolbendampfmaschinen mit den Abmessungen: Länge: 23 m, Höhe: 12 m und mit einem Eigengewicht von 250 t, leistete 17.000 Psi.

f) **die Steuerung des Dampfflusses**

Je nach gewünschter Drehzahl der Maschine wurde mit dem Fahrventil, das sich vor dem Hochdruckschieber befand, eine bestimmte Menge Dampf in Abhängigkeit der Drehzahl in den HD- Zylinder geleitet. Er betrüg bei der beschriebenen Maschine ca. maximal 70% bei 120 U/min bei Volllast. Lediglich beim Anfahren der Maschine wurde der Zylinder vollständig mit Dampf beaufschlagt. Jeder Takt aller Kolben war ein Arbeitstakt, d. h. die Schieber bestimmten, ob der Dampf über dem Kolben oder unter dem Kolben einströmte. War ein Kolben auf dem unteren bzw. auf dem oberen Totpunkt angelangt, wurde der Dampfstrom durch die Schieber so umgelenkt, dass der Druck den Kolben in die andere Richtung bewegte. Der durch den Arbeitstakt entspannte Dampf wurde dem nächsten Zylinder zugeführt. Da dieser bei dem abgefallenen Druck die gleiche Leistung erbringen musste, war sein Durchmesser erheblich größer als der seines Vorgängers. So kam es, dass die Durchmesser der Zylinder wie oben unterschiedlich groß waren. Durch Reibung und Strömungsverluste sowie Wärmeabstrahlung und Undichtigkeiten im Unterdruckbereich ging Energie verloren. Je nach Bauart, Leistung Frischdampfdruck und Gegendruck (Vakuum) betrug der Wirkungsgrad 0,41 – 0,71%. Sank die Drehzahl bei benötigter Füllung, war entweder der Gegendruck gestiegen oder der Dampfdruck gefallen.

g) **die Steuerung der Schieber**

Zur Erzielung dieser Dampfverteilung dienten die Steuerorgane. Bei Schiffsmaschinen verwandte man hauptsächlich Flach- und Kolbenschieber. Die Schieberstange wurde im Triebwerksraum durch eine Steuerung in eine Hubbewegung versetzt. Eine der meist eingesetzten Steuerungen war die so genannte Kulissensteuerung, nach ihrem Erfinder die „Stephensonsche Kulissensteuerung" genannt. Die Kulissensteuerung bestand aus zwei Exenterstangen, die über die Exenterscheiben der Kurbelwelle angetrieben wurden.

Am Fahrstand

Fahrstand

Am oberen Ende war die Kulisse mittels der Kulissensteine sowie der Steuerwellen beweglich verbunden. Je nach Drehrichtung der Maschine stand eine Exenterstange unter der Kulisse und steuerte den Schieber durch die Hubbewegung der Exenterstange, der da-

131

durch den Zylinder mit Dampf versorgte. Die Umsteuerung von Voraus auf Zurück erfolgte ebenfalls mit der Kulissensteuerung, indem die andere Exenterstange unter die Kulisse geschoben wurde. Beim Verschieben der Exenterstangen durchlief die Kulissensteuerung die Stoppstellung. Die Schieber konnten keinen Dampf für die Zylinder freigeben. Stand nun die andere Exenterstange unter der Kulisse, strömte der Dampf über die Schieber entgegengesetzt ein, und die Maschine änderte ihre Drehrichtung. Die Verstellung der Exenterstangen wurde mit einer Dampfmaschine vorgenommen und bei Ausfall der Umsteuerungsmaschine mittels Handrad manuell. Diese Umsteuerung war schneller als bei Dieselmotoren und dadurch ein großer Vorteil bezüglich der Manövertätigkeit. Die Bedienung der Maschine erfolgte vom Fahrstand, der sich auf der Unterstation im Maschinenraum befand.

h) **Bauarten von Schiffskolbendampfmaschinen**

Die abgebildete Kolbendampfmaschine kam in einem Hafenschlepper als Antriebsmaschine zum Einsatz. Es handelte sich um eine Compoundmachine mit folgenden Daten: Frischdampf 13 ata 190°C, HD (Durchmesser 380 mm) und ND-Zylinder (Durchmesser (800 mm), Hub 500 mm, Drehzahl 100U/min, Leistung 500 PSi. Der HD-Schieber war ein normaler Kolbenschieber und der ND-Schieber ein Flachschieber. Die Steuerung der Dampfschieber erfolgte durch die Stephensonsche Kulissensteuerung. Die Dampfzufuhr wurde durch einen Manöverschieber reguliert. Alle für den Maschinenbetrieb notwendigen Pumpen wurden über ein Excentergestänge durch die Kurbelwelle angetrieben. Der Kondensator war der Maschine unmittelbar nachgeschaltet.

Die **Compoundmachine**

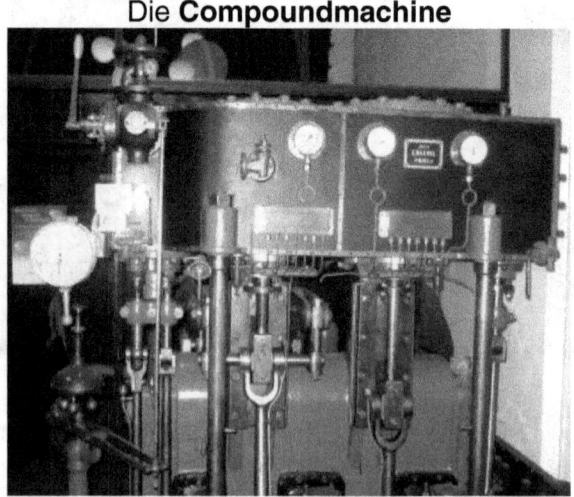

Die **Dreifachexpansionsmaschine**

Die Zylinder wurden in der Reihenfolge des Dampfstromes angeordnet, beginnend mit dem Hochdruckzylinder. Der Hochdruckschieber war ein Kolbenschieber, und die Mitteldruck- und Niederdruckschieber waren Flachschieber, auch Trickschieber genannt. Die Maschine wurde in der Regel mit Nass- und Heißdampf gespeist. Steuerung sowie Umsteuerung erfolgten durch die Umsteuermaschine, System Brown, nach dem System Stephenson. Die Dampfzufuhr wurde durch einen Manöverschieber reguliert. Die Grundplatte und die drei hinteren Säulen waren aus Stahlguss. Der Triebwerksraum wurde offen oder verkapselt ausgeführt, je nach Hersteller und Größe.

Die **Lenz-Einheits-Maschine,** kurz LES genannt, gebaut von den Ottenser Eisenwerken, war eine weitere Bauart der Schiffskolbendampfmaschinen. Sie hatte ihren Namen nach der einheitlichen Ausführung der in verschiedenen Größen abgestuften Baureihen, z. B. LES 10, LES 8. (nach dem Hub) sowie einer Ventilsteuerung. Man hatte hierfür eine Doppelverbundmaschine mit Ventilsteuerung gewählt. Deckel und Bodenseite eines jeden der beiden HD-Zylinder hatten je ein Dampfeintrittsventil, und jede Kolbenseite der beiden ND-Zylinder je ein Dampfaustrittsventil. Außerdem war für jeden Zylinderblock für Deckel und Bodenseite je ein Zwischenventil vorhanden, das das Überströmen des Dampfes vom HD-Zylinder zum ND-Zylinder steuerte. Im Ganzen besaß die Maschine also 12 Ventile, die als Doppelventile ausgebildet waren. Sie wurden durch schwingende Nocken geöffnet und durch Federkraft geschlossen. Bei diesem Maschinentyp gab es keinen Manöverschieber, lediglich einen Absperrschieber. Die Dampfzufuhr für die einzelnen Fahrstufen sowie der Drehrichtung wurde über die beiden Nockenwellen geregelt. Beide wurden durch die Handräder am Fahrstand aktiviert. Zum Antrieb der Nockenwelle diente die Klugsche Steuerung. Da sich der Abstand zwischen Ventilen und der Nockenwelle mit der Wärmeausdehnung der Maschine ändern konnte, waren zwischen Ventilspindeln und Nocken Ausgleicher eingeschaltet, die außerdem zusammen mit den verstellbaren Nocken zum Einregulieren der Maschine dienten.

Die Hilfsmaschinen

Zum Antrieb von Stromaggregaten, Pumpen, Gebläsen, Rudermaschinen, Umsteuermaschinen kamen ebenfalls Kolbendampfmaschinen zum Einsatz. Es waren die Dreifach-Expansionsmaschine, die Compoundmachine sowie die Einzylindermaschine. Sie wurden mit Frischdampf von 6 bis 8 ata betrieben. Für den Antrieb von Arbeitswinden wurde die Volldruckmaschine eingesetzt. In der Regel wurden pro Winde zwei Maschinen benötigt. Bei der Volldruckmaschine stand während des gesamten Hubes der volle Dampfdruck von ca. 12 bis 16 at auf dem Kolben. Dieses war notwendig, um das möglichst größte Drehmoment zu erreichen, damit die Maschine in jeder Stellung ansprang. Die Füllung des Kolbens erfolgte über den Füllschieber im Schieberkasten, der von der Nockenwelle gesteuert wurde. Die Umsteuerung der Maschine erfolgte durch den Wechselschieber, der sich in einem zweiten Schieberkasten befand. Er wurde über einen Hebel von Hand betätigt. Je nach Stellung des Hebels wurde der Ein- und Austritt des Dampfes für den Füllschieber vertauscht. Für den Antrieb des Stromgenerators wurden kleine schnell laufende Kolbendampfmaschinen ohne Kreuzkopf vorwiegend als Doppelverbundmaschinen mit einfacher Expansion eingesetzt. Als Beispiel einer modernen Arbeitsmaschine für Hilfsbetriebe galt der abgebildete von den Spillingwerken in Hamburg konstruierte Dampfmotor. Nach dem Baukastensystem wurden mehrere vollkommen gleiche Triebwerke mit je einem Zylinder aneinander geschraubt. Die Steuerung erfolgte durch Schieber, die von Exentern angetrieben wurden, die auf einer besonderen Steuerwelle gekapselt waren. Eine Zahnradpumpe diente zur Ölversorgung. Die Leistung betrug je nach Zylinderanzahl bis 300 PS. Der Motor mit drei Einheiten leistete 60 PS = 44 KW.

Einsatzgebiet: Dampfer ARGO lief am 7. November 1950 unter der Flagge der Atlas-Levante-Linie ab Hamburg zu seiner ersten Reise in das Mittelmeer über Bremen, Antwerpen nach Piräus, Saloniki, Istanbul und Izmir aus. Nach Ablauf der Charter fuhr D ARGO zwischen Bremen und Finnland überwiegend Stückgut, Maschinen sowie Zellulose. Im Winter 1963/1964 war die Ostsee bis in die Kieler Bucht zugefroren, und D ARGO lag mehre Tage im Eis fest. Am 27.04.1964 verkaufte die Reederei das Schiff. Es fuhr unter dem Namen „MONITA", dann ab 1972 unter dem namen „UNITA", bis es 1976 unter dem Namen „GUDJA" abgeweakt wurde.

Meine Fahrzeit als Ing.-Assi begann am 22.05.1962 und endete am 26.11.1962. Im Rahmen meiner Ausbildung zum Seemaschinisten benötigte ich eine Fahrzeit von mindestens sechs Monaten auf einem Dampfschiff. Dieses hatte ich erreicht und konnte somit am 10.01.1963 meinen Lehrgang zum Seemaschinisten CII an der Schiffsingenieurschule in Bremerhaven antreten.

Zu dem Unternehmen Adler & Söhne gehörte außer der Argo–Linie die Atlas–Levante-Linie und die Adler-Werft. Während die Reedereien im Argo-Haus, Tiefer 12 in Bremen im Reedereigebäude ansässig waren, befand sich die Werft an der Stephanikirchenweide mit freiem Zugang zur Weser. Im Oktober 1949 begann auf dieser

Werft der Neubau von zahlreichen Schiffen der Argo–Linie. Die Werft wurde laufend vergrößert, nicht zu letzt auch, um größere, von anderen Werften gebaute Schiffe reparieren zu lassen. Aus Rentabilitätsgründen entschloss man sich 1961, die Werft zu schließen.

Am 26.05.1962 lief Dampfer ARGO zu seiner letzten Reise ins Mittelmeer über Rotterdam, Gent aus. Da D ARGO ein kleineres Frachtschiff war, konnten wir durch den Korinthkanal fahren. Dieser Kanal verbindet das Ionische Meer mit dem Saronischen Golf. Somit wird eine Strecke von ca. 215 Sm eingespart. Der Kanal war von 1881 bis 1893 gebaut worden. Zu diesem Zwecke musste ein ca. 6 km langes Kanalbett bis teilweise 84 m in die Felsen getrieben werden. Bei einer Tiefe von ca. 8 m ist er 21 bis 24 m breit.

Einfahrt in den Korinth Kanal

Im Korinth Kanal

135

Nach Beendigung dieser letzten Mittelmeer-Reise wurde D ARGO für drei Wochen an die Bundesmarine verchartert. Zunächst fuhren wir von Bremen nach Kiel in den Marinehafen und legten am Tirpitz-Kai an.

Von dort ging es zur Hohewacht-Bucht in der Ostsee nahe Putlos. Dort übte eine technische Einheit das Löschen und Beladen eines als Versorgungsschiff eingesetzten Frachtschiffes. Die Bundesmarine hatte zu dieser Zeit Schiffe ohne Personal gechartert, da sie die Besatzung selbst stellte.

„Marineiris" waren nur am Tage an Bord. Sie kamen morgens gegen 8:00 Uhr und blieben bis 17:00 Uhr. Zweimal jedoch übten sie bei Nacht. Als Fahrzeuge benutzten sie Schwimmwagen, die sowohl an Land als auch im Wasser eingesetzt wurden. Sie übten in

136

erster Linie unter Anleitung unseres Deckpersonals den Umgang mit dem Ladegeschirr und den Dampfwinden. Die Mahlzeiten wurden aus der Kaserne in Putlos angefahren.

Antreten zum Essen fassen

Kesselreinigung war angesagt, Kesselreinigung Wasser- und Rauchgasseitig, war in regelmäßigen Abständen erforderlich, da der abgelagerte Schlamm und der Ruß den Wirkungsgrad negativ beeinflussten. Rußansammlungen und die Ansammlung von Kesselstein erhöhten den Brennstoffverbrauch. Auf den Reisen im Mittelmeer war es nicht möglich, da die Liegezeiten in den Häfen zu kurz waren. Aber hier auf Reede passte es. Die Übung der Matrosen sollte ca. 14 Tage dauern, so hatte man es Kapitän Strunck in Kiel erläutert. Bei Ankunft auf der Reede wurde zunächst der Backbordkessel vom Netz genommen. Ein Kessel blieb unter Dampf. Wir benötigten Dampf für die Winden und mussten jeder Zeit für alle Fälle noch fahrbereit sein. Nach zwei Tagen war der Kessel soweit abgekühlt, dass wir ihn begehen konnten. In zwei vom Dunkymann eingeteilten Trupps ging es los. Ein Trupp reinigte rauchgasseitig, so wie damals die Heizer Onno und Fritz auf Dampfer PALMYRA, reinigten auch den Fuchs, die eingebauten Schamottsteine. Der Dunkymann krabbelte rein, um zu sehen, ob eventuell schadhafte Steine ausgewechselt werden mussten. Der zweiten Trupp war dabei, die Mannlochdeckel zu öffnen und krabbelten in die Wasservorlage. Sie entfernten den Kesselstein mit dem elektrisch angeriebenen Rohreiniger mit den erforderlichen Reinigungsköpfen, mit Bürsten und Kratzer. Es war eine schmutzige und schweißtreibende Arbeit. Auch ich sah aus wie ein Schornsteinfeger und duschte mich anschließend gründlich.

Die Heizer fuhren den Kessel danach wieder ganz langsam hoch. Als er unter Druck stand, wurde der Steuerbord-Kessel abgestellt, dass Spiel begann neu. Hier gab es Probleme. Bei der Reinigung fand man Ölreste im Schlamm. Öl im Kessel wasserseitig ist nicht gut. „Alles ablasen, aufhören, müssen ihn auskochen", entschied der Chief. Kessel auskochen: Kessel wieder mit Frischwasser befüllen, unverdünntes Trinatriumphosphat zusetzen, Kessel aufheizen auf ca. drei Ata, zwölf Stunden den Druck halten, Dampfdruck reduzieren auf ca. ein Ata, regelmäßig Abschäumen, wieder Wasser nachfüllen. Frischwasser hatten wir genug an Bord. Der Chief hatte in Absprache mit dem Kapitän in Kiel einen der Ballasttanks durchspülen lassen, um alle Seewasserreste zu entfernen und 80 t Frischwasser bebunkert. „Müsste gut sein, müsste aller Ölschlamm ausgeschäumt sein. Kessel wieder runter fahren", gab der Chief als Anweisung. Nun wieder dasselbe Spiel, Kesseldruck runterfahren, auskühlen, lassen und reinigen.

„Smoking"-Pause während der Kesselreinigungen

Nun hatten wir noch vor, unseren Maschinenraum zu streichen. Dabei halfen uns der Bootsmann und ein Teil der Deck-Seeleute, wenn sie die „Marinos", so nannten wir die Kollegen der Bundesmarine, nicht bei den Arbeiten am Ladegeschirr beaufsichtigen mussten. Das machten die Matrosen für uns, da sie auch den Rost an Deck entfernten und deshalb hiermit auch in der Maschine besser umgehen konnten. Diese Maschine hatte eine lange biegsame Welle, die von einem Elektromotor angetrieben wurde. Am vorderen Ende der Welle konnte man diverse Vorsätze zum Schleifen und Kratzen einsetzen. Danach ging es ans Streichen. Nicht unser Fach. Auch hier halfen uns die Matrosen und maulten uns an, wenn sich „Rotznasen" bildeten, weil wir die Farbe ungleichmäßig aufgetragen hatten. Wenn die Farbe nicht vernünftig deckte, meinten sie: „Was sollen die Feierabendflecke?" Nach Beendigung dieser Arbeit wurde in der Messe gemütlich gefeiert, denn wir konnten ja nicht an Land. Besonders gefreut hatte ich mich, dass wir nach der Mittel-meerreise einen neuen Kapitän bekamen, Kapitän Strunck, ein für mich alter Bekannter, denn er war schon Kapitän auf MS PHÖNIX gewesen.

Einlaufen Helsinki

Dampfer ARGO in der Werft

Fahre als Assi auf Dampfer ARGO. Es kommt ein an mich gerich-teter Einschreibebrief nach Hause. Mutter und Schwester haben eine Vollmacht von mir. Die erkennt der Postbote, dieser Troddel, nicht an. Wurde bisher immer anerkannt, er jedoch nimmt den Brief wieder mit, den Brief mit der Vorladung zur Musterung ins Kreiswehrersatzamt in der Hans-Sachs-Kaserne. Mutter erfährt den Absender, Schwager Walter ruft an, wird von Pontius bis zu Pilatus verbunden, bekommt den Sachbearbeiter ans Telefon, er erklärt ihm die Situation: „Mein Schwager fährt zur See bei der Reederei Adler & Söhne in Bremen auf Dampfer ARGO, er kann nicht kommen." – „Ist in Ordnung", meint der Krawattenträger, „gebe es weiter." Fragt sich nur, an wen und wann.

Wir laufen am 8.10.1962 in Bremen ein. Beim Einklarieren wollen sie mich sofort sehen und sprechen. Verkünden mit ernster Dienstmiene: „Sie haben sich unberechtigt der gesetzlich vorgeschriebenen Musterung durch arglistige Täuschung entzogen." Peng, das war's! Ich höre weiter: „Sie haben der Behörde 1959 nicht mitgeteilt, dass Sie in Ihrem Heimatwohnort unter der gemeldeten Anschrift nicht erreichbar sind. Wir sind gehalten, Sie den Feldjägern zu übergeben." Peng! Mir bleibt nichts weiter übrig, als ihnen zu folgen. Man fährt mich in Bremen zum Bahnhof, begleitet mich während der Fahrt und bringt mich in Bielefeld zum Kreiswehrersatzamt. Unterwegs erzähle ich den beiden Feldjägern von dem Mist. Sie schütteln nur den Kopf. Einer meint: „Wir haben doch in Bremen auch ein Kreiswehrersatzamt." In der Hans-Sachs-Kaserne angekommen lasse ich erst mal Dampf ab, drohe mit einer Dienstaufsichtsbeschwerde, will das Fahrgeld wieder haben, knall ihnen die Rechnung der Fahrkarte auf den Schreibtisch. Kapitän Struck gab mir den Tipp: „Sage am Schalter, du brauchst eine Quittung für die Behörde."

Man schickt mich zum Arzt. Ich verweigere die Untersuchung, gebe ihm die Gesundheitskarte, er will sie öffnen. Frage ihn: „Dürfen Sie das, dürfen sie das Siegel des Vertrauensarztes zerstören?" Er wird unsicher und verzichtet auf die Untersuchung. Nach der Musterung bin ich wieder ein freier Bürger mit Wehrpass – Ersatzreserve 2. Vor dem Musterungsbüro sitzen sie, die drei Ärmelstreifen der Deutschen Bundeswehr, einer vom Heer, einer von der Luftwaffe und ein Marino. Wollen wissen, zu welcher Waffengattung ich möchte. „Zu gar keiner, ich bin Mitglied der deutschen Handelsmarine und kein Knecht von Franz Joseph Strauß." Sie schauen beleidigt, wollen etwas sagen, ich haue ab. Nach Wochen bekomme ich Post, ein Entschuldigungsschreiben und die Erstattung der Kosten für die Fahrkarte.

Nach Ablauf der Charter fuhr Dampfer ARGO zwischen Bremen und Finnland überwiegend Stückgut, Maschinen sowie Zellulose. Im Winter 1963/64 war die Ostsee bis in die Kieler Bucht hinein zugefroren, und D ARGO lag mehre Tage im Eis fest.

Sie fuhren nie mehr zur See

Sie fuhren auch gerne zur See, die Besatzungsmitglieder der Deutschen Seereederei Rostock, würden noch lieber fahren, wenn er nicht an Bord wäre, der linientreue Aufpasser, entweder der Polit-offizier oder ein spezielles Besatzungsmitglied, ein verdeckter Spitzel. Er sollte aufpassen, dass es linientreu zuging, linientreu an Land, an Bord von Gästeschiffen und natürlich auf dem eigenen Schiff. Kontakt mit den Kameraden von Schiffen aus den kapitalistischen Ländern, wie der Bundesrepublik Deutschland war nicht erwünscht, es war verboten, von denen Zeitschriften und Bücher anzunehmen, also Hetzblätter im Sinne der DDR-Offiziellen.

Wir lagen 1962 mit Dampfer ARGO in Helsinki, als zwei DSR-Besatzungsmitglieder durch den Sprung ins Hafenbecken flüchten und um Asyl bitten wollten. Der Politoffizier intervenierte demonstrativ beim Hafenkommandanten. Sie mussten wieder mit an Bord. Kamen sie nach Bautzen?

Abgemustert bin ich in der Adler-Werft GmbH in Bremen.

Seppel, unser Smutje

Joseph, unser Koch, kam aus dem Binnenlande, wie zu der Zeit viele Fahrensleute aller Art. Ich verstand mich mit ihm sehr gut. In unserer Stammkneipe in Piräus erzählte er mir aus seinem Leben. In Piräus, an der abschüssigen, zum Hafen führenden Straße befanden sich viele Kneipen. In unserer Bar mit Namen „Lolas Bar", hingen Bilder der Atlas-Levante-Linie, und an der Wand hinter der Theke hing eine Reedereiflage.

Joseph stammte aus einem kleinen Dorf nahe Passau. Seine Eltern hatten dort eine kleine Pension, ein Speiselokal und eine Metzgerei. Joseph hatte Koch gelernt und half auch in der Metzgerei mit aus. Eines Tages kam ein Ehepaar aus Bremen als Feriengäste. Abends an der Theke erzählte der Gast, dass er in Bremen zu Hause, aber als Kapitän auf einem großen deutschen Handelsschiff immer viel und lange auf See unterwegs sei. Joseph fragte diesen Gast immer weiter aus, und je mehr er fragte, je mehr bekam er Lust, selber auch zur See zu fahren. Der Kapitän gab ihm Tipps, und so verließ Joseph zum Entsetzen seiner Eltern sein Heimatdorf, um nach Bremen zu fahren.

So musterte Joseph 1958 als Kochsjunge auf dem Motorschiff „CROSTAFELS" der Hansa-Reederei als Kochsjunge an, wurde nach zwei Jahren zweiter Koch und bekam bald ein Schiff als Alleinkoch. Auf Dampfer ARGO fuhr er nun schon zwei Jahre. Er konnte gut kochen, doch es gab immer Nörgler. Wie soll man es auch 25 Besatzungsmitgliedern recht machen?

Der Kampf mit dem Aal. Im Marinehafen in Kiel an der Tirpitzpier ereignete sich folgende Geschichte. Die Seeseite der Kaiwand wurde durch stabile dicke Holzdalben, die bis auf den Hafengrund führten, getragen. Eines Abends bekam der Bootsmann mit, dass einige Marineris an einer Leiter, die von der Pier aufs Wasser führte, herunter kletterten und nach einer Zeit mit einem Eimer die Treppe hochkommend verschwanden. Dieses machte ihn neugierig, und er stieg, ausgerüstet mit einer Taschenlampe die Leiter hinab. Er staunte nicht schlecht, als er feststellte, dass an Tauen befestigt Aalreusen im Wasser waren. Dieses erzählte er den Matrosen, und man beschloss, sich bei „Nacht und Nebel", falls vorhanden, die Aale zu mopsen. Dieses geschah auch, und nun ergab sich das Problem, dass man die rohen Aale so zappelnd nicht essen wollte. Also weckte man Seppel und teilte ihm mit: „Wir haben Aale, die musst du uns morgen heimlich braten, aber der Alte darf davon nichts erfahren und ‚hau uns nicht in die Pfanne' von wegen ‚haben die Matrosen geklaut'." Seppel wurde kreidebleich und sagte weinerlich: „Kenne keinen Aal. Wie macht man das? Bootsmann", flehte er, „hilf mir." So nahmen das Schicksal und der Kampf mit dem Aal für Seppel seinen Lauf. Erst konnte er ihn nicht töten, dann sprang er im Spülbecken umher. Nun kam auch noch zufällig der zweite Offizier in die Kombüse. Was nun? Er war aber sehr kumpelhaft und half Seppel beim Zubereiten. Selbst Kapitän Strunk, mittlerweile eingeweiht, lies es sich schmecken.

Auf seinem ersten Schiff, einem Kümo (Küstenmotorschiff), als Smutje (Alleinkoch) befuhr er die Nord- und Ostsee. Die Besatzung bestand aus dem Kapitän, der zugleich Eigner war, einem Steuermann und vier Matrosen, also sieben Mann Besatzung. Das wäre ein schöner Job gewesen, wenn da der Steuermann, so ein „linker Vogel", ihm nicht das Leben zur Hölle gemacht hätte. Der Kapitän war nett. Noch netter war dessen Frau, die immer für guten Proviant sorgte. Sie brachte alles an Bord und sorgte dafür, dass der zuständige Makler Nachschub beschaffte, wenn etwas ausging. Der Steuermann kam eines Morgens in die Kombüse und sagte: „Smutje, ich habe hier eine Dose, die ist nass geworden, lege sie zum Trocknen auf den Ofen." Seppel tat dies. Nach wenigen Minuten gab es einen gewaltigen Knall, die Dose explodierte. In der Kombüse flog alles durcheinander, und Seppel, mit Ruß verschmiert und kreidebleich, lief um Hilfe rufend an Deck. In der Dose befanden sich Glühkerzen aus leicht entzündlichem Material, die als Zündhilfen zum Starten der Glühkopfmotore der Ladewinden dienten. Als Kapitän Lübken davon erfuhr, wurde der Steuermann zu ihm zitiert, und es gab ein Donnerwetter.

Schule Bremerhaven: Ich werde Seemaschinist

Nun sind die Bedingungen zur Teilnahme am Lehrgang zum Seemaschinisten II (C3) erfüllt. Anfang Januar 1963 fahre ich von Bremen nach Bremerhaven, um mich bei der Schule anzumelden und um mir eine Unterkunft zu besorgen.

Mutter Heitmann

Bei der Anmeldung, könnte man auch Einschreibung nennen, erkundige ich mich auch nach Wohnmöglichkeiten. „Draußen im Flur, junger Mann, hängen Adressen", bekomme ich von der Sekretärin als Antwort. So lese ich in der Liste die vielen Angebote. Wir bieten…, wir haben…, wir suchen. Ich, Magdalene Heitmann, alleinstehende Witwe, biete ein kleines Mansardenzimmer mit Vollpension für 120 Mark monatlich in Bremerhaven-Wulsdorf, Am Wohnwasserturm 2, an, ruhige Lage hinter der Hauptstraße, Weg bis zur Bushaltestelle ca. fünf Minuten. Mit der Telefonnummer. Schreibe mir diese auf. Denke: „Sofort anrufen!" Gesagt, getan, ich rufe an. Das Zimmer ist noch zu haben. Verlasse schnellstens das Gebäude in Richtung Theodor-Heuss-Platz. Erkundige mich, welcher Bus wohl nach Wulsdorf zum Wohnwasserturm fährt. Bekomme die Antwort: „Sie fahren mit dem Bus in Richtung Geestemünde-Wulsdorf und steigen in Wulsdorf an der Haltestelle Bielefelder Straße aus." So fahre ich laut Anweisung, steige dort aus und sehe vor mir den Wohnwasserturm, biege rechts in die Straße Am Wohnwasserturm ein und bin am Ziel, vor dem Haus mit der Nummer 2.

Bremerhaven, Am Wohnwasserturm 2

Am Gartentor steht ein kleiner Dackel und bellt, bellt, bis sie kommt, meine neue Wirtin Magdalene Heitmann, schon bei Jahren. Sie geht etwas gebückt, hat eine bunte Kleiderschürze an, ihr graues Haar endet in einem Dutt. „Pucki, sei still, unser neuer Gast kommt. Sind Sie der Herr, der eben mit mir telefoniert hat? Dann kommen 'se mal rein in die gute Stube." Wir werden uns schnell einig, sie muss mich wohl mögen. Wir machen alles klar, sie zeigt mir das Zimmer. Ich sage ihr und Pucki tschüß und fahre nach Hause, nach Bielefeld.

Am 7. Januar 1963 gegen Mittag ziehe ich bei ihr ein. Sie erwartet mich schon, sieht mich kommen und eilt zur Gartenpforte. Pucki zottelt hinterher, begrüßt mich. „Haben sicher noch kein Mittag gehabt, essen Sie erst mal." Wir betreten das kleine Haus, sie führt mich in ihr Wohnzimmer. An der Wand hängt ein Ölgemälde, ein Segelschiff in verschnörkeltem goldfarbigem Rahmen. Ich schaue es mir an. Voller Stolz meint sie: „Hat mein Mann selbst gemalt. Bilder malen war sein Hobby." Während ich esse, erzählt sie von ihrem Mann Hermann, selbstständiger Malermeister, ist vor drei Jahren im Alter von 65 Jahren an Krebs gestorben. Hermann Heitmann, geboren in Geestemünde, erlernte auf der Tecklenborg-Werft, das Malerhandwerk. „Zeige Ihnen, wenn sie möchten, später mal seine Werkstatt. Nach dem Essen zeigt sie mir erst mal meine neue Unterkunft, das kleine Zimmer im Dachgeschoss, klein zwar, aber gemütlich eingerichtet, allerdings ohne Waschbecken. Ist aber nicht tragisch, gleich nebenan befindet sich das Badezimmer. Daneben ihr Schlafzimmer. „Das war das Zimmer unserer Tochter Margot, sie ist schon lange ausgezogen, gleich nach ihrer Hochzeit, wohnt jetzt in der Daimlerstraße, haben eine Tochter." Diese Tochter Lisa, ich lerne sie später kennen, ist 18 Jahre alt. „So, nun lasse ich Sie alleine, packen Sie erst mal aus." Ich räume meine Sachen ein. Der erste Tag geht zu Ende. Nun will ich mir die Gegend ansehen.

Ich schlendere die Straße hoch, biege rechts ab, komme an die Hauptstraße, die Weserstraße, gehe in Richtung Geestemünde, drehe wieder um und laufe in Richtung Loxstedt, halte Ausschau nach einer Pinte. Erblickte ein beleuchtetes Neonschild mit Hinweis auf die Bar Mekki. Ich folge der Richtung des abgebildeten Pfeils und biege um eine dunkle Ecke. Der Weg führt mich zum Ziel. Rechts an der Hauswand der Eingang, über der Tür eine alte Funzel. Trete ein. Nicht viel los. Die Kneipe besteht aus zwei Räumen, der Schankraum klein und schmal mit der Theke und der Glasvitrine, in der Frikadellen und kleine geräucherte Würste liegen für den kleinen Hunger. An der Wand ein Unterschrank, ein Regal mit Gläsern, an der Rückwand die Musikbox, eine Tür zum Flur, zu den Toiletten und der kleinen Küche. Links von der Theke der Raum mit Schiebetür, ausgestattet mit Sitzgelegenheiten: ein Sofa, Sessel, Stühle und Tische. Platz für maximal 20 Gäste. Tapeten vom Qualm vergilbt, Wandlampen verschnörkelt, also eine zu dieser Zeit ganz normale Kneipe.

Bestelle mir ein Bier. Bekomme seinen Namen mit, sie reden ihn mit Mekki an. Habe nie den richtigen Namen erfahren. Er reicht mir das Bier, trinke es schnell aus, habe einen derben Brand. „Neu hier?" fragt er. Ich erzähle meine Geschichte. Der neben mir, ein älterer Gast, hört mit, stutzt und meint: „Mein Sohn Jonny will auch die Schule besuchen, vielleicht treffen Sie ihn." Ja, ich treffe ihn, er wird mein bester Kumpel. Sitze da, die Gedanken kreisen, kreisen zurück in die Vergangenheit, kreisen in die Zukunft. Denke, was kommt, denke, wie es wird, denke - die Gedanken sind frei. Ahne noch nicht, als ich so simuliere, dass ich hier meine große Liebe, meine Martina, kennen lernen werde.

Die Bau- und Ingenieursschule der Freien Hansestadt Bremen, Schiffsingenieur- und Seemaschinistenklassen, so lautet die korrekte Bezeichnung, befindet sich in der Van-Ronzelen-Straße nahe der Kennedy-Brücke in der Nähe der Weser und der Geestemündung. Es ist ein dreigeschossiger gelber Klinkerbau.

Ingenieursschule der Freien Hansestadt Bremen – Dozent Chief Müller

Die Schule unterrichtet fünfzügig, das heißt, es werden fünf Lehrgänge angeboten:

Die Lehrgänge zur Erlangung der Befähigungszeugnisse C5 und C6 mit einer Dauer von jeweils sechs Semestern.

Die Lehrgänge zur Erlangung der Befähigungszeugnisse C3 und C4 mit einer Dauer von jeweils einem Semester.

Die Lehrgänge C2 für Kapitäne und Steuermänner auf Kleiner Fahrt. Es berechtigt sie, Antriebsmotore von maximal 300 PS ohne Maschinenpersonal zu fahren.

Der Lehrgang beginnt für mich am 10.01.1963 nach Absolvierung von 42 Monaten Werkstatttätigkeit sowie 34 Monaten und 11 Tagen Seefahrtszeit, davon 6 Monate und 5 Tage auf Dampfschiffen und endet am 29.05.1963 mit der Überreichung des Patentes C3.

Der Unterricht beginnt täglich, außer samstags, um acht Uhr und endet um zwölfuhrfünfundvierzig bei drei Pausen von jeweils zehn Minuten und einer großen Pause von zwanzig Minuten. Die verbringen wir öfters in der Milchbar im Hallenbad, trinken auf die Schnelle einen Kaffee. Der Unterricht, läuft in normaler Schulform ab, wie auch in meinen Schulen zuvor, also keine Vorlesungen, kein Wandern von Raum zu Raum. Als Dozenten haben wir einen ganz normalen Lehrer.

Der erste Schultag

Aus dem ausgehängten Raumplan im Eingangsbereich entnehme ich, dass sich der Klassenraum für den Seemaschinistenlehrgang C3, den ich belegt habe, im zweiten Obergeschoss befindet, im Raum mit der Bezeichnung C3.

Wir sitzen da, sind gespannt auf unsere Dozenten, unsere Lehrer. Die Tür geht auf, sie treten ein, ergreifen das Wort: „Guten Morgen, meine Herren, ich begrüße Sie, mein Name ist Schlickau, bin der Leiter der Schule. Werde Sie in den Fächern, Deutsch, Rechnen und Gesetzeskunde unterrichten." Dann stellt er seine beiden Kollegen vor: „Die Herren Meyer und Harms unterrichten Sie in den anderen Fächern. Ihr so genannter Klassenlehrer, also nächster Ansprechpartner, falls Sie Probleme haben, ist Herr Meyer. Wünsche Ihnen allen gutes Gelingen und einen angenehmen Aufenthalt in unserer Seestadt Bremerhaven. Ich übergebe jetzt das Wort an Herrn Meyer."

Herr Meyer stellt sich kurz vor: „Bin auch zur See gefahren, zuletzt als Chief bei der Reederei Hansa, Herr Harms und ich teilen uns die restlichen Fächer." Er übergibt dann Herrn Harms das Wort, der uns erläutert, dass er, Diplom-Ingenieur, eine Landratte sei, und dass er vorrangig über Motorenkunde unterrichten werde. Den größten Teil seiner Unterrichtsstunden verbringe er in den Klassen der höheren Lehrgänge. Auch er verabschiedet sich mit dem Wort „bis bald" und verlässt den Raum.

„Ich unterrichte nun bereits seit drei Jahren in den Lehrgängen zum C3, bin in diesem Lehrgang Ihr wichtigster Lehrer. Wir ziehen alles zusammen durch, und ich hoffe, mit Erfolg. Bei mir hat jeder, der Interesse zeigte, den Schein auch bekommen. Wir wollen es am ersten Tag mal langsam angehen lassen. Schlage vor, dass sich jeder mal vorstellt, damit wir uns besser kennen lernen." So vergeht die erste Stunde. Dann erläutert er den Stundenplan, gibt die insgesamt acht Fächer bekannt. „Morgen, meine Herren, werden Sie in der ersten Stunde bei Herrn Schlickau mit Rechnen beginnen, mit dem Rechenschieber arbeiten. Haben Sie alle einen Rechenschieber? Wenn nicht, besorgen Sie sich bitte noch heute einen. Bei der Beschaffung der Unterrichtsmaterialien, wie Hefte und Rechenschieber, unterstützt Sie Frau Ney, unsere treue Seele, sie ist die Sekretärin vom Chef. Für den Unterricht benötigen Sie alle noch das Buch ‚Handbuch für Schiffsingenieure und Seemaschinisten'. Es ist zwar sehr teuer, aber da haben Sie ein vernünftiges Buch für Ihre restlichen Zeiten, später auch an Bord." Er hatte Recht, ich habe dieses Buch noch heute nach 45 Jahren. Und auch noch den Rechenschieber, den ich bei Frau Ney damals kaufte.

Dann verliest Herr Müller noch auf Wunsch des Direktors die Hausordnung, die auch im Eingangsbereich aushängt: „...ist im gesamten Gebäude Rauchverbot, der Genuss von Alkohol ist ebenfalls verboten. Im vorletzten Lehrgang verwies der Direktor zwei Teilnehmer des C2-Lehrgangs des Hauses, da sie im stark alkoholisierten Zustand am Unterricht teilnehmen wollten. Er hatte sie zuvor ermahnt und gedroht, sie im Wiederholungsfalle vom Besuch auszuschließen."

Am nächsten Tag stehen zwei Stunden Rechnen, anschließend Elektrotechnik sowie Wärmewirtschaft und Gesetzeskunde auf dem Stundenplan. Herr Schlickau beginnt seinen Unterricht mit dem Rechenschieber und meint: „Ein Rechenschieber oder Rechenstab ist ein analoges Rechenhilfsmittel zur mechanisch-optischen Durchführung von Grundrechenarten wie Multiplikation und Division. Je nach Ausführung können auch komplexere Rechenoperationen, unter anderem Wurzelziehen, Quadrat, Logarithmus und trigonometrische Funktionen oder parametrisierte Umrechnungen ausgeführt werden."

Der Rechenstab, auch Rechenschieber genannt, besteht aus einem Körper, auf dem meist mehrere parallel angeordnete Skalen angebracht sind, einer beweglichen Zunge mit gleichartigen eigenen Skalen sowie einem auf dem Körper verschiebbaren Läufer mit einer Querstrich-Markierung. Durch Verschieben der Skalen gegeneinander wird die Rechenoperation durchgeführt und an der entsprechenden Zahlenwertstelle abgelesen. Die Läufermarkierung erlaubt vor allem das Ablesen an den auseinander liegenden parallelen Skalen, die sich an den Kanten von Körper und Zunge nicht direkt berühren. Bis zur Erfindung des Taschenrechners und der weiten Verbreitung von PCs waren Rechenschieber für viele Berechnungen in Schule, Wissenschaft und Technik unentbehrlich. Schlickau berichtet kurz über die Geschichte des Rechenschiebers: „Die Geschichte des Rechenschiebers basiert auf der Entwicklung der Logarithmen. Das griechische Wort „Logarithmus" bedeutet auf Deutsch Verhältniszahl und stammt von Napier. Nachdem sich ein englischer Professor intensiv mit dieser Schrift beschäftigt hatte, schlug er vor, für die Logarithmen die Basis 10 zu verwenden. Durch die Arbeitserleichterung infolge der Verwendung von Logarithmen wird das Leben der Astronomen verdoppelt. Mit den Logarithmen war die mathematische Grundlage für die Weiterentwicklung des mechanischen Rechenschiebers gelegt, denn die Funktionsweise des Rechenschiebers basiert auf dem Grundprinzip der Addition und Subtraktion von Logarithmen. Die Entwicklung des Rechenschiebers: Schon 1624, zehn Jahre nach der Erkenntnis der Existenz der Logarithmen, gab ein englischer Theologe und Mathematiker erstmals seine Grundgedanken über die logarithmischen Zahlen bekannt. Mit der von ihm entwickelten „Gunterskala", einem Stab mit logarithmisch angeordneter Skala, konnte man anfänglich nur mit Hilfe eines Stechzirkels Additions- und Subtraktionsberechnungen durchführen, indem man die logarithmischen Strecken abgriff. Das Berechnen mit dem Zirkel war jedoch sehr aufwändig und arbeitsintensiv. Daher war die Idee eines Engländers im Jahre 1622, anstelle des Stechzirkels zwei kongruente logarithmische Skalen gerade oder auch kreisförmig zu verwenden, sehr bedeutend. William Oughtred gilt somit als der eigentliche Erfinder des Rechenschiebers. Im Jahre 1654 wurde der Rechenschieber weiterentwickelt mit der Idee der logarithmisch skalierten Zunge, welche man gegen den Stabkörper verschieben kann, wodurch Berechnungen wesentlich einfacher ausgeführt werden konnten, eine große Bedeutung in der Geschichte des Rechenschiebers. Im Jahre 1850 war der einheitliche Aufbau für den bis zuletzt verwendeten Schulrechenstab abgeschlossen mit einem weiterentwickelten neuen Standardrechenschieber, der aus der Kubikskala K, den Quadratskalen A und B, den Grundskalen C und D sowie der Sinus- und der Tangensskala bestand.

Die Erfindung des Taschenrechners im Jahre 1969 löste einen regelrechten Boom in der Entwicklung dieses neuen, sehr gefragten Recheninstrumentes aus. Bereits 1972 entstand der erste wissenschaftliche Taschenrechner, welcher mit wesentlich mehr Funktionen ausgestattet war. Zudem konnte der Taschenrechner durch die erhöhte Produktion aufgrund der immensen Nachfrage immer günstiger erworben werden. Um 1975 begannen auch die Schulen, den

elektronischen Taschenrechner anstelle des mechanischen Rechenschiebers einzusetzen, was letztendlich das Ende für den damals als
unentbehrlich geltenden Rechenstab und somit auch für seine Hersteller bedeutete.

Dennoch ziehen manche den Rechenschieber dem Taschenrechner vor, da sie schon seit der Schulzeit mit ihm rechnen und schnell
und versiert Rechnungen damit ausführen können. Für fast zwei-
hundert Jahre nach seiner Erfindung wurde der Rechenschieber
sehr wenig genutzt. Ab Ende des 17. Jahrhunderts mit dem Erfin-
dungsgeist von Technikern und Ingenieuren, wie zum Beispiel James Watt, war der Rechenstab ein unverzichtbares Hilfsmittel. Neben den Schulrechenstäben, die im Unterricht und bei einfachen
Berechnungen im Alltag ihre Nutzung fanden, wurden auch viele
Sonderrechenstäbe hergestellt, die oft in sehr speziellen Bereichen
vereinzelter Branchen zum Einsatz kamen. Die Konstruktion eines
Ozeanriesen Anfang des zwanzigsten Jahrhunderts ohne Rechen-
maschine, ohne Computer mit diversen Rechenprogrammen, war
eine unbeschreibliche Leistung. Da sind das in der heutigen Zeit
Peanuts.

„Wollen nun mal mit dem Rechstab arbeiten, denn Sie haben den
ja nun alle", meint er. Mit dem Rechenschieber arbeiten und dann
schon heute Morgen? Wir hängen noch alle in den Seilen. Hatten
uns gestern Abend mal alle im ‚Anker' am Hafen getroffen, war erst
um Mitternacht zu Hause.

Mit dem Rechenschieber hatte fast noch keiner von uns gearbeitet, außer Karsten. Karsten, der Streber, er kapselt sich ab, war
auch gestern Abend nicht dabei. „Wenn ich studiere, gehe ich
abends früh ins Bett". „Der Spinner, sollte mal lieber zu den Krawat-
tenträgern, zu den C6-Experten gehen", meint Jochen.

Herr Schlickau zeigt Geduld, muss er auch, aber nach Beendigung
der zwei Schulstunden je 45 Minuten, unterbrochen durch eine Pause von zehn Minuten, ist es geschafft, wir können mit dem Rechenschieber arbeiten, einigermaßen rechnen.

Unterricht im Fach Wärmewirtschaft bei Herrn Meyer. Herr Schlickau hat ihm mitgeteilt, dass wir schon einigermaßen mit dem Rechenstab umgehen können. „Nun, dann wollen wir mal!", meint er,
als er die Formel für die Leistungsberechnung einer Kolbendampfmaschine an die Tafel geschrieben hat, versehen mit den Werten,
wie Hub, Drehzahl, Kolbendurchmesser, Dampfdruck und indizier-
tem Kolbendruck. Wir sollen nun die Leistung errechnen. Das Theater beginnt, beginnt schon beim Berechnen der Kolbenfläche. Mit
einer Engelsgeduld erklärt der Chief immer und immer wieder den
Rechenprozess, den Umgang mit dem Schieber, das Verstellen der
Zunge. „Ich schmeiß die Brocken hin, schmeiß das Ding in den

Mülleimer, hab die Nase voll!", flucht einer nach dem anderen, außer unserem Streber, dem Wichtigtuer. Dauert fast eine Stunde, bis es einigermaßen klappt. Wir sind alle gestresst, unser Chief lacht nur und meint: „Das erlebe ich bei jedem Lehrgang, ihr seid nicht eine Ausnahme.

***

Tage gehen dahin. Ich fühle mich sehr wohl bei Mutter Heitmann. Sie ist froh, ja glücklich, ist nicht mehr alleine, hat eine Aufgabe. Sie betüddelt mich von hinten bis vorne. „Die Deern von drüben, die Martina, schaut immer hinter Ihnen her, wenn Sie das Haus verlassen", meint Mutter Heitmann eines Tages Mitte Februar. „Ihr Vater fährt als Kapitän auf einem Fischdampfer." - „So, so", antworte ich, „sie ist mir auch schon aufgefallen" und denke laut: „Diese olle Schweinebacke kann mich mal!" Mutter Heitmann schüttelt den Kopf: „O Gott, o Gott, Schweinebacke, ein schlimmes Schimpfwort!" „Heute Nachmittag bekomme ich Besuch, Lisa mit Eltern kommen zum Kaffeetrinken, lade dich auch ein." Sie duzt mich zum ersten Mal. Sie kommen, wir begrüßen uns und erzählen. Ich erblicke Lisa, ich kenne sie aus der Milchbar, erfahre, dass Lisas Vater bei der Seebeckwerft als Elektriker arbeitet. „Oma, ich habe ihn schon öfters gesehen, wenn er mit seinen Kumpels in der großen Pause bei uns einkehrt." Wir lachen, sie errötet, schaut mich bittend an, hat Angst, dass ich eventuell erzähle, dass sie mit Bernhard geht.

Im Jahre 1965 wohne ich dann wieder bei Mutter Heitmann, besuche die Angestellten-Fachschule. In dieser Zeit besuche ich auch die Fahrschule und mache meinen Führerschein Klasse drei. Meine Mutter besucht uns. Will auch mal wieder Mutter Heitmann sehen. Sie hatte ihr versprochen, Kleidungsstücke zu reparieren, ist ja Schneiderin. Es kommt der Tag der Fahrprüfung. Sie weiß nicht, dass ich zur Fahrschule gehe, nur Mutter Heitmann weiß es. Hat ja öfters gesehen, wenn mich der Fahrlehrer abholte. An diesem Tage bin nicht nur ich aufgeregt, auch sie. Ich habe bestanden, gehe ins Haus, und rufe: „Frau Heitmann, ich hab den Lappen, hab's geschafft! Meine Mutter, die es nicht wusste, stutzt, freut sich und meint: „Ihr Beiden könnt ja alles ganz gut verheimlichen."

Im Jahre 1970 besuche ich mit meiner Ehefrau und unserer Tochter Cristiane Mutter Heitmann zum letzten Male. Wie ich später erfahre, verkaufte sie 1983 das Haus und zog zu ihrer Enkeltochter Lisa, die mit Bernhard verheiratet war, nach Bremen.

***

Martina

Schweinebacke nennt sie Jonny Buermann, mein Schulkollege, der auch in Wulsdorf wohnt. Ich nehme mir vor, sie mir mal richtig unter die Lupe zu nehmen, denn sie fährt fast jeden Morgen mit uns, Jimmy und mir, in dem selben Bus. Stehen dicht gedrängt, wie immer morgens gegen siebenuhrdreißig. Ob Junge oder Alte, alle fahren, müssen zur Schule, müssen zur Arbeit, zur Arbeit in den Fischereihafen oder zu der Werft in Geestemünde oder, oder... Stehen dicht gedrängt, ich stehe dicht neben ihr, neben ihr, die Jonny Schweinebacke nennt. Schau sie von der Seite an, unsere Blicke treffen sich, sie errötet, ich lächle und rede sie an: „Moin, Moin, auch schon auf dem Weg zur Arbeit?" Leicht verstört haucht sie, antwortet: „Ja." Denke mir: Sieht doch nett aus, weder mager, noch dick, finde es unfair, sie Schweinebacke zu nennen, wird vielleicht noch was mit ihr. Sie steigt am Fischereihafen aus. Ich rufe hinterher: „Tschüß, wann sehen wir uns wieder?" - „Wenn du willst, heute Abend bei Mekki."

Sie erscheint, hält ihr Versprechen. „Haste wohl nicht erwartet, dass ich komme?" meint sie und setzt sich neben mich, voller Erwartung, wie ich reagiere. Hofft, dass ich anbeiße. „Schön, nett dass du gekommen bist", antworte ich. Schaue sie von der Seite an: Sieht schick aus, muss wohl heute noch extra beim Friseur gewesen sein. Ihr schwarzes Haar, der weiße Pullover, leicht geschminkt, hätte sie küssen können. Sie schaut nach unten, errötet: „Ich mag dich auch, du bist doch Peter, der neue Kumpel von Jonny, habe im Bus heute früh gehört, wie ihr euch unterhalten und auch gelästert habt. Über wenn denn, etwa über mich? Ich heiße Martina", sagt sie und lächelt verschmitzt. Ich erzähle ihr von mir, alles was sie wissen möchte. „Nun bist du an der Reihe, möchte auch etwas über dich erfahren", sage ich. Sie erzählt und beginnt: „Ich bin in Bremerhaven geboren, hatte vor sechs Wochen Geburtstag, bin einundzwanzig Jahre alt, wohne schon lange am Wohnwasserturm. Meine Eltern haben das Haus schon vor dem Krieg gebaut, sind von Bomben verschont worden. Erzählt von ihrer Schulzeit, von ihren Eltern: „Papa fährt schon lange auf Fischdampfern, ist jetzt Kapitän auf „HANS HOMANN. Er verdient ganz gut. Letztes Jahr zu Ostern, er lief Gründonnerstag mit gutem Fang ein, 4.500 Korb, bekam er fast 500 DM an Fangbeteiligung zu seiner Kapitänsheuer hinzu und versprach mir: ‚Kind, wenn du volljährig wirst, darfst du den Führerschein machen und auch unser Auto fahren.'" Den Führerschein macht sie. Ist noch dabei. „Wenn ich die Prüfung bestanden habe, fahren wir mal spazieren", meinte sie und wieder strahlt sie. „Und wo arbeitest du?", will ich wissen. „Ich arbeite im Fischereihafen bei der Firma Busse, die stellen das Eis für die Fischdampfer her und haben auch eigene Fischdampfer. Papa hat mir die Stelle besorgt, kennt den Chef ganz gut. Habe letztes Jahr die Lehre als Kauffrau beendet und verdiene jetzt 600 DM netto, darf alles Geld behalten.

Nun richte ich mir unterm Dach eine kleine Wohnung ein, ein Wohn- und ein Schlafzimmer. Papa hat auch ein kleines Badezimmer errichten lassen mit Dusche und Toilette. Werde mir nächste Woche noch Möbel kaufen, einen kleinen Fernseher und eine Musikanlage."
Die Zeit vergeht, es ist schon fast zweiundzwanzig Uhr. „Jetzt muss ich aber nach Hause, und du?" sagt sie. „Ich komme auch mit, geh eben bezahlen, gib einen aus." Wir verlassen Mekki's Kneipe. Bevor wir um die Ecke gehen, zieht sie mich an sich und gibt mir einen Kuss: „Ich liebe dich, ich mag dich, du mich auch?" fragt sie. „Ja, ja, ich dich auch." Wir küssen uns lange und ausdauernd, sind beide glücklich.
Martinas Leben hat sich verändert. Das merkt auch ihre Mutter, kann sich aber keinen Reim drauf machen. Werde sie heute Abend darauf ansprechen, denkt sie. Beim Abendbrot: „Mama, ich muss gleich noch etwas erledigen, muss noch mal weg." Nun muss sie es wissen, nun fragt sie: „Martinchen, Liebling, du bist ja so aufgekratzt, so fröhlich, du strahlst, so kenne ich dich kaum, höchstens, wenn Papa wieder von See kommt, was ist los?" - „Mama, ich bin verliebt!" Die Mutter muss diese Neuigkeiten erst verkraften. „Wer ist es denn? Kenn ich ihn?" möchte sie wissen. „Es ist der neue Mieter von Frau Heitmann, heißt Peter und besucht mit Jonny Buermann die Schiffsingenieurschule."
Frauen tratschen. Männer auch. Martinas Mutter trifft Mutter Heitmann, die geht mit Waldi Gassi. Martinas Mutter spricht sie an: „Was ich mal wissen möchte", meint sie, „Ihr neuer Mieter, ist das ein ordentlicher Bengel?" Mutter Heitmann lächelt verschmitzt, ahnt sie doch den Sinn der Frage: „Ja, das ist ein ganz lieber, netter und ehrlicher Mensch. Ich glaube, die beiden, Ihre Martina und er sind verliebt, habe das schon länger gewusst. Am Anfang, er war erst wenige Tage da, merkte ich, dass Martina immer, wenn sie ihn sah, hinter ihm herschaute, habe ihm das auch gesagt, aber er meinte: ‚Ach, die kann mich mal', aber so sind die jungen Leute, bis es dann funkt. Machen Sie sich mal keine Sorgen." Martinas Mutter ist beruhigt.
So sieht man uns beide täglich. Mal gehen wir mit Waldi spazieren, mal fahren wir nach Bremerhaven in die Stadt, ins Kino. Elvi, Jonnys Freundin, trifft Martina und haut sie an: „Du, habt ihr Lust, mit uns am Samstag Abend bei Mekki zu schwofen? Hat wieder neue Platten in der Musikbox." Wir gehen mit. „Kann heute länger weg bleiben. Mutter ist übers Wochenende bei Oma in Gnarrenburg, habe dann ja auch 'ne sturmfreie Bude", erklärt sie mir morgens, als wir uns beim Bäcker treffen. „Können doch vorher noch im Lindenkrug etwas essen." – „Ja, wenn du möchtest", sage ich.

Beim Feiern

Wir schwofen, aber Martina ist mit den Gedanken weit weg. Sturmfrei Bude, einmal muss es sein, einmal fängt es immer an, einmal ist keinmal. Wenn er mich liebt, muss er's mir machen. „Lass mich da mal durch, muss auf die Toilette, mach mal Platz", bitte ich und quäle mich durch das Gewühle von Stühlen und Beinen. Als ich zurückgehe, steht sie da, steht da mit einem verschmitzen Lächeln und fragt: „Magst du mich wirklich, mich, die Schweinebacke?" Mir bleibt vor Schreck die Spucke weg. Steht vor mir, gibt mir einen Kuss auf die Wange und bittet mich: „Komm, lass uns zurück, möchte mit dir mal ganz allein sein. Mama ist ja nicht da, wir können es uns gemütlich machen bei mir in meiner kleinen Wohnung. Können Einstand feiern, möchte etwas von dir. Wir kennen uns schon zwei Monate, bin verrückt nach dir, möchte mit dir schlafen."

Wir gehen zu ihr in ihre kleine gemütliche Wohnung, sitzen auf dem Sofa, sie setzt sich auf meinen Schoß, sitzt quer, lässt die Beine baumeln, wir küssen uns. „Komm, lass uns ins Schlafzimmer, ins Bett gehen", flüstert sie mir ins Ohr. Ich folge ihrem Wunsch und bleibe die ganze Nacht bei ihr.

Schulschluss an einem Freitag. Endlich freies Wochenende! Habe die ganze Woche gebüffelt, alleine und auch mit Jonny, waren abends kaum aus. „Wollen wir nachholen", verspreche ich Martina. „Lass uns doch mal nach Helgoland fahren, war erst einmal dort", meint sie. Helgoland? Ja, warum nicht, ich war noch nie da. Wir fahren. Das Wetter ist nicht besonders schön. Es regnet leicht, und der Wind frischt auf. An der Columbuskaje liegt das alte Seebäderschiff „WAPPEN VON BREMEN". Die Reise beginnt. Auf Helgoland essen wir zu Mittag, kaufen zollfrei ein. Bald müssen wir wieder zum Hafen. Die kleinen Nussschalen, die uns Touristen zu den Schiffen auf Reede bringen, warten schon, wir steigen ein. Der

Wind ist stärker geworden, ich schätze so Windstärke fünf. Die Nussschalen knattern los und schaukeln. Die ersten Passagiere werden schon unruhig, haben Angst, dass der Kahn umkippt. Das Einbooten wird schwierig: Das Seebäderschiff schaukelt, der Kahn schaukelt, die Ausbooter haben Probleme, die zum Teil ängstlich sich verkrampfenden Fahrgäste an Bord zu hieven. Das Schiff läuft aus mit Kurs auf Bremerhaven. Der Wind nimmt zu. Der Wind kommt von Steuerbord, das Schiff holt über, es schaukelt. Die ersten werden seekrank, es wird ihnen übel, benutzen die Spucktüten, gehen mit bleichen Gesichtern an Deck, wollen frische Luft atmen. Auch Martina erwischt es: „Mir wird speiübel", jammert sie. Ich merke es auch, mein Magen rebelliert, mir wird's auch abelig. Denke: Das kann's doch nicht sein, dass mir, der zur See fährt, so etwas passiert.

Seekrank war ich einmal, damals am 26.01.1960, als ich mit der CAP FINISTERRE, meinem ersten Schiff, Hamburg verließ. Seekrank heute an Bord der WAPPEN VON BREMEN, dass kann's nicht sein! Hatten wir doch während meiner Fahrzeit öfters in Schlechtwettergebieten einen auf die Mütze bekommen. Denke an den Sturm in der Biscaya mit der lütten URSULA HORN und dann noch in Ballast auf der Heimreise von Südamerika. Denke an den Sturm in dem inselreichen Gebiet der Ägäis. Denke an den Orkan in der Nordsee in jener Nacht des 16. Februars 1962.

Wir legen wieder an der Columbuskaje an. „War doch ein schöner Ausflug – oder? Aber dass du seekrank warst, kann ich nicht verstehen", meint sie lächelnd. Hat schon wieder Farbe im Gesicht, mein Schatz, denke ich.

Martina war beim Turnen: „Muss was für meine Figur machen, werde zu dick." – „Zu dick? Ich glaube, ich spinne", meine ich.

Montag ist heute, gestern war ich mit Martina in einem Landrestaurant im Wurster Land zum Grünkohlessen mit Pinkel und Kassler. Pinkel ist eine Spezialität in Norddeutschland wie der Grünkohl insgesamt, schmeckt aber erst, wenn der Kohl auf dem Feld den ersten Frost erhalten hat, Frost, wie jetzt in dem kalten Winter, immer noch Ende Februar. Pinkel ist eine Rezeptur aus Hafergrütze, Schweineflomen, Rindertalg, Zwiebeln sowie Salz und Pfeffer, wird auch teilweise, je nach Region, geräuchert.

„Papa kommt morgen, freue mich schon, wirst ihn kennen lernen." Papa Johannes Jansen, 52 Jahre alt, kommt wieder. Er und seine 19 Besatzungsmitglieder, die beiden Steuermänner sowie die zehn Matrosen und Fischer, die Maschinisten, Heizer und der Koch haben rund um die Uhr malocht: Netz aussetzen, Netz einholen. Gespannt hieven sie den schweren vollen Büddel an Bord. Seewasser stürzt an Deck, läuft ab, öffnen das Netz, heben es an, der Fang entleert sich, ein guter Fang!   Kapitän Jansen, ein alter Fuchs, fährt schon lange auf Fischdampfern, hat wieder mal den richtigen Riecher, als er das Kommando gibt: „Netz aussetzen!"   Hatten auch schon mal weniger im Netz.   Matrosen und Fischer sortieren: Ab in die See, nicht zu verwerten.   Seevögel im Schwarm stürzen sich auf die Beute.   Der Fang: Ab in die Laderäume, mit Eis bedeckt, Lage auf Lage. Kühlen ist wichtig, damit er frisch gelöscht werden kann, bloß keinen Gammel anlanden.   Gammel, der Albtraum der Fischer!   Gammel auch Albtraum für die, die ihn löschen müssen.   Widerliche Arbeit, der Gestank ist bestialisch.   Albtraum für die Besatzung: keine Fangprämie.   Albtraum auch für die Reederei, nur Ausgaben, keine Einnahmen.   Auch Gammel muss gelöscht werden, aber wer macht das schon gerne?   Im Radio nach den Nachrichten, werden sie gesucht: „Benötigt werden für die morgige Frühschicht Arbeiter zum Entladen verdorbener Fischladung.   Arbeitswillige werden gebeten..."

Papa Jansen und seine Mannen sind eingelaufen.   Die Reise dauerte 25 Tage, ca. 400 Seemeilen liegen hinter ihnen.   Sie machen fest am Kai bei den Fischhallen, der Packhalle, an Halle IX.   Die Ladung, ca. 4.300 Korb, fast vollbeladen, entspricht 4.300 Zentnern, wird gelöscht, in die Auktionshalle transportiert, ausgelegt, sortiert, kommt aufs Eis.   Die Spannung steigt: Welchen Erlös ergibt diese Ladung?   Danach berechnet sich die Fangprämie, die sie zusätzlich zu ihrer Heuer bekommen.   Zwei Matrosen mustern ab, schon nach nur einer Reise, sie hatten die Nase voll, fuhren vorher auf Kümos. Sie wurden belabert: „Müsst mal auf 'nem Fischdampfer fahren, da gibt's mehr Knete als auf 'nem Kümo!"   Sie heuern jetzt wieder auf einem normalen Frachtschiff an.   Zwei neue Matrosen kommen, es sind Portugiesen.

„Komm bitte nach Schulschluss gleich zu uns, Mama hat uns zum Mittagessen eingeladen.   Papa ist dann auch da", ruft sie mir aus ihrem Wohnzimmerfenster zu, als ich zum Bus eile.   Habe verpennt. Martina hat sich frei genommen.   Habe ihren Vater Johannes schon auf Bildern gesehen, auf Bildern, aufgenommen im letzten Urlaub vor zwei Jahren in Österreich.   Ein großer, hagerer Mann mit schon leicht ergrautem Haar.   Sieht meiner Meinung nach älter aus als er ist.   Der Job hat ihn gezeichnet.   Auf einem Fischdampfer werde ich nicht anmustern, nicht ums Verrecken, obwohl der Stress dort in der Maschine im Zwei-Wachen-Rhythmus nicht so anstrengend ist.

Er begrüßt mich: „Na, min Jung, wo geit di dat?"   Der Bann ist gebrochen.   Wir unterhalten uns.   Martina und Mutter Helga freuen sich, dass wir uns sofort verstehen.   „Wann geht's denn wieder raus?" möchte ich wissen.   „Morgen am späten Nachmittag, komm doch morgen nach der Schule mal an Bord."   Am späten Nachmittag verabschiede ich mich: „Habe mich mit Jonny verabredet, soll ihm bei Mathematik helfen, wir schreiben morgen eine Mathearbeit." Wende mich zu Martina: „Wenn du möchtest, kannst du ja abends zu Mekki kommen." Nun sind die drei alleine. Ist ganz gut so, haben sich einiges zu erzählen, vielleicht auch über mich", denke ich.

Ja, über mich. Ihr Vater fängt an: „Ist ja ein netter Kerl, der Peter, und magst ihn?" Martina errötet, ihre Augen leuchten: „Ja, Papa!" - „Mädchen, Martina, denk trotz alledem daran: Er ist Seemann, Seemann so wie ich, Seeleute sind auch mit der Seefahrt und ihrem Schiff verheiratet. Ich kann mir schlecht vorstellen, dass er, wenn er sein Patent hat, an Land bleiben wird." Martina denkt an Elvi, an ihren Wunsch. Die hat mit Jonny über die Zukunft gesprochen, ihn zu überreden versucht, die Seefahrt an den Nagel zu hängen. „Mal sehen", meinte er, könnte mir auch vorstellen, beim Zoll oder der Wasserschutzpolizei anzufangen." In der Tat, bedingt durch ihre großen Boote benötigten sie auch Maschinisten.

An der Kohlenpier liegt der Fischdampfer HANS HOMANN, Baujahr 1953, 534 BRT, Fassungsvermögen 4.500 Korb. Ich gehe an Bord, er führt mich durch die Unterkünfte, kleine enge Kammern, aber reicht ja zum Schlafen. Gehe unter Deck. Mich interessiert die Maschinenlage. Sehe den ölbefeuerten Kessel mit seinen drei Flammrohren, denselben Kesseltyp wie auf Dampfer ARGO, nur kleiner. Sehe die Dreifachexpansionsmaschine, diesen Typ kenne ich nicht. Hatten ja auf Dampfer ARGO eine Verbundmaschine. Der erste Maschinist ist da. Vater Jansen meint: „Erklär ihm mal die Maschine, ist der Freund von Martina, geht auf Schule, will C3 machen." Der erklärt mir alles. Wir unterhalten uns. Er fährt auch schon lange auf dem Dampfer. „Das wäre nichts für mich", meine ich. Das Schiff wird ausgerüstet: Heizöl, ausreichend für dreißig Tage, Proviant, Süßwasser und Trockeneis, hergestellt aus Kohlensäure, geformt in langen vierkantigen Stangen von der Firma Busse, bei der Martina arbeitet. Einhundert Stangen, dampfend, mit einer Temperatur von mehreren Grad Minus, werden von der Besatzung in den Laderäumen verstaut. „Wenn wir alles geladen haben, müssen wir noch zusätzlich Ballastwasser übernehmen, damit das Schiff richtig liegt. Schraube und Ruder sollen unter der Wasserlinie liegen."

HANS HOMANN läuft aus, lag nur 32 Stunden im Hafen. Verabschiedung. „Gute Reise, guten Fang! Kommt alle wieder gesund nach Hause!" Martina gibt ihrem Papa einen Kuss, wir beiden verabschieden uns mit Handschlag.

Wieder Wärmewirtschaft, ein Hauptfach. „Wärmewirtschaft hat mit 'ner Kneipe nichts zu tun", meint der Dozent, „unter Wärmewirtschaft versteht man die Ausnutzung des Dampfes, der in der Dampfmaschine zu Leistung bzw. Arbeit umgesetzt wird." Und so erklärt er weiter, spricht vom Nassdampf, Sattdampf und Heißdampf. „Schauen uns nun mal das i-s-Diagramm an", fährt er fort.

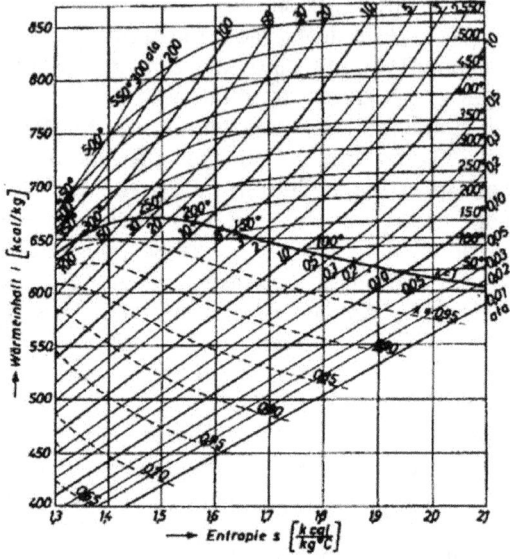

Diagramm-Tabelle

Er erklärt uns das Schaubild mit den Begriffen wie Entropie, „Entropie? Was für'n Scheiß erklärt er jetzt?", fragt Jonny halblaut. Unser Chief lacht und meint: „Er hat ja Recht", und stellt sich neben den Kartenständer mit dem großen aufgehängten Schaubild, versucht wieder, wie schon öfters, auf die Praxis einzugehen: „Nehmen wir mal folgendes an: Der Dampfdruck beträgt 16 ata bei einer Temperatur von 330° C", zeigt mit seinem Zeigestock auf die zuständige Diagrammlinie und liest den Wärmeinhalt ab „etwa 740 Kcal/kg", fährt mit dem Stab auf die dick gezeichnete Diagrammlinie in der Mitte des Schaubildes, die so genannte Sattdampflinie, „bei etwa 200° C ist der Dampf gesättigt, man spricht vom Sattdampf." Zeigt uns dann, indem sein Stab wandert, mal senkrecht, mal waagerecht, versucht uns das Wärmegefälle in der Maschine, den Wärmeinhalt bei Eintritt und bei Austritt zu erklären. Schreibt Zahlen an die Tafel übereinander und rechnet. „Wir müssen davon ausgehen, dass der Gegendruck am Ausgang der Maschine 15 ata nicht unterschreiten darf. Somit können lediglich nur 200 Kcal/Kg ausgenutzt werden, ca. 27 %. Der restliche Wärminhalt wird im Kondensator auf etwa 50° C heruntergekühlt, also, wenn Sie so wollen, vernichtet."

Es ist endlich Pause. Wir verlassen die Klasse, das Gebäude, um eine zu quarzen (rauchen). „Wir werden uns nach der Pause mit dem gesamtwirtschaftlichen Wirkungsgrad beschäftigen", meint er und schließt sich uns an.

Die Begriffe Arbeit und Leistung sowie Wärmeinhalt hatte er uns schon zu Beginn erläutert:

Wärme = mechanische Arbeit

1 Kcal = 427 mkg, 632 Kcal = 1 PSh, 1 PSh = 0735 KWh

1 Kg Heizöl hat einen unteren Heizwert von 10.000 Kcal

10.000 Kcal : 632 Kcal = 15.8 PSh

Bei einem stündlichen Heizölverbrauch von 940 Kg ergebe das eine Maschinenleistung von ca. 14.873 PS. Die indizierte Leistung der Maschine beträgt 1.628 PS, somit beträgt der gesamtwirtschaftliche Wirkungsgrad lediglich 0,109, erläutert er. „Dieser Wert kann unter anderem wesentlich gesteigert werden, aber nur bis maximal 0,18."

Die Verluste setzen sich zusammen aus dem Wirkungsgrad des Kessels einschließlich des Schornsteines, (0,73 bis 75 %), dem thermischen Wirkungsgrad in den Dampfzylindern (0,60 %) und dem mechanischen Wirkungsgrad, etwa 88 %.

Die Verbrennungsmotoren sind ein Hobby von Herrn Harms. Hier besprechen wir die Arten und den Aufbau der Zweitakt- und Viertaktmaschinen mit und ohne Kreuzkopf, die aufgeladenen Motoren und die normalen. „Nun wollen wir die Leistung eines Zweitaktmotors berechnen. Während bei der Kolbendampfmaschine jeder Takt ein Arbeitstakt ist, verhält sich das bei den Verbrennungsmotoren anders. Hier unterscheidet man zwischen dem Zweitaktmotor, bei dem jeder zweite Takt ein Arbeitstakt ist und, wie der Name schon sagt, beim Viertaktmotor jeder vierte Takt. Dieses wird in der Formel berücksichtigt. Meldet sich unser Klugscheißer und meint: „Aber beim doppeltwirkenden Zweitakter muss dann doch jeder Takt ein Arbeitstakt sein." Wir schütteln mit dem Kopf. Herr Harms überhört die Frage. „Wollen nun die Leistung einer einfachwirkenden Zweitakt-Kreuzkopfmaschine berechnen", spricht der Chief und schreibt die notwendigen Daten an die Tafel: Hub 1,4 m, Durchmesser 780 mm, Drehzahl 115 U/min, indizierter Druck 5,8 Kg/cm2 mit sechs Zylindern. Wir rechnen. Mittlerweile beherrschen wir den Umgang mit dem Rechenschieber einigermaßen. Das Ergebnis: 6.816 Pse. Bei einem mechanischen Wirkungsgrad von ca. 85% ergibt dieses eine effektive Leistung von 5.790 PS.

Elektrotechnik, die Schwarze Kunst ist an der Reihe. Elektrotechnik wieder bei Herrn Harm. Wir besprechen die Elektroanlagen an

Bord, angefangen mit der Hauptschalttafel über die elektrischen Verbraucher, wie Beleuchtung, Erhitzer sowie den Generator und die Elektromotoren. Bei dem an Bord erzeugten Strom unterscheidet man zwischen dem Gleich- und Wechselstrom. Schiffe hatten anfangs, wie auch vormals an Land, Gleichstrom. Gleichstrom ist, wie es der Name schon sagt, eine Stromart, bei der der Generator auf Grund seiner Konstruktion einen gleichfließenden Strom mit einer Spannung von 110 Volt produziert. Wir alle, also auch ich, kennen den Gleichstrom. Ich erinnere mich an MS PHÖNIX. Bei der Reparatur damals an der Steuerung der Ladewinde musste ich den Strom führenden Draht des Kabels finden. Ich prüfte das mit einer rohen Kartoffel: Wenn die sich verfärbt, dann ist es das Pluskabel. „Bevor wir in die Elektrowerkstatt gehen, noch einiges zum Wechselstrom, zur Spannung: Wechselstrom hat normalerweise 220 Volt bei einer Frequenz von 50 Herz." Im Keller befinden sich dieselbetriebene Generatoren für Gleich- und Wechselstromerzeugung sowie die Hauptschalttafeln. Er startet die jeweiligen Maschinen, zeigt uns an den Schalttafeln das Zuschalten ins Bordnetz. „Mal was anderes als nur Theorie", meint er. Wir geben ihm Recht.

So erlernen wir vieles gemäß den Ausbildungsvorschriften für den Lehrgang des Seemaschinisten II. Unsere Lehrer meinen: „Für das Befähigungszeugnis für den Seemaschinisten II sind die Bedingungen erfüllt. In dem Lehrgang zum Seemaschinisten I (C4), werden Sie dann weiteres Wissen vermittelt bekommen." Herr Harms berichtet uns dann noch, dass auch wir, die Schüler ohne Fachhochschulreife, hier in Bremerhaven an der Angestellten-Fachschule, einem Privatinstitut der Angestelltenkammer Bremen, einen Vorbereitungslehrgang für die Aufnahmeprüfung zum Schiffsingenieur II (C 5) besuchen können. Der Lehrgang würde ca. acht Wochen dauern. „Ich unterrichte auch an diesem Institut, würde mich freuen, Sie dort wiederzusehen."

Ich habe mir damals vieles in ein kleines Büchlein geschrieben, habe es heute noch. Beim Durchblättern finde ich Aufzeichnungen, angefangen bei Chemie, über Physik, Elektrotechnik, Festigkeitslehre, Geometrie, Motorenkunde, Schiffsmaschinen, die Dieselmotoren und ihre Bauarten, die Dampfmaschine und ihre Bauarten, die Dampfturbinen und ihre Bauarten, die Stoffkunde und die Wärmewirtschaft. Wir zeichneten Rohrpläne, lernten auch Deutsch und Gesetzeskunde.

Das Ende der Schulzeit in Bremerhaven naht. Heute bekommen wir die Termine für die Abschlussprüfungen. Die schriftlichen und mündlichen Prüfungen sind für den 23. und 24 des Monats angesetzt und am 28. soll an Bord eines Schiffes die praktische Prüfung stattfinden.

Wir machen uns Gedanken über die Zeit danach. „Mit dem Patent C3 kann man schon einiges anfangen, ich werde veranlassen, dass ein Mitarbeiter vom Arbeitsamt, Bereich Vermittlung von Maschinisten euch berät", meint unser Chief. Aber erst müsst ihr die Prüfungen hinter euch bringen. Da habe ich aber keine Bedenken, das schafft ihr allemal. Wäre ja auch schlecht, wenn einer durchrasselt, schlecht auch für mich", meint er.

Es kommt der Tag der schriftlichen Prüfung. Wir betreten die Schule mehr oder weniger nervös, geplagt von der Ungewissheit, in der Hoffnung, dass es klappt. Es klappt ganz gut, die gestellten Prüfungsaufgaben sind lösbar. Vor der mündlichen Prüfung haben wir mehr Bammel. Vier Prüfer sitzen da: der Recktor, Herr Schlikau, Herr Meyer, Herr Harms und Frau Ney als Protokollführerin. Jeder Schüler wird einzeln vorgenommen. Ich habe Glück, soll Herrn Meyer den Kondensator erklären. Er fragt mich nach dem Unterschied der Steuerungen, der Klugschen Steuerung und der Stephenson-Steuerung.

Dann prüfen sie Carsten, den Streber, den Klugscheißer. Er schießt sich ein Eigentor. „Herr Walter, erläutern Sie mir bitte den Unterschied zwischen einem Zweitakt- und Viertaktmotor", stellt Herr Harmsen ihm die Frage. Er beginnt, redet, redet, zerredet sich. „...und beim Zweitaktmotor gibt es noch die doppelwirkende Maschine", meint er. Will Herr Harmsen gar nicht wissen. Hätte einfach aufhören sollen, labert aber weiter. Man schaut sich an, der Chief nickt, schaut weg. Herr Harms ergreift das Wort: „Bei allen Zweitaktmotoren?" Die Stimmlage ironisch. „Ja, bei allen." - „Bei allen? Sind sie sicher?" – „Ja, bei allen." – „ Geht doch nicht, wenn es sich um eine Tauchkolbenmaschine handelt." Was nun? Der Streber merkt, dass er Blödsinn erzählt hat. Blödsinn, der ihm das Genick brechen kann. Herr Meyer greift ein, stellt ihm eine andere Frage. Nachdem er gehen kann, bedröppelt abzieht, lachen sie lauthals. „Musste sein!", meint Dozent Harms.

Nun haben wir den größten Teil hinter uns. Ich bin mit dem Ergebnis einverstanden, mit dem „Gut bestanden", ärgere mich trotzdem, dass ich in den Fächern Deutsch und Skizzieren von Maschinenteilen nur „Befriedigend" bekomme. Die praktische Prüfung an Bord eines Motorschiffes steht an. Sie dauert nicht allzu lange. Wir gehen durch den Maschinenraum. Fragen hier, Fragen da. „Erläutern Sie die Manöverfunktionen am Fahrstand. - Zeigen Sie mir die Sicherheitsventile, erläutern Sie ihre Funktion" und so weiter. Endlich war auch das geschafft. Geschafft haben wir es nun alle. Bekommen von Herrn Schlickau das Befähigungszeugnis, das Patent C3 (Seemaschinist II) ausgehändigt.

BAU- UND INGENIEURSCHULE DER FREIEN HANSESTADT BREMEN

ZEUGNIS
über die Prüfung zum
SEEMASCHINISTEN II

Der

Rolf Peter G e u r i n k

geboren in Bielefeld   am   1. Juni 1941   ,
hat die Prüfung zum Seemaschinisten II nach der Prüfungsordnung für die Schiffsingenieur-
und Seemaschinistenprüfungen vom 26. März 1934 (Reichsministerialbl. S. 323) abgelegt.

Auf Grund seiner Prüfungs- und Schulleistungen werden ihm folgende Urteile[1] zuerkannt:

1. Schiffsmaschinenanlagen
   einschl. Hilfsanlagen: Gut

2. Maschinen-
   betriebslehre: Gut

3. Wärmewirtschaft: Gut

4. Elektrotechnik: Gut

5. Skizzieren von
   Maschinenteilen: Befriedigend

6. Gesetzeskunde: Gut

7. Deutsch: Befriedigend

8. Rechnen: Gut

9. Stoffkunde: Gut

Für den Gesamtausfall der Prüfung erhält er das Urteil[2]

» G u t   bestanden   «

Bremerhaven , den   28. Mai   19 63

Der Prüfungsausschuß

Schlickau

Vorsitzender

(wenden)

[1] Urteile in den Fächern: Sehr gut, Gut, Befriedigend, Ausreichend, Mangelhaft, Ungenügend
[2] Urteile für den Gesamtausfall: Mit Auszeichnung bestanden, Gut bestanden, Befriedigend bestanden, Bestanden

Zeugnis Seemaschinist II

Die Abschlussfeier

Haben unserem Klassenlehrer, dem ehemaligen Hansa Chief, zum Abschied ein Bild gezeichnet. Wir sitzen nun alle gemütlich zusammen in einem Gasthaus in der Innenstadt. Frau Ney hat dies organisiert. Mit von der Runde sind auch Herr Harms, Herr Schlickau und Frau Ney. Herr Meyer erzählt noch Anekdoten von seiner Fahrzeit bei der Hansa-Linie. Meine Gedanken sind bei Martina und dem, was nun kommt. Ich muss eine Entscheidung treffen. Aber es gibt für mich nur eine Möglichkeit, nämlich wieder zu fahren, zu fahren mit dem Patent C3. Denke: Kommt Zeit, kommt Rat. Trotz allem ist es eine lustige Abschlussfeier.

Wir tauschen Adressen aus und versprechen uns, in Kontakt zu bleiben. Bei diesen Versprechungen blieb es, bis auf Erwin. Ihn treffe ich später wieder, er fährt als Maschinist auf einem Boot der Wasserschutzpolizei: „Bringen drei Knakkis zu einem auslaufenden Fischdampfer, wenn der wieder einläuft, müssen sie wieder in den Bau, das kommt öfters vor", meint er.

Abschlussfeier

Herr Harms setzt sich zu mir und fragt: „Und was haben Sie vor?" Ich kann mich ja noch nicht so richtig entscheiden. „Sie sollten auf alle Fälle die von mir erwähnte Fachschule besuchen, das Zeug dazu haben Sie, waren einer der besten Schüler dieses Lehrgangs", meint er und redet weiter: „Habe vor Tagen einen Anruf vom Maschineninspektor Fischer der Reederei Rickmers aus Hamburg erhalten, kenne ihn gut, sein Sohn hat vor zwei Jahren an unserer Schule seinen C6-Lehrgang absolviert. Er benötigt für das Motorschiff PAUL RICKMERS einen guten Wachingenieur, kann auch ein

163

Seemaschinist II sein, meint Herr Fischer in dem Gespräch, habe das Gesuch ans schwarze Brett gehängt, wäre was für Sie", meint er. „Ich kenne das Schiff", fährt er fort, „es wurde ja 1955 hier auf der Rickmers-Werft gebaut. Überlegen Sie sich das!"

Dozenten bei der Abschlussfeier

Die Zeit verstreicht, das Schulende nähert sich. Wir sitzen wieder zusammen bei ihr. Martina fängt an, denkt an Papas Worte: „Seeleute sind auch mit der Seefahrt verheiratet." Sie bittet mich, sie bettelt: „Bleib doch bitte hier!" Lange sprechen wir über dieses Problem. Gedanken schießen durch mein Gehirn: „Könnte ja, muss mal sehen." Ich möchte Martina nicht verlieren, die Beziehung darf nicht enden. Alles hat ein Ende, nur die Wurst hat zwei. Ich muss es ihr sagen, es fällt mir verdammt schwer: „Martina, ich fahre wieder, ich werde auf der PAUL RICKMERS als III. Wachingenieur anfangen. Eine Reise nur, ich verspreche es dir." Das war's, ich habe es ihr gesagt, ich musste es. Eisiges Schweigen, Sprachlosigkeit. Dann beginnt es, sie weint, alles Trösten hilft nichts. Auch meine Augen werden feucht. Ich denke: Verdammter Mist, aber was soll ich machen? Unter Tränen ihre Frage: „Wann musst du weg?" - „Mitte Juni muss ich nach Venedig, das Schiff ist auf der Reise von Ostasien nach Italien." Denke: Sie spricht wenigstens wieder mit mir. Noch zehn Tage haben wir Zeit, Zeit zum Reden, immer und immer wieder: Eine Reise nur, fünf Monate, dann such ich mir auch so einen Job, so wie es Jonny vorhat. „Sieh mal, Martina, Schatz, deinen Vater seht ihr doch auch nur alle drei Wochen für ein bis zwei Tage. Die Zeit vergeht, mache dann Schluss, können dann heiraten. Ich liebe dich! Noch einmal innig, es sollte das letzte Mal sein.

Es kommt der Tag der Abreise, der 14. Juni 1963. Bei der Verabschiedung verspreche ich Mutter Heitmann, sie zu besuchen, wenn sich die Möglichkeit ergeben würde. Als wir im Dezember 1963 in der Lloyd-Werft liegen, besuchte ich sie. Gehe auch zu Mekki, erfahre, dass Martina verheiratet ist und nun in Bremerhaven-Lehe wohnt.

Ich werde also als III. Wachingenieur auf PAUL RICKMERS anmustern. Alle Formalitäten sind erledigt. Bin wieder in Bielefeld, packe meine Koffer neu, erhalte den Anruf der Reederei: „Das Schiff wird wahrscheinlich am 17. Juni 1963 in Venedig einlaufen, man erwartet es am 18. Juni, senden Ihnen morgen wie vereinbart die Fahrkarte von Bielefeld über Hannover nach Venedig. Dort müssen Sie umsteigen in den Kurswagen nach Venedig. Steht alles noch ausführlich in dem Brief, der heute abgesendet wird, wir haben doch ihre richtige Heimatanschrift? Dann gute Reise!"

Morgen geht's also los, morgens in der Frühe mit dem ersten Zug nach Hannover. Dann geh ich heute Abend noch mal zum Abschluss in die ‚Kajüte', die Kneipe in der Rolandstraße, Ecke Siegfriedplatz zu Werner Gehring. Eine gemütliche Kneipe, maritim eingerichtet. Werner Gehring, der Wirt wurde in ganz Deutschland bekannt. Er erfand den „Sauren Paul", einen Korn, unter anderem mit Limone versetzt, die Rezeptur ist sein Geheimnis, sein neustes Getränk, „Kajütenfeuer", ein Kräuterlikör mit 38 Umdrehungen (38% Alkohol).

Bin im Aufbruch, als es an der Haustür klingelt. Es ist ein Telegrammbote, in der Hand ein an mich adressiertes Telegramm. Absender: Reederei Rickmers. Ich öffne es und lese: „Schiff kann erst am 19. Juni einlaufen, haben Fahrkarte ab Hannover umgebucht, ist per Eilboten unterwegs." Ich frage mich, was das soll. Werde es wahrscheinlich später an Bord erfahren. Gehe zu Werner Gehring, habe noch Hunger, bestelle Labskaus, seine Spezialität.

Der Grund der Verzögerung hängt mit dem Mann zusammen, den ich in Venedig ablösen soll. PAUL RICKMERS befindet sich auf der Rückreise von Rot-China. Für den Wachmaschinisten Werner Bergmann die letzte Reise vor dem Besuch der Schule. Er wird den Lehrgang zum Schiffsingenieur C5 besuchen. Auf der Rückreise fängt es an: er hustet. Der Husten nimmt zu. Er ist müde, abgeschlafft, quält sich auf Wache, hat Auswurf, muss dauernd den Schleim ausspucken, spuckt in die Pütz, spuckt Blut, sein Assi schlägt Alarm. Man bringt ihn auf seine Kammer, er bekommt Fieber. „Sieht nicht gut aus, vermute, er hat Tbc, muss schnellstens ins Krankenhaus", meint sorgenvoll der Kapitän. Beim Einlaufen in Konstanza ist der Krankenwagen schon da. Krankenhaus in Konstanza in Rumänien im Jahre 1963, nicht die ideale Lösung. Große Zimmer, belegt mit acht bis zehn Patienten. In alten Betten mit Stahlgestell liegt man auf durchgelegenen Matratzen. Ohne Waschbecken, kleiner Nachtisch, alter Kleiderschrank. Zusammen mit acht bis zehn Patienten: alte, gebrechliche, frisch operierte und todkranke. Krankenhaus im Ausland, in Rumänien bedeutet auch: Probleme mit der Verständigung, kaum einer, fast keiner spricht Englisch, sprechen außer ihrer Muttersprache noch etwas russisch. Nur der alte Doktor Paul Pistorius, der ihn bei der Einlieferung untersucht, kann etwas Deutsch. Er stammt aus einem kleinen Ort in Siebenbürgen, seine Vorfahren waren Sachsen. Er untersucht ihn, die Krankenschwester Alina, seine Tochter, assistiert, entnimmt aus der Akte sein Alter: 32 Jahre. Er liegt apathisch da, er der große, blonde deutsche Seemann. Er tut ihr leid, nur leid? Nein, da ist mehr. „Vater, wird er wieder gesund? Du musst ihn heilen, ihr müsst ihn heilen!", flüstert sie. Vater Radu wundert sich. Kapitän Petersen bittet seinen zweiten Offizier Beyer: „Kümmern Sie sich um ihn, sorgen Sie dafür, dass, wenn wir ausgelaufen sind, einer von der Makleragentur sich seiner annimmt." Besuchen kann Beyer ihn nicht. Er lernt den Arzt Dr. Pistorius kennen und bittet ihn, sich um den Patienten zu kümmern. Auf die Isolierstation mit dem Kranken! Es besteht der dringende Verdacht auf Lungentuberkulose. Nach eingehender Untersuchung bestätigt sich die Vermutung. Jedoch erst im Anfangsstadium. Tuberkulose ist ansteckend, muss gemeldet werden. Diese Vorschrift kennt der Kapitän. So müssen alle Kontaktpersonen der Besatzung nun ebenfalls untersucht werden, Speichelproben, Blutabnahme und so weiter. Spezialisten, die so genannten Kammerjäger, desinfizieren die gesamten Kammern einschließlich Matratzen und Gardinen, sammeln seine gesamte Kleidung ein und bringen sie von Bord zur Vernichtung. Einen ganzen Tag dauern die Untersuchungen und Hygienemaßnahmen. Die Befunde sollen in drei Tagen kommen, „Geht nicht, unmöglich, müssen uns etwas einfallen lassen!" Reederei und Kapitän verhandeln, verhandeln in Hamburg, verhandeln in Konstanza, schalten die Hafenbehörde in Venedig ein. Mit Erfolg. PAUL RICKMERS darf auslaufen mit der Auflage, vor Venedig auf Reede zu gehen für den Fall, dass die Ergebnisse von Konstanza für alle ohne Befund sind. Ohne Befund waren sie, so konnte das Schiff am 11. Juni 1963 den Hafen verlassen.

Auch ich musste mich, obwohl sich Werner Bergmann in Venedig nicht mehr an Bord befand, nach Rückkehr von der Fernost-Reise in Hamburg beim Vertrauensarzt einer Untersuchung unterziehen, mit dem Ergebnis: Kein Anzeichen für frische Tuberkulose. Jedoch sollte ich im Jahre 1964 nochmals untersucht werden. „Reine Vorsichtsmaßnahme", meinte der Doktor.

Werner Bergmann liegt weiterhin alleine auf der Isolierstation. Kein Besuch, nur das Personal, der Doktor und seine Assistentinnen kümmern sich um ihn mit Mundschutz und spezieller Kleidung. Vollgepumpt mit notwendigen Medikamenten, Spritzen oder Tabletten, vier Wochen von der Außenwelt abgeschlossen, liegt er nun schon auf dieser Station. „Morgen können wir es verantworten, morgen werden Sie auf eine normale Station verlegt", sagte Dr. Pistorius. Er kommt nicht allein, kommt wie immer mit ihr, der Krankenschwester Alina, die sich schon über ihn und seine Krankheit informiert hat, ihn den deutschen Seemann. Ganz nahe steht sie vor ihm. Schaut ihm tief in die Augen und lächelt. Sein Atem stockt, denkt: Was für ein Prachtweib, dieser rassige Typ mit den pechschwarzen langen Haaren, einem Gesicht zum Verlieben. Visite ist angesagt, der Trupp läuft auf, mehrere Ärzte, auch der deutsch sprechende Stationsarzt sowie die Oberschwester. Sie stehen vor ihm, schauen in seine Krankenakten, sprechen mit ihrem Kollegen, er soll übersetzen. „Die Heilung hat gute Fortschritte gemacht, Sie können in einer Woche das Krankenhaus verlassen", erklärt er. Beim Weggehen zieht er heimlich einen Brief aus seiner Kitteltasche, achtet darauf, dass dies keiner sieht: „Verstecken, schnell, heimlich lesen, alleine!" Er lacht und eilt zum Visitentrupp. Hastig nimmt Werner den Brief, steckt ihn ein, geht zur Toilette, macht ihn auf und liest ihn. Geschrieben in schlechtem Deutsch, er muss mehr raten als lesen, unvollständige Sätze, Worte total falsch geschrieben, geschrieben vom Stationsarzt, diktiert von der Krankenschwester Alina, seiner Tochter: „...eu dragooste, ich liebe dich, möchte dich treffen, alleine an einem stillen Ort, Sehnsucht, Sehnsucht nach Drag, Liebe und mehr." Sie lieben sich, treiben es versteckt an einem Ort im Krankenhaus. Gedanken an die Zukunft. „Bleib doch hier!", bettelt sie. Unmöglich! Ist beiden klar. „Nimm mich mit!" Geht erst recht nicht, nicht in dieser Situation und in einem kommunistischen Land wie Rumänien. Er ist gesund, muss abreisen. Das Visum ist abgelaufen, der Antrag auf ein Touristen-Visum, abgelehnt. Er reist ab in der Hoffnung, sie wieder zu sehen. Nur Hoffnung oder mehr?

Ich sitze im Zug im Kurswagen nach Venedig. Er soll in München umgehängt werden. Der Oberkellner des Speisewagens geht durch, nimmt Bestellungen fürs Mittagessen mit Platzreservierung an. Ich bestelle und begebe mich zu dem vereinbarten Zeitpunkt in den Speisewagen. Der Kellner serviert. Es ist ein Menü. Als Vorspeise gibt es Spagetti mit Tomatenmark und geriebenem Parmesankäse. Verlange zu viel, esse zu gern Spagetti. Der Hauptgang wird serviert: Rosenkohl mit Braten. Bin jetzt schon satt, stopfe den Hauptgang aber auch noch rein. Das Ziel ist erreicht: Venedig, Bahnhof Mestre. Der Weg zum Schiff ist nicht allzu weit.

Motorschiff „PAUL RICKMERS" – Stückgutfrachter

MS PAUL RICKMERS
Reederei: Rickmers Linie Hamburg

Unterscheidungssignal: DIIQ   Rickmers-Reedereiflagge
Baujahr: 1954/55 bei der Rickmerswerft Bremerhaven
Indienststellung am 2.03.1955
Heimathafen Hamburg
Abmessungen: Länge: 139 m, Breite: 18 m, Tiefgang: 8,18 m
Tragfähigkeit: 11400 t, 7910 BRT
Besatzung im „Drei-Wachen-Betrieb" auf „Großer Fahrt": 31 Mann
Der Kapitän steht über allen als Vertreter der Reederei an Bord.
Bereich Deck: 3 Wachoffiziere, Funkoffizier,
Bootsmann, Zimmermann, 7 Matrosen.
Bereich Maschine: Chiefingenieur, 3 Wachingenieure,
3 Ingenieurassistenten, Elektriker, Storekeeper, 4 Motorenwärter
Bereich Wirtschaft: 2 Köche, 2 Stewards
   Bis auf die Matrosen, deren Logis achtern waren, wohnte die rest-
liche Besatzung mittschiffs. Hier befanden sich auch die Messen
sowie die Kombüse.
Ladung: überwiegend Stückgut in den Laderäumen als auch an
Deck. Hierfür waren fünf Laderäume, unterteilt in drei Decks mit
unterschiedlicher Höhe vorhanden, sowie Süßwassertanks von insgesamt 5000 m³. Die Luken der Decks mit Längen von 7, 12, 15
und 24 Metern waren vor und hinter dem Aufbau angeordnet. Sie
waren mit 6,20 m breiten MacGregor-Stahlluken seewasserfest verschlossen. Das Ladegeschirr bestand aus 8 Ladepfosten, 16 Lade-

bäumen á 5 t, sowie zwei Schwergutbäumen mit 25 bzw. 30 t. Die Ladefosten mit den 16 elektrisch angetriebenen Ladewinden mit Hangerspillkopf waren auf den Decks der Aufbauten bzw. der vier Windenhäuser angeordnet. Die Laderäume, Wohn- und Aufenthaltsräume sowie der Maschinenraum wurden mittels elektrisch angetriebener Lüfter über die Lademasten oder Lufthauben be- und entlüftet.

Einsatzgebiet: Liniendienst Europa – Ostasien

Technische Daten

Da sich die Hauptmaschine mittschiffs befand, musste eine ca. 60 m lange Schiffswelle, die im Wellentunnel mehrfach gelagert war, durch den Schiffskörper im unteren Teil der Laderäume bis zum Achtersteven durch die Stopfbuchse zur Schraube geführt werden. Die Leistung des mit 6 Zylindern einfach wirkenden Zweitaktkreuzkopfmotors ohne Aufladung mit einem Kolbendurchmesser von 700 mm und einem Hub von 1,5 m bei einer Drehzahl von 120 U/min betrug 5.400 PS bei einer Reisegeschwindigkeit von 14.2 Knoten. Als Brennstoff wurde Schweröl eingesetzt. Der Brennstoffverbrauch bei maximaler Leistung betrug ca. 21 t pro Seetag. Zur Stromerzeugung – 380 V, 55 Hz – standen 4 Hilfsdiesel mit Generatoren mit je 400 PS Leistung sowie ein Notdiesel mit 100 PS zur Verfügung. Die Wärmeversorgung (Tank- und Raumheizung) erfolgte durch den im Schornstein angeordneten Kombikessel, betrieben durch Motorabgase oder Heizöl. Des Weiteren war zur Frischwasserversorgung ein Seewasserverdampfer installiert.

Das Schiff wurde 1972 nach Singapore ausgeflaggt und 1982 abgewrackt, war also fast 27 Jahre in Betrieb.

Meine Fahrzeit auf der PAUL RICKMERS

Nach Beendigung des Lehrganges zum Seemaschinisten II (C3), am 29.05.1963 konnte ich nun als Seemaschinist auf „ kleiner Fahrt" oder als Wachingenieur auf „mittlerer oder großer Fahrt" tätig sein. Ich hätte sofort bei meiner alten Reederei (Argo-Linie) anfangen können. In der Schule hing wie üblich eine Tafel mit Stellenangeboten. Dort las ich: „Die Reederei Rickmers sucht Wachingenieure mit dem Patent C3 für die PAUL RICKMERS im Liniendienst nach Ostasien. Da mich dieses reizte, sprach ich bei der Reederei vor und erhielt die Anstellung als Wachingenieur. Das Schiff sollte in Kürze in Venedig einlaufen, und ich sollte den III. Ingenieur ablösen. So fuhr ich also nach Venedig.

Meinen Dienst trat ich am 19.06.1963 an. Ich fuhr auf der PAUL RICKMERS bis zum 14.05.1964 zweimal nach Ostasien.

Reise „auslaufend"

| Venedig | auslaufend | 20.06.1963 |

169

Durres	einlaufend	20.06.1963
	auslaufend	27.06.1963
Alexandria	einlaufend	29.06.1963
	auslaufend	04.07.1963
Port Said	einlaufend	04.07.1963
Port Suez	auslaufend	04.07.1963
Port Sudan	einlaufend	06.07.1963
	auslaufend	11.07.1963
Djibuti	einlaufend	13.07.1963
	auslaufend	21.07.1963
Singapore	einlaufend	02.08.1963
(bunkern)	auslaufend	02.08.1963
Bangkok	einlaufend	06.08.1963
	auslaufend	13.08.1963
Hongkong	einlaufend	17.08.1963
	auslaufend	24.08.1963
Tsingtao	einlaufend	27.08.1963
	auslaufend	06.09.1963
Shanghai	einlaufend	09.09.1963

Seefahrtbuch 19.06.1963

PAUL RICKMERS lief am 20. Juni 1963 mit Kurs auf Durrës / Albanien aus, legte ab mit mir, dem neuen III. Wachingenieur. Ich war nun auch einer der Ärmelstreifen. Lebte mich schnell ein, ging wieder die Hundewache, war mir egal, auch egal, dass ich zum Abendessen auf See immer den Zweiten ablösen musste. Das Bordklima war gut, die Verpflegung auch. Dachte an die Worte meines Dozenten Harms: „Die Reederei Rickmers, eine gute alte Reederei."

In Durrës machten wir noch am selben Tage an einer Pier fest, an der sonst kein Schiff lag. Wir erfuhren nach dem Einklarieren durch den Kapitän, dass keiner von Bord dürfe. Nur er und der II. Offizier durften nach Beendigung der Ladezeit von Bord, lediglich um die Tiefgangsmarkierungen abzulesen. „Egal, auch diese Zeit vergeht", sagte ich mir. Das Geplärre aus den Lautsprechern der Beschallungsanlage an der Pier ging mir auf den Wecker, mir und den anderen Kollegen. Wir standen an Deck, an Land standen zwei Soldaten mit umgehängter Knarre, bewachten unser Schiff Tag und Nacht. Über die Art der zu übernehmenden Ladung und den Inhalt wurde Stillschweigen vereinbart. Es handelte sich um vier riesengroße, mit Planen verhüllte Holzkisten. Die Ladung war für Tsingtau bestimmt. Nach einer Liegezeit von fünf Tagen liefen wir am 27.06.1963 aus, Kurs Alexandrien.

Der Fahrstand

Wir erreichten Alexandrien, die ägyptische Hafenstadt am Mittelmeer, eine Hafenstadt wie all die anderen in Algerien, Tunesien und Libyen. Das Stadtbild präsentierte zunächst moderne weiße Häuser, pulsierende Hauptstraßen, abseits aber Elendsviertel, primitive Häuser aus Lehm, Wellblechbuden, dunkle Gassen, dunkle Toreingänge.

Die überwiegende Anzahl der Bewohner sind Muslime. Nur etwa 10% sind koptisch orthodoxe Christen. Ein Muslim ist nach islamischem Selbstverständnis ein Gläubiger, der Mohammed als letzten Propheten Gottes (Allah) anerkennt. Die von Mohammed überbrachte Offenbarung ist im Koran aufgezeichnet, um sie für ewig den Menschen zu erhalten, zumal Mohammed als Mensch sterblich war. Ein Muslim glaubt daran, dass der Koran das Wort Gottes ist und Mohammed durch den Erzengel Gabriel übermittelt wurde. Die Männer tragen auch bei der Arbeit ihren Burnus. Es handelt sich hierbei um einen blauen, silbernen oder weißen langen Kapuzenmantel, ähnlich unseren Nachthemden. Darunter tragen sie eine Hose mit tiefem Schritt. Dieses soll folgende Bewandnis haben: Mohammed ist nach der Überlieferung von einem Mann geboren worden. Sollte noch so ein Prophet unterwegs sein, soll er nicht auf die Erde fallen. An jeder Straßenecke findet man einen Gebetstempel, eine Moschee. Dreimal am Tage, morgens nach Sonnenaufgang, mittags und abends bei Sonnenuntergang schreit der Muezzin vom Minarett seine Gebetsaufforderung über die Dächer hinweg. Das Volk eilt dann in die Moschee, barfüßig lassen sie sich auf dem Gebetsteppich nieder, das Gesicht gen Osten in Richtung Mekka gerichtet. Ein gymnastischer Akt wird vollzogen: Der fromme Beter steht, die Hände am Kopf, dann kniet er nieder, beugt sein Haupt, berührt den Teppich, ein-, zwei-, dreimal, immer dieselbe Bewegung. Kann er nicht in die Moschee, verrichtet er sein Gebet an Ort und Stelle. Selbst im Hafen unterbrechen sie ihre Arbeit, schnappen sich ihren Teppich und beten zu Allah. So beten sie alle, die einfachen Malocher, die Herren, die Soldaten, die Beamten und ihre Helfer und Schergen. So betet der Richter, der Schlächter, der Doktor, die gestern noch dem jungen Mohammed die rechte Hand abhackten, weil er seinen Dienstherren bestohlen hatte. Sie beten, obwohl sie morgen nach Sonnenaufgang die Sara steinigen. Sie wird bis zur Brust eingegraben und mit dreißig apfelsinengroßen Steinen beworfen, weil sie fremd ging. Nur Nutten dürfen dieses, Nutten in den geduldeten Puffs. Beten sie, dass sie das überlebt? Alexandrien, die Stadt der Bordelle, auch für die geilen feisten Burnusträger, die sich an den gut gebauten Jünglingen ergötzen und sie vernaschen, diese gottverdammten schwulen Mohammedaner.

Alexandrien war damals ein gefährlicher Ort, gefährlich für Engländer. Die Ägypter hassten sie, da sie im zweiten Weltkrieg gegen ihren Freund, den Generalleutnant Erwin Rommel gekämpft hatten. Vor uns lag ein britischer Frachter. Die Besatzung ging an Land, in den dunklen verwinkelten Hafen. Im Hinterhalt lauerten die sie hassenden Moslems, traten aus der Dunkelheit, umzingeln einen der Besatzung und schlugen ohne Vorwarnung mit Knüppeln auf ihn ein, tödliche Schläge und verschwanden wieder in der Dunkelheit. Wir gingen an Land, sahen ihn da liegen im Kreise seiner auf den Krankenwagen und die Polizei wartenden Landsleute. Kaum hatten wir das Hafentor passieret, sprach mich ein Wachmann an: „Du Deutscher, du heißen Hans? Deutsche gut." Er zeigte mir ein Bild von Rommel, küsste es und holte noch ein Buch aus der Schublade, das Buch „Mein Kampf" von Adolf Hitler. „Hitler guter Mann, Engländer nix gut, schlagen tot!" Ich schüttele den Kopf und wir verschwanden, verschwanden in das Gewirr von Händlern und Schleppern. Die wollten uns mit aller Macht in die Privatpuffs zerren, zeigten uns Bilder, widerliche, anekelnde Bilder von alten, dicken, vollbusigen Nutten. Wollten uns in einen Männerpuff zerren, wo braune Jünglinge es mögen. Wir sahen die alten geilen lüsternen Moslems, die hier ein- und ausgehen. Sprach doch so ein Homo unseren Moses an: „Blonder schöner Deutscher, möchte deinen knackigen Hintern versilbern." Wir gingen weiter, trafen Kollegen vom Schwesterschiff „PETER RICKMERS", dessen Bootsmann Wilfried erzählte sein Erlebnis aus dem Puff: „Habe da zwei Weiber gesehen, die sich gegenseitig bearbeiteten, sich befriedigten, spannten sich gegenseitig in ein Holzgestell und spielten Mann und Frau." Ich spürte, wie mein Magen vor Ekel rebellierte.

Paul Rickmers lief aus und nahm Kurs auf den Suez-Kanal. Am 4.07.1963 liefen wir in Port Said ein, wo wir ankerten. Der Konvoi wurde zusammengestellt. „Die Händler kommen an Bord. Fenster und Türen im Hauptdeck schließen, alle Kabinentüren zumachen, abschließen, nicht auf dem Haken lassen. Es sind auch Langfinger unter den Händlern", lautete die Anweisung der Schiffsführung. Die Kabinentüren konnten durch einen Metallstab einen Spaltbreit geöffnet gehalten werden. Man konnte das Schloss so drehen, dass der Hebel fest saß und die Tür dann nicht mehr zu öffnen war. Es kam trotzdem vor, dass sie die Langfinger mit einem Trick auf bekamen.

Die Händler kamen mit ihren Booten angerudert, machten längsseits fest, enterten das Schiff mit Säcken und Kisten, wollten alles verramschen, was Seeleute gebrauchen konnten oder auch nicht. Die Seeleute, zu melkende Kühe, wurden bearbeitet, immer nach dem Motto: „Du kaufen, Mister, billig!" Gefälschter Schmuck. Ledersachen, Schnitzereien. Sie palaverten rum, versuchten es auf Deutsch, Englisch oder Französisch. „Haut ab, ihr Kanakker!", fluchte der Bootsmann. „Du Spanische Fliege kaufen! Zwei Tropfen, dann kannst du lieben die ganze Nacht! „Hau ab, du Mistbiene, du Arschloch!", raunzte ich ihn an. Er ging aber nicht, war lästig wie eine Scheißhausfliege und wollte mir noch einen Ring andrehen, einen großen goldenen Ring mit einem herrlichen Brillanten. Der war natürlich nicht echt, alles gefälscht. Mir reichte es, ich schmiss ihm meine Latschen ins Kreuz. Er fluchte: „Focken German!" und entfernte sich. Endlich musste die gesamte Saubande wieder von Bord.

Unser Schiff reihte sich in den Konvoi ein, die Fahrt durch den Kanal begann.

Der Suezkanal ist ein künstlicher Wasserweg vom Mittelmeer zum Roten Meer und verbindet die zwei Hafenstädte Port Said und Port Suez. Der Kanal wurde von der französischen Suez-Gesellschaft erbaut, am 18. März 1869 feierlich eingeweiht und für die Schifffahrt freigegeben. 1,5 Millionen Menschen, hauptsächlich Ägypter, waren am Kanalbau beteiligt. Über 100.000 starben während der Bauarbeiten, hauptsächlich an Cholera, verursacht durch das ungereinigte Trinkwasser. Unter dem ägyptischen Präsidenten Nasser wurde der Kanal am 26. Juli 1956 verstaatlicht, also zwölf Jahre vor Ablauf der Konzession der Kanalgesellschaft. Dies löste damals die Suezkrise aus. Am 29. Oktober 1956 griffen israelische, britische und französische Truppen Ägypten an. Durch das Eingreifen der UNO, der USA und der Sowjetunion wurde die Auseinandersetzung jedoch relativ rasch beendet und der Kriegsschauplatz bereits am 22. Dezember 1956 wieder geräumt. Versenkte Schiffe versperrten die Durchfahrt jedoch noch bis 1957. Im Sechstage-Krieg 1967 rückte Israel am 9. Juni 1967 wieder bis zum Kanal vor und besetzte sein Ostufer vollständig. Der Kanal blieb für die Schifffahrt geschlossen und stellte von da an für einige Zeit die Grenze zwischen Ägypten und Israel dar. Durch diese Schließung lagen mehrere Schiffe, unterschiedlicher Nationalitäten über sieben Jahre in dem zerstörten Kanal fest, unter ihnen die deutschen Motorschiffe „BITTERFELD" und „MÜNSTERLAND". Durch die Schließung des Kanals verlängerte sich der Schiffsweg von Shanghai nach Hamburg um das Horn von Afrika z. B. um ca. 4.400 Seemeilen. Israel hatte am Ostufer eine Verteidigungslinie errichtet. Gemäß dem Waffenstillstandsabkommen zogen sich die israelischen Truppen auf die Ostseite und von dort ein paar Kilometer weiter in den Sinai zurück. Der gesamte Kanal geriet so wieder vollständig unter ägyptische Kontrolle. Dies ermöglichte die Wiedereröffnung des Kanals durch Ägypten im Juni 1975.

Wir durchfuhren den Suezkanal bis Port Suez in 16 Stunden, mussten im Großen Bittersee vier Stunden warten, bis der Gegenkonvoi durch war.

Markt in Djibouti

Die Reise wurde fortgesetzt mit Kurs auf Djibouti, Hafenstadt der Republik Djibouti. Wir gingen an Land auf den Mark. Es herschte ein buntes Treiben. Die Djibutaner kauften ein: Textilien, Obst, Gemüse und Fleisch. Der Koran schreibt vor, dass sie nur geschächtetes Fleisch essen dürfen, also von Tieren, die vor dem Schlachten ausgeblutet sind und nur von Tieren wie Lamm, Ziege, Rind und Geflügel. Schweinefleisch ist verboten, das Schwein gilt als unrein. Schweine können in diesen Breiten, nicht zuletzt auf Grund der Trockenheit und fehlender Nahrungsquellen, wie Korn und Nüsse, gar nicht gezüchtet werden, da sie in der Nahrungsaufnahme mit den Menschen konkurrieren.

Nach Überqueren des Indischen Ozeans war Singapore erreicht. PAUL RICKMERS musste Brennstoff nachbunkern. Fast 400 t Dieselöl wurden seit dem Auslaufen aus Venedig verbraucht. „Frischwasser sollten wir auch übernehmen", meinte der Chief. Der Seewasserverdampfer konnte ja nur einen Teil des Verbrauches erzeugen. Im Seewasserverdampfer wurde aus Seewasser fast destilliertes Wasser erzeugt, es wurden nur ca. 30% der zugeführten Menge verdampft und dem gebunkerten Frischwasser beigefügt.

In Bremerhaven hatte sich inzwischen während meiner Reise folgendes abspielt:

Elvi und Jonny heiraten. Polterabend wird bei Mekki gefeiert, natürlich ohne mich, befinde ja mich auf der Fahrt nach Ostasien. Martina geht hin, braucht mal wieder Abwechslung, muss wieder unter Menschen, kann ja nicht ewig im Hause hocken, fünf Monate noch, bis ihr Liebster wieder bei ihr ist. Martina sitzt in der Runde, denkt an die Tage mit mir – bis jemand kommt und sie zum Tanz auffordert, der Polizeihauptkommissar, Jonnys neuer Vorgesetzter auf dem Boot, auf dem Jonny seinen Dienst versieht. Langsam aber stetig entwickelt sich eine neue Liebesbeziehung. Martinas Mutter macht sich Sorgen. Ihr Mann Johannes meint nur: „Das habe ich vorausgesehen, die arme Deern." In der Familie Janssen kehrt der

Alltag zurück. „Kind, du musst es ihm schreiben", meint ihre Mutter."
Und sie schreibt mir.

In Singapore bekam ich Post, ihren Brief: „Lieber Peter... habe
mich dann verliebt, verliebt in Werner, sei nicht traurig, aber es ist
wohl das Beste... Martina". Aus, vorbei! Ich war sauer, frustriert,
traurig! Besoff mich, drehte mich um, nahm ihr Bild von dem Regal,
schleuderte es auf den Boden, es schnäpperte, denn Glück und
Glas, wie leicht bricht das.

Von Singapore aus nahmen wir Kurs auf Bangkok, die Hafenstadt
Thailands, erreichten Bangkok am 6. August 1963. Wir ankerten
zunächst auf Reede, denn die Piers waren alle belegt. Bangkok mit
seinen damals 1,2 Millionen (2006 = 6,8 Millionen) Einwohnern,
durchzogen von Wasserkanälen, hat ein tropisches Klima mit über
30° C und einer hohen Luftfeuchtigkeit. Diese Luftfeuchtigkeit breite-

te sich über Nacht aus, kondensierte, schlug sich als Tau nieder auf das Schiff, auf die Decks. Wurde durch die aufgehende Sonne erhitzt. Man wähnte sich in einer Waschküche. Die Luft in den Unterkünften war unangenehm schwül, Schweiß trat aus den Poren, ein Knuff zum Gotterbarmen.

Ich besichtigte den Königspalast und Tempelanlagen, Altäre mit brennenden Räucherstäbchen, mir begegnen thailändische buddhistische Mönche, teilweise mit glatt geschorenen Köpfen. Sie trugen gelbe und rote Gewänder. Ich sah die Kanäle mit den Wohnbooten an den Ufern, die Holzhütten der einfachen Menschen. Bankgong mit seinen Geschäften lud zum Kaufen ein. „Gold müssen Sie kaufen, ist sehr billig, aber passen Sie auf, die betrügen gerne", meinte der Funker, als ich mir Vorschuss holte, denn am nächsten Morgen früh sollten wir an die Pier verholen. Dann wollte ich Goldschmuck kaufen.

Kapitän Petersen und der erste Offizier gingen von Bord. Sie wurden mit dem Wassertaxi abgeholt. Wollten im Hafen an Bord von „ETHA RICKMERS" zum Kollegen van Buhr. Kapitän Petersen erteilte seinem II. Offizier folgende Order: „Beyer, sorgen Sie dafür, dass niemand über das Fallreep das Schiff betritt, stellen sie eine Wache ab." Damit meinte er in erster Linie die Thaimädchen, denn wer sollte sonst kommen? Über das Fallreep kamen sie nicht.

Boots- und Zimmermann hatten, als der Alte sich mit dem Wassertaxi außer Reichweite befand, achtern die Jakobsleiter ausgesetzt. Dann kamen sie angefahren mit ihren Booten, erklommen die Jakobsleiter, gingen an Bord, klopfen an die Kammertüren, versuchten sie zu öffnen. Waren sie verschlossen, zogen sie weiter. Wurden zum Teil schon an Deck erwartet und mitgenommen. Ich saß in meiner Kammer auf dem Sofa, es klopfte, sie öffnete langsam die Tür, lächelte, bat um Einlass. Sie setzte sich mir gegenüber auf den Stuhl. Ich bot ihr eine Flasche Cola an, öffnete sie mit den Zähnen. Wieder das Lächeln. Bald saß sie neben mir, fing an zu schmusen. Älter als 20 Jahre schien sie nicht zu sein. Wir gingen zusammen in die Koje und waren nicht die einzigen, die es trieben.

Am nächsten Tag verholten wir in den Hafen. Wieder klopfte jemand an meiner Kammertür, öffnete sie, als ich mich meldete. Ein groß gebauter Inder mit Turban trat ein. Er sprach mich in Englisch an. Meine Englischkenntnisse waren nicht gut, verstand aber trotzdem sein Verlangen. Er bot mir seine Wahrsagerkünste an, wollte mir aus der Hand lesen, natürlich für Geld, nicht allzu viel. Ich war neugierig auf das, was er mir erzählen würde. Er nahm meine Hand und fing an, in Englisch. Nahm mein Wörterbuch zum nachlesen. Dachte, das stimmt, was er mir da erzählt, war aber skeptisch zu dem, was noch kommen würde, stelle jedoch laufend fest, er hatte Recht.

Weiter ging die Reise nach Hongkong. Hongkong beeindruckte mich.

Straße in Hongkong

Ich stand fasziniert vor den großen Hochhäusern, Sitz zahlreicher Unternehmen aus aller Welt, las: Bayer, Leverkusen, Grundig, Coca Cola und, und... War beeindruckt von dem Panorama dieser von Bergen eingeschlossen Metropole, vom Viktoria-Berg mit dem Flugplatz. Hongkong mit seinen Einwohner aus vielen Nationen und den Hongkong-Chinesen, den Reichen und den Armen, die teilweise eng gedrängt in erbärmlichen Unterkünften an Land und zu Wasser in Hütten und auf Dschunken hausen, große Familien mit Mann und Maus, Hühnern und sonstigem Kleinvieh. Wir stürzen uns rein in das pulsierende Leben, fuhren mit dem Bus und den Rikschas kreuz und quer durch die Hauptstraßen und das Armenviertel. Wir kauften elektronische Geräte und teilweise Kleidungsstücke. Ich kaufte mir ein super modernes Tonbandgerät. In Deutschland erfuhr ich später, dass ich fast 50% gespart hatte.

Auf der zweiten Ostasienreise fuhren wir den Perlfluss hinauf nach Kanton, besuchen dort die Kulturstätten und besichtigten eine Seidenfabrik. Ich kaufte chinesische Brokatseide, blau mit chinesischen Malereien. Dachte mir: Mutter ist ja Schneiderin, kann mir ein Kleid nähen, für wen denn? Mal sehen.

Die weitere Reise führte uns in die am Gelben Meer im Osten Chinas gelegene Hafenstadt Tsingtau. Sie stand von 1892 bis 1914 unter deutscher Kolonialherrschaft. Eine große von Deutschen gegründete Brauerei war dort immer noch ansässig. Der Boxeraufstand im Frühjahr 1900, ein Krieg zwischen chinesischen Rebellen und den imperialistischen Kolonialmächten Deutschland, Frankreich, Großbritannien, Italien, Japan, Österreich-Ungarn, Russland und den USA, hatte auch in Tsingtau seine Spuren hinterlassen.

(Ausführliche Informationen über die frühere kaiserlich-deutsche Kolonie Tsingtau finden Sie in den Bänden **42**, **78** und **79** dieser maritimen gelben Buchreihe)

In Tsingtau bunkerte unser Stewart mehrere Kisten des chinesischen Bieres, abgefüllt mit je einem halben Liter in Glasflaschen, verpackt in Holzwolle in Holzkisten. Das Bier schmeckte gut. Hatte mir von mehreren Flaschen die Etiketten entfernt. Dachte mir: Die kannst du gebrauchen.

Auf der Reise von Tsingtao nach Shanghai stellten wir fest, dass mit unserer Hauptmaschine etwas nicht stimmte, da die Leistung nachließ. Nach Messungen an den Zylindern sowie dem Vernehmen unnormaler Geräusche des Zylinders 2 kamen wir zu dem Entschluss, den Kolben auszubauen. Da die Fahrt nach Shanghai nur noch wenige Stunden dauern würde, entschlossen wir uns, mit halber Kraft den Hafen anzusteuern.

Also bauten wir den Kolben aus, wechselten die Kolbenringe und entfernten den verkrusteten Ruß vom Kolben, der Zylinderbuchse und dem Schieber im Abgaskanal. Außerdem wechselten wir das Einspritzventil, die Brennstoffleitung und die Brennstoffdüse.

Wir liefen am 9.09.1963 von Tsingtau kommend in Shanghai ein. Die Revierfahrt auf dem Jangstse war gefährlich, insbesondere bei Nacht, da Fahrzeuge auch unbeleuchtet die Fahrrinne kreuzten.

Shanghai, die große Hafenstadt Rot-Chinas, hatte zu dieser Zeit ca. 6 Millionen Einwohner. Welche Eindrücke! Die arbeitende Bevölkerung, ob Mann oder Frau, trug immer dieselbe einheitliche Bekleidung: blaue Jacke, blaue Hose, blaue Mütze, der Stoff im Sommer aus Leinen, im Winter wegen der Kälte gefüttert.

Kolbenziehen

Sanghai, wohin, wenn man an Land möchte? Ein „öffentliches Leben" (Gastronomie, Kneipen, Restaurants etc.) fand nicht statt. So blieb uns Seefahrern nur der Seemannsclub. Hier begann beim Essen das Theater, der Kampf mit den Reisstäbchen. Habe das nie geschafft. Führte die Schale zum Mund und schob das Essen mit den Stäbchen rein. Reis mit Schlangenragout, ekelte mich anfangs, aber es schmeckte. Ich aß auch gebratene Vogelnester, Bambussprossen, trank den Reiswein. „Iss nicht soviel Reis, verdirbst dir die Augen, kriegst Schlitzaugen", meinte lachend der Storekeeper.

Im Seemannsclub in Shanghai

Die Bevölkerung wohnte in Stein- und Lehmhütten, vereinzelt gab es auch schon normale mehrgeschossige Wohnhäuser. Im Straßenverkehr sah man kaum Pkw, überwiegend Fahrräder, Rikschas, von Kulis zu Fuß oder durch ein Fahrrad gezogen. Die Busse fuhren noch mit Gas, das in einem Gummibehälter auf dem Dach gelagert wurde.

Im Seemannsclub vor Mao-Statur

Am 20.09.1963 lief die PAUL RICKMERS Kurs Heimat aus, zunächst in Richtung Shantou.

Auf der Heimreise Löschen und Laden in den Häfen, die auf der Route lagen.

Reise „heimkehrend":

Shanghai	auslaufend	20.09.1963
Shantou	einlaufend	21.09.1963
	auslaufend	26.09.1963
Hongkong	einlaufend	26.09.1963
	auslaufend	29.09.1963

Dschuken

Unterwegs begegneten wir unserem Schwesterschiff „ETHA RICKMERS" Kurs China.

ETHA RICKMERS vor Wüstenfelsen

Bangkok	einlaufend	03.10.1963
	auslaufend	08.10.1963
Singapore	einlaufend	11.10.1963
(bunkern)	auslaufend	12.10.1963
Djedda	einlaufend	25.10.1963
	auslaufend	27.10.1963
Port Sudan	einlaufend	28.10.1963
	auslaufend	31.10.1963

Decksladung Rinder

In Port Sudan wurden Viehherden für Port Safraga geladen. Sie standen zusammengetrieben an der Pier. Ich sah, wie sie an Bord getrieben wurden. Während der dreitägigen Fahrt mussten sie bei der Hitze von den Pflegern ständig mit Wasser und Futter versorgt werden. Aus diesem Grunde wurde ein Ballasttank mit Frischwasser gefüllt. Trotz der Pflege überstanden einige Tiere den Transport nicht und verendeten. Ihre Kadaver wurden über Bord geworfen.

Decksladung Rinder Kurs Port Safaga

Wir fragten uns: Muss so etwas vorkommen, muss man die Tiere so quälen?

Port Safaga   einlaufend   31.10.1963
               auslaufend   02.11.1963

Wir passierten den Suezkanal und mussten im großen Bittersee wieder auf den entgegenkommenden Konvoi warten.

Port Suez	einlaufend	02.11.1963
Port Said	auslaufend	05.11.1963
Alexandrien	einlaufend	05.11.1963
	auslaufend	11.11.1963
Antwerpen	einlaufend	22.11.1963
	Auslaufend	25.11.1963
Rotterdam	einlaufend	26.11.1963

„Ja, eine Reise mache ich noch", versprach ich dem Chief, als er mich auf der Heimreise fragte, ob ich bleiben würde. Egal, wo und auf welchem Schiff ich fuhr, war mir jetzt egal, alles egal: Ich fahre weiter zur See, jetzt erst recht. Ich wollte allerdings in Rotterdam aussteigen, um paar Tage nach Hause zu fahren. „Kein Problem, kommt solange eine Ablösung", meinte der Chief.

Am 26.11.1963 liefen wir in Rotterdam ein. Die Reise hatte 158 Tage gedauert. Dabei hatten wir 23.700 Seemeilen zurückgelegt und waren 82 Tage auf See gewesen. Der Verbrauch an Schweröl hatte ca. 1.480 t betragen.

184

Bevor das Schiff wieder mit Kurs über Bremen nach Hamburg auslief, musterte ein Teil der Beatzung ab, einige, so auch ich, nur für
einen kurzen Urlaub.

Während meines Urlaubs fuhr PAUL RICKMERS über Hamburg in
die Ostsee nach Rostock und zurück nach Hamburg.

Das Drama von Rostock

Das Motorschiff PAUL RICKMERS läuft in Hamburg ein, kehrt aus
Ostasien von einer sechsmonatigen Reise zurück, ausgelaufen in
Shanghai vor zwei Monaten und zehn Tagen. Der Motorwärter Herbert Zimmermann will abmustern. Hätte es tun sollen, dann wäre es
nicht so weit gekommen...

Der Chiefingenieur bittet ihn jedoch: „Bleiben sie doch bitte noch
an Bord, sie können dann, wenn wir von Rostock zurückkommen,
abmustern." Das Schiff hat noch 3.000 Tonnen für Rostock bestimmte Ladung an Bord. Ankommend in Rostock muss das Schiff
vor der Warnow-Mündung vor Anker gehen. PAUL RICKMERS darf
nicht in einen Hafen der Deutschen Demokratischen Republik einlaufen. Man begründet das mit der Tatsache, der Kapitän weigere
sich, die Nationalflagge zu toppen. Alles gelogen. Beginnt hier
schon das von den Stasi-Agenten inszenierte Drama der DDR-
Behörden?

Die Besatzung geht an Land. Seeleute aus den kapitalistischen
Staaten dürfen nicht in die Restaurants oder Gaststätten, in denen
die braven kommunistischen oder angepassten Staatsbürger verkehren. Sie dürfen aber in den Seemannsclub für Seeleute aus
westlichen Ländern. In diesen Seemannsclub dürften natürlich die
DDR-Bürger nicht hinein. Das gilt auch für die Seeleute der Deutschen Seereederei dieses Staates. Die westlichen Seeleute sitzen
da, trinken und unterhalten sich mit Seeleuten westdeutscher Schiffe. Motorenwärter Zimmermann geht auf die Toilette. Der Kellner,
der sie bedient, ist auch zu fällig anwesend, zufällig? Nein, nein! Er
spricht ihn an, verwickelt ihn in ein Gespräch, das dann mit der Bitte
endet: „Habe dir doch nun alles erzählt, hilf mir bitte, hol mich hier
raus, nimm mich mit an Bord und verstecke mich, bis ihr ausgelaufen seid." – „Mann oh mann, was verlangt der von mir? Kann verstehen, dass er hier raus will. Das kann ich doch nicht machen, das
geht doch nicht!", denkt er, der Motorenwärter Zimmermann. Der
Kellner, die linke Ratte, will keine Republikflucht betreiben, ist auch
kein Kellner, sondern einer von der Stasi-Mafia. Müde ist Motorenwärter Zimmermann, auch leicht beschwipst, denkt nicht mehr an
den Kellner und geht zu seinem Schiff an Bord. Kurz vor Betreten
der Gangway erscheint der, tritt heraus aus der Dunkelheit, steht vor

ihm und inszeniert wieder die Szene mit der Republikflucht, belabert, bearbeitet ihn, hat Zimmermann weich bekommen: „Ja, dann komm mit." Das Drama beginnt, nimmt seinen Lauf. „Versteck mich doch oben im Schornstein, da kann mich keiner finden, da kommt keiner drauf." Das Drama erreicht am nächsten Morgen seinen Höhepunkt. Zwei Fahrzeuge fahren zum Motorschiff PAUL RICKMERS, ein PKW, besetzt mit Stasi-Beamten. Es folgt der LKW, auf dessen Ladeflächen sich Volkspolizisten befinden. Die Stasi-Beamten stürmen die Gangway hoch, wollen sofort den Kapitän sprechen. Teilen ihm mit: „Sie haben einen Republikflüchtigen Staatsbürger unserer Republik versteckt. Wir müssen das Schiff durchsuchen, lassen Sie unverzüglich alle Besatzungsmitglieder an Deck antreten, aber alle. Hektik, Aufregung, Gerufe, Gerenne. „Jetzt ist es aus!", denkt Zimmermann, seine Beine zittern beim Gehen, er ahnt, was nun passiert. Die Besatzung ist angetreten, kennt solche Zeremonien aus den Häfen Shanghai und Tsingtau, dieses Spektakel beim Einlaufen in die kommunistischen Häfen. Die Vopos durchkämmen das Schiff, spielen ein Theater erster Klasse vor, wissen genau, wo ihr Spitzel ist: „Versteck mich im Schornstein." Aus Richtung Schornstein kommen sie, die beiden Vopos, in der Mitte der „Republikflüchtige", der Schauspieler, die linke Ratte. Sie schreiten die Reihe der angetretenen Besatzungsmitglieder ab. Heuchelnde Anweisung: „Zeigen sie uns ihren Helfer, wirkt sich mildernd auf Ihre Strafe aus." Bleibt stehen vor dem Motorenwärter, blickt auf den Boden und sagt: „Der war's, der hat mich an Bord geschleust." Aus, vorbei! Der Befehl folgt auf der Stelle: „Abführen!" Abführen in Handschellen. Sie verlassen das Schiff, der verhaftete und der angeblich zu seiner Familie wollende Kellner und seine Kollegen von der Stasis, diese linken Arschlöcher. Schlag auf Schlag kommt das Ende des Dramas: Gemeine Verhöre, das schnelle Urteil ohne Rechtsberatung, ohne Beistand: „Der Angeklagte Herbert Zimmermann, Besatzungsmitglied des Motorschiffes PAUL RICKMERS erhält wegen Beihilfe zur Republikflucht eine Haftstrafe von drei Jahren. Abführen, überstellen in die Haftanstalt Bautzen I."

Bestürzung, Betroffenheit, Hass und blanker Zorn an Bord der PAUL RICKMERS. Die Offiziere sitzen beim Kapitän, sind mehr als deprimiert. Der Zweite Offizier Beyer meint: „Wie können wir dem armen Kerl helfen? Die drei Jahre in Bautzen übersteht der nicht, ist doch jetzt schon ein Wrack." – „Zerbreche mir schon den Kopf. Wenn, dem einer helfen kann, dann nur Herr Rickmers persönlich", antwortet der Kapitän.

In der Tat, der Reeder Bertram Rickmers hat guten Kotakt zu führenden Persönlichkeiten in Peking. Seine Reederei ist zu dieser Zeit die einzige europäische Reederei, die im Linienverkehr Häfen in Rot-

China anlaufen darf. Er kann sich einsetzen und tut's. Nach einem halben Jahr kann der Strafgefangene Herbert Zimmermann die Strafanstalt Bautzen als freier, aber gebrochener Mensch, seelisch nur noch ein Wrack, gegen die Zahlung eines dreistelligen Geldbetrages, bezahlt von dem Reeder Rickmers, verlassen. Er fährt nie mehr zur See.

Weiter ging es in Ballastfahrt nach Bremerhaven. Hier dockte das Schiff bei der Lloyd-Werft ein. Der Schiffsrumpf erhielt einen neuen Anstrich. Des weiteren wurden diverse Reparaturen durchgeführt und vom Germanischen Lloyd die Klassifikation verlängert – TÜV. Ich stieg am 14.12.1963 in Bremerhaven wieder ein. Das Schiff lag im Dock der Lloyd-Werft. PAUL RICKMERS war ohne den Motorenwärter Herbert Zimmermann zurückgekehrt, sein Schicksal immer noch Gesprächsthema Nummer eins. Als ich zu meiner Kabine ging, sah ich einen der Urlaubsvertreter, den Wachingenieur Werner Bergmann. Ich hatte ja von seiner Krankheit gehört. Er kam von Hamburg. Er erzählte mir seine ganze Geschichte. „Als ich wieder in Deutschland war, wollte ich schnellstens Alina wieder sehen, sie in meine Armen schließen." Dann erzählte er mir den langen schwierigen Weg: „Ich schaltete alle Behörden ein, alle die ich für kompetent hielt. Vor zwei Monaten durfte sie endlich über Österreich ausreisen. Aber nur, weil Ihre Vorfahren väterlicherseits aus Sachsen, aus der Nähe von Dresden stammten. Es wurde als eine Familienzusammenführung betrachtet. Bin nun wieder total geheilt, werde bald zur Schule gehen. Zurzeit mache ich Urlaubsvertretungen auf den Schiffen der Reederei Rickmers.

So fuhr ich noch einmal denselben Törn. Das Schiff verließ in Ballastfahrt am 15.12.1963 Bremerhaven zur nächsten Ostasienreise zunächst mit Kurs Rotterdam. In Rotterdam wurde das Schiff beladen und lief mit Kurs Antwerpen aus. Dann ging es nach Varna, dort übernahmen wir Süßöl. Die weitere Reise durch den Suez Kanal, das Rote Meer und den Indischen Ozean glich in etwa der ersten Reise.

„Morgen sind wir wieder in Bangkok, dann geht wieder die Post ab, dann kommen wieder die schönen kleinen geilen Taimädchen", meinte der Bootsmann. Sie schwelgten in Erinnerung an die letzte Reise. In Bangkok lagen wir wieder auf Reede. Es wiederholten sich die Erlebnisse mit den Thailänderinnen. Ich stellte wenige Tage später fest: „So ein Mist, jetzt hat es auch dich erwischt!" Ging zum Offizier Beyer. War nicht der einzige. Er lachte und meinte: „Na, hat es Sie auch erwischt?", gab mir eine Spritze und meinte: „In Rotterdam müssen Sie sofort in die Polikklinik." – „Warum das denn?", wollte ich wissen. Er antwortete „Jeder Tripper ist heilbar, nur der erste nicht."

In der Straße von Formosa schossen sie wieder, behakelten sich, die Rotchinesen mit den Nationalchinesen, Kriegsschiffe ballerten, Einschläge vor dem Schiff, hinter dem Schiff. Kapitän Petersen rannte auf die Brücke, war sprachlos. PAUL RICKMERS hatte vorschriftsmäßig die Flagge gesetzt, die Flagge als Zeichen, dass wir Kurs auf Rot-China nahmen. Beyer meinte: „Entweder sind die Schlitzaugen blind oder bescheuert."

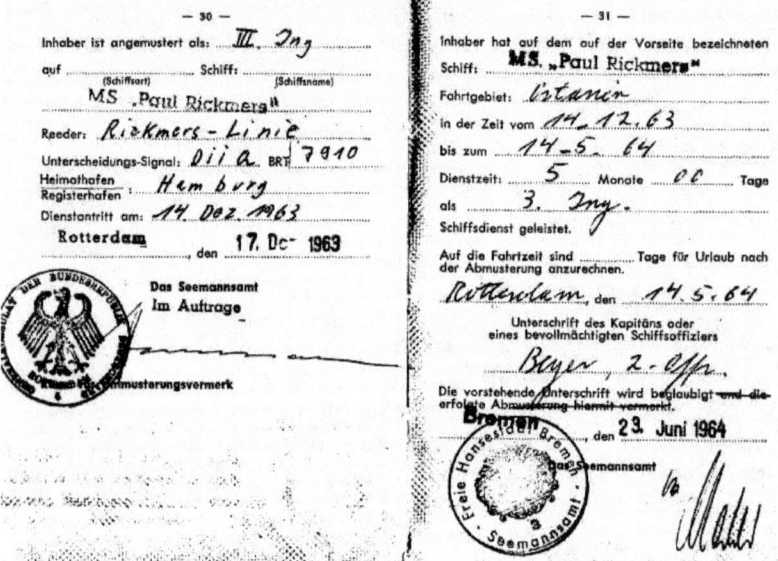

In Schanghai war Rostklopfen angesagt. Der erste Offizier meinte in Bangkog zum Bootsmann: „Der Außenrumpf sieht ja fürchterlich vergammelt aus, ich verstehe nicht, warum er in Bremerhaven in der Werft nicht auch erneuert wurde. Kapitän Petersen hatte diesen Wunsch geäußert, der Inspektor aber verneinte es mit der Begründung: „Dafür reicht die Zeit nicht, die Liegezeit im Dock ist schon überschritten. Die Reperatur der Schraube hat länger gedauert als angenommen." – „Alles Blödsinn, in dieser Zeit hätte man den Rumpf dreimal neu anpöhnen können", denkt der Bootsmann mit Recht. Der Bootsmann erwidert: „Habe von meinem Kollegen in Alexandrien erfahren, dass PETER RICKMERS in Shanghai eine Chinesen-Gang hatte, die den Außenanstrich erneuerte. Sie haben von Hand allen Rost durch Abklopfen und Abkratzen entfernt. Anstreichen könnten wir ja, wenn wir genug Farbe und Zeit haben. Besprechen Sie das doch mal mit dem Käpten." Gesagt, getan,

Kapitän Petersen war damit einverstanden und sagte zum ersten Offizier: „Veranlassen Sie das notwendige." So kamen sie, die Rostpicker, scharenweise an Bord, setzten sich auf den Bootsmann-stuhl und hämmerten, kratzten, schabten, was das Zeug hielt. Anschließend halfen sie dem Bootsmann und den Matrosen, die Außenwände neu anzustreichen.

 **RICKMERS-LINIE**

```
          Z E U G N I S
          ----------------


Herr Rolf-Peter  G e u r i n k, geb. 1.6.1941 in Bielefeld,
war
     vom  18.6.1963 bis 14.5.1964 als III. Ingenieur

auf unserem  MS "PAUL RICKMERS" beschäftigt.

Während dieser Zeit hat Herr Geurink die ihm als III. Ing.
übertragenen Arbeiten  zur allgemeinen Zufriedenheit der
Schiffs- und Maschinenleitung ausgeführt.  Er war stets
willig und fügte sich gut in die Bordgemeinschaft ein.

Herr Geurink verließ uns auf eigenen Wunsch, um sich be-
ruflich zu verändern.



Hamburg, den 14.2.1969


                         RICKMERS-LINIE mbH
```

Am 14. Mai 1964 endete meine fast elfmonatige Fahrzeit als Wachingenieur auf meinem ersten Schiff, der PAUL RICKMERS, in Rotterdam. Der zweite Offizier Beyer übergab mir mein Seefahrtbuch, wünschte mir: „Alles Gute, schüß!" Hier ging ich von Bord, um nach einem weiteren Urlaub wieder neu zur See zu fahren.

Motorschiff **LEVANTE** – Stückgutfrachter

Reederei: Atlas-Levante-Linie, Bremen

Heimathafen: Bremen
Unterscheidungssignal: DIBV
Indienststellung: 24.06.1951
Baujahr: 1952 – Flensburger Schiffbau-Gesellschaft, Flensburg
Vermessung: 2.700 BRT, Tragfähigkeit 5.200 t
Passagiere: maximal 8 in vier Zweibettkabinen
Vermessung: 116,3 m lang, 15 m breit,
bei einem Tiefgang von 6,37 m.
Besatzung: im Drei-Wachen-Betrieb auf mittlerer / großer Fahrt
24 Mann
    Der Kapitän steht über allen als Vertreter der Reederei
    Bereich Deck: 1., 2., 3. Wachoffizier, Funkoffizier,
    Bootsmann, 6 Matrosen
    Bereich Maschine: Chiefingenieur, 2., 3. Wachingenieur,
    4 Ingenieursassistenten, Elektriker
    Bereich Wirtschaft: Koch, Kochsjunge, Steward, Messejunge
    Bis auf die Matrosen, die achtern wohnten, war die restliche Besatzung mittschiffs untergebracht. Hier befanden sich auch die Messen sowie die Kombüse.

Ladung: Vorwiegend Stückgut, Maschinen, Fahrzeuge aller Art etc. Hierfür waren vier Laderäume, unterteilt in drei Decks mit unterschiedlicher Höhe vorhanden. Die Luken waren 7, 16, 10 bzw. 9 m lang und wurden mit 6 m breiten MacGregor-Stahllukendeckeln seewasserfest verschlossen. Das Ladegeschirr bestand aus 8 Ladebäumen für je 5 t und zwei zu je 3 t sowie 2 Schwergutbäumen für 15 t bzw. 40 t. Zum Laden und Löschen waren 12 elektrisch betriebene Ladewinden auf dem Hauptdeck und zwei Windendecks installiert. Laderäume, Wohn- und Aufenthaltsräume wurden mit elektrischen Lüftern über Lufthauben be- und entlüftet.

Technische Daten: Der Maschinenraum befand sich mittschiffs. Für den Antrieb waren zwei Viertakt-Tauchkolbenmotore ohne Aufladung mit 3.600 PS vorhanden, die über ein Kupplungsgetriebe die Schraube mit 320 U/min bei einer Geschwindigkeit von 13 Knoten bewegten. Zur Strom- und Drucklufterzeugung waren 3 Viertakttauchkolbenmotoren mit zusammen 600 PS sowie ein Notdiesel mit 75 PS zur Verfügung. Die Heizung erfolgte über einen ölbefeuerten Hilfskessel. Brennstoffverbrauch (Dieselöl) 14.250 kg pro Seetag bei 13 Knoten.

Einsatzgebiet: MS LEVANTE lief am 1.07.1951 unter Kapitän Wirth zu ihrer ersten Reise von Bremen über Rotterdam aus. An Bord befanden sich Ladungen für Oran, Algier, Tripolis, Bengasi Alexandrien sowie Beirut. Es handelte sich ausschließlich um Stückgut, Apparate, Fahrzeuge aller Art, zum Teil auch an Deck verstaut. Auf der Heimreise wurden in Izmir, Istanbul, Cavalla, Volus sowie Piräus 3.820 t Ladung übernommen. Es handelte sich um Tabak, Erze, Marmor, Obst, Kork und Saatgut sowie 172 t Stückgut, das schon auf der Ausreise in Algier übernommen wurde. Von Piräus aus ging es über Antwerpen, Rotterdam nach Hamburg. Am 16.11.1951 lief MS LEVANTE wieder in Hamburg ein. Diese Reise dauerte 45 Tage. Dabei wurden 9.510 Seemeilen zurückgelegt.

Das Schiff wurde im Dezember 1965 an die Reederei „Nord", Klaus Oldendorff verkauft. Kapitän Wirth wurde als Supercargo übernommen.

Ich fuhr vom 22.06.1964 bis zum 5.12.1964 als 3. Wachingenieur und machte zwei Reisen mit.

MS LEVANTE nimmt Kurs aufs Mittelmeer, fährt in die Straße von Gibraltar ein. Von Backbord grüßt der Affenhügel.

Affenfelsen Gibraltar

Affenhügel nennt man Gibraltar mit seinem Gebirge. Wenn die Sicht gut ist, sieht man die Affen. Immer, so erfahre ich, dreht der Chief dann durch. Ich frage warum und erfahre: „Im Krieg ist er mit seinem Schiff abgesoffen. Immer, wenn wir ins Mittelmeer kommen, werden die Erinnerungen daran wach. Sein ‚Seelsorger', der Alkohol, muss dann her."

Man schrieb das Jahr 1941. Er fuhr auf einem Schiff seiner Reederei, die im Dienst der Kriegsmarine Gerätschaften und Nachschub für das Afrika-Korps sowie über 300 Soldaten wieder zur Front bringen sollte, in den libyschen Hafen Bengasi. Die Gefahr durch U-Boote war allen bewusst, man verdrängte die Angst, hatte aber die Schwimmweste griffbereit für den Fall.

Maschinenraum

Fahrstand

Der Fall kam. Der Kommandant des englischen U-Bootes suchte
mit dem Sehrohr nach Schiffen, nach deutschen Schiffen. Er hatte
die Meldung erhalten, dass diese mit Nachschub Richtung Libyen
unterwegs seien. So sah er das deutsche Handelsschiff und gab
den Befehl, zwei Aale startklar zu machen. Feuer frei! Sie schossen
auf das deutsche Schiff, trafen es vorne im Bereich der Luken eins
und zwei sowie mittschiffs. Sie fanden ihr Ziel, schlugen in den Bereich ein, in dem in umgebauten Laderäumen die Soldaten untergebracht waren. Keiner hatte die Chance auf Rettung. Die Torpedos
schlugen mittschiffs in den Maschinenraum ein. Eine gewaltige Exp-
losion, das Schiff war tödlich getroffen und sank in wenigen Minuten,
der Maschinenraum ein brennender Trümmerhaufen, die Wach-
mannschaft sofort tot, Geschrei, Gerenne, Gelaufe, Sprünge in pani-
scher Angst ins Meer, in das brennende Wasser. Wer nicht an Bord
starb, den erreichte der Tod im brennenden, aus den Tanks ausge-
laufenen Treibstoff. Über 350 Tote durch zwei Aale eines englischen U-Bootes. Unser Chief hatte Glück, erspähte ein treibendes
Brett, an das er sich klammern konnte. Er zog seinen Kumpel, den
Assi, mit dem er Freiwache hatte, auf das Brett. So trieben sie hilflos im Wasser, bis Rettung kam. Für seinen Kumpel kam jede Hilfe
zu spät. Er war schon ohnmächtig, als er auf das Brett gezogen

193

wurde. Die Seevögel hatten sein Gesicht zerfressen. Der Chief wehrte sich, vertrieb sie, wurde immer müder, träumte, das Seewasser habe sein Gesicht angefressen, er trank vor Durst Seewasser. Seine Lippen waren aufgequollen, verkrustet. Im Lazarett bei den Panzerkämpfern wurde er mit einer Handvoll überlebender Besatzungsmitglieder wieder aufgepäppelt.

„Wie lange wird der Chief denn nun ausfallen?", frage ich den II. Ing. Er meint: „Das kann ein bis zwei Tage anhalten, das kennen wir schon, werden uns seine Wache teilen müssen, sein Assi ist zwar zuverlässig, aber besser ist besser. Kapitän Wirth hatte es auch schon erfahren: „Der Chief tut mir leid, habe schon mal mit der Reederei gesprochen, ob man ihn nicht auf ein Schiff im Nord- und Ostseedienst geben sollte. Wollte man nicht, ist verständlich", meint er. Leise schleichen wir uns zu seiner Kabine, öffnen vorsichtig die Tür. Zusammengesunken, den Kopf auf der Schreibtischplatte, seine Mütze heruntergerutscht, kauert er im Sessel, ‚Pastor' Alkohol steht neben ihm. Whisky, unser Bordhund, liegt zu seinen Füßen, den Schwanz hat er eingezogen, schaut uns traurig an. Whisky, der Liebling des Chiefs, der immer bei ihm schläft.

Bordhund Whisky

Bordhund Whisky

Stunden später steht er auf, torkelt in den Maschinenraum, steht auf der Zylinderstation und schreit: „ Alle Mann an Deck, der Aal kommt, der verfluchte Aal vom Tommy, diese Schweine!" Wir bringen ihn zurück in seine Kajüte. Bald ist er wieder fitt, ist der Alte, läuft bedrückt umher, jeder weiß warum. Es spricht ihn keiner darauf an, er tut uns allen leid. In Bengasi überkommt es ihn noch einmal. Nach Bengasi sollten sie fahren, kamen aber nie an. Wir überholen an der Backbordmaschine die Zylinderköpfe. Plötzlich steht er vor uns und poltert wieder los: „Diese Scheiß-Maschinen haben das U-Boot angetrieben, das uns versenkte. In der Tat, unsere beiden Hauptmaschinen waren die gleichen, die in deutsche U-Boote eingebaut wurden. Er erzählte mir: „Die beiden Maschinen wurden, wie viele andere, in den letzten Kriegstagen bei MAN für die Werft gebaut und auch ausgeliefert. Sie wurden dann aber nicht mehr benötigt, da mit Ende des Krieges keine U-Boote mehr gebaut wurden. Als unser Schiff 1951 erbaut wurde, hat man die noch vorhandenen Motore wieder aktiviert und für den Neubau MS LEVANTE genutzt.

Autor Rolf Peter Geurink mit Bordhund Whisky in Tunis

LEVANTE befindet sich auf der Reise von Piräus nach Wólos (Bólos). In Piräus wird noch Decksladung, drei große Linienbusse von Albireo, übernommen. LEVANTE fährt ja nach Wólos, warum dann noch nach Albireo wegen drei Bussen. Beim Auslaufen frischt der Wind auf. Der Funker hatte durch Radio Norddeich erfahren, dass in der Ägäis mit Sturm zu rechnen sei. Die Ägäis ist ein stark befahrener Teil des Mittelmeeres, der Seeweg zum Schwarzen Meer oder zurück, zu den griechischen und türkischen Häfen. So muss man bei normalem Wetter schon sehr aufpassen. Bei Sturm wird die Fahrt zu einer Qual. Der Sturm kommt, wird immer stärker, Windstärke zehn und mehr. Die See tobt, das Schiff wird ein Spielball der Wellen. Meterhohe Brecher schlagen ein. Gewaltige Wassermassen ergießen sich über das Deck, über die Lucken und fließen wieder gurgelnd ab. Schlafen ist unmöglich, man liegt in der Koje,

195

kommt sich vor wie auf der Achterbahn. Auf der Brücke stiert Kapitän Wirth ins Radar. Sein Gesicht hängt im Gummitrichter des Gerätes. Er stiert, gibt Anweisungen, Stunde um Stunde in dieser stürmischen Nacht. Der Maschinentelegraf liegt auf „Maschine Achtung!" Er überlegt, mit der Fahrt runter zu gehen. Der Bug taucht ein, taucht tief ein, die Schraube dreht durch, schlägt in der Luft. Der Verkehr nimmt zu. Man befindet sich in der Inselgruppe der südlichen Kykladen. Die Leuchtfeuer der Inseln Delos und Tinos strahlen ihre Lichtzeichen hinaus aufs Meer. Der Sturm kommt nun von Steuerbord, rast weiter mit unverminderter Gewalt. Angst kommt auf, Angst, dass die Deckslast sich löst. „Würde am liebsten den Bootsmann zum Kontrollieren nach vorne schicken, ist aber unmöglich, zu gefährlich, hilft nur Daumendrücken", meint der I. Offizier. Wirth gibt ihm recht. Plötzlich passiert es: ein fürchterlicher Knall. Sie sehen, dass der Schwergutmast sich aus der Ankerung losgerissen hat und mit voller Wucht auf die Fahrzeuge knallt. Erst am nächsten Morgen, der Sturm hatte sich gelegt, sehen sie die Bescherung. Der Bootsmann klettert hoch in den Schwergutmast und sieht, dass sich der Baum aus der Verankerung am Lademast gelöst hat. Sie schütteln mit dem Kopf, können es sich nicht erklären, hatte man den Schwergutbaum doch schon lange nicht mehr benutzt. Kapitän Wirth bleibt bei allem Ärger gelassen, meint, dass sollten die Experten untersuchen. Er bittet den Funker, dieses Missgeschick der Reederei mitzuteilen.

Das Schiff läuft in Wólos ein, in Wólos, dem Geburtsort unseres Kapitäns Siegfried Wirth. Hier wurde er im Jahr 1914 geboren. Sein Vater fuhr zu der Zeit als I. Steuermann auf dem Dampfer „ANDROMEDA". In Wólos lernte er die schöne Griechin Sofia Dimitris kennen und verliebte sich in sie. Die Liebe hatte Folgen. Sohn Siegfried wurde geboren. Als er fünf Jahre alt war, zogen beide nach Hamburg. Morgen wird er fünfzig Jahre alt. Morgen werden Sie feiern, seine Frau kommt extra mit dem Flugzeug. Er wird alle seine Männer einladen. Er spricht immer von seinen Männern, das Wort Besatzungsmitglieder mag er nicht. Es bestehen noch persönliche Kontakte in Wólos, so unter anderem zu Evangolos Fassoulos, einem Hotelbesitzer. Ihn beauftragt er mit der Bewirtung der Gäste. Ca. 100 Gäste werden erwartet. „Unsere Köche und Stewards feiern mit, werden für die Party keinen Handschlag unternehmen. Der Tag kommt, der Bootsmann hat bengalische Beleuchtungen gespannt, die Feier findet auf dem Bootsdeck statt. Man feiert, isst und trinkt. Fiedje, der Kochsmaat, spielt mit auf seiner Quetschkommode, die Männer singen. Zu später Stunde greifen die griechischen Kellner und Serviererinnen ein, tanzen Sirtaki. Mit dabei die junge Griechin Anna, Tochter des Hotelbesitzers. Das Schicksal schlägt zu, sie verliebt sich in Fiedje und er in sie.

Beide ziehen sich zurück an einen einsamen Ort an Bord, plaudern lachen, küssen sich. Fiedje, schon leicht betüddelt, ist verliebt bis über beide Ohren, will aussteigen, will bei ihr bleiben, meint: „Könnte doch bei deinem Vater in der Hotelküche arbeiten." Könnte, möchte. „Ach was für ein Schiet, dass ich nicht sofort bleiben kann", denkt er. „Warum eigentlich nicht? Ich spreche morgen mit dem Käpten." Das Gespräch findet statt. Etwas verdattert und drucksend sitzt er beim Kapitän. „Ich", äußert er, „habe mich gestern Abend in Anna, die Tochter vom Hotelboss verknallt, sie mag mich auch, ich möchte hier bleiben." Kapitän Wirth muss an seinen Vater denken. Sollte Fiedje dasselbe passieren? „Hör zu, Fiedje, ich habe dafür Verständnis, aber ich darf dich nicht von Bord lassen, und wenn du achtern raus segelst, bekommst du Ärger, sei vernünftig, bleib an Bord. Kannst dann in Hamburg abmustern und danach von mir aus wieder nach Wólos reisen." Fiedje akzeptiert dies. Am Abend trifft er sich nochmals mit Anna. Er verspricht ihr: „In Hamburg mustere ich ab und komme dann." Sie sagt strahlend: „Wirklich? Ich warte auf dich." Kapitän Wirth sucht seinen Freund auf, nicht nur, um die

Rechnung zu bezahlen, nein, er spricht mit ihm über die Affäre des Kochsmaats Fiedje mit seiner Tochter Anna. Vater Evangolos weiß es schon. Anna hatte es ihm gebeichtet. Es wird ein längeres Gespräch zwischen den beiden Männern, ihm dem in Wólos geborenen Kapitän und seinem Freund, dem Hoteldirektor.

MS LEVANTE läuft mit mehrmaligen lauten Typhontönen aus. Sie winken: Anna und ihr Vater. Fiedje mustert in Hamburg ab, fährt nach Wólos, arbeitet in der Hotelküche, heiratet Anna. Bald kommt das erste Kind. Sie bleiben in Wólos. Fiedje wird eines Tages Chef des Hotels. Kapitän Wirth und seine Frau besuchen sie im Urlaub.

Angestelltenfachschule in Bremerhaven

Sitze im Schnellzug, in dem „Hoek-van-Holland-Express", der zwischen Rotterdam und Hamburg verkehrt. „Sie müssen in Osnabrück umsteigen", meint der Schaffner bei der Kartenkontrolle. Ich schaue auf die Uhr. Da sind wir erst in ca. zwei Stunden, stelle ich fest. Ich bin noch müde, wir haben fast die ganze Nacht Abschied gefeiert. Döse vor mich hin und schlafe ein. Werde wieder wach und stelle fest: Osnabrück liegt achtern raus! Was nun? Ich eile durch den Zug, suche den Schaffner, finde ihn und berichte ihm, dass ich eingeschlafen war. Er schaut nach draußen, dann auf seine Uhr und meint: „Da haben Sie aber noch mal Glück gehabt, wir sind gleich in Löhne, da können sie aussteigen." Ich renne in mein Abteil. Der Zug erreicht Löhne. Ich steige aus. In Löhne muss ich eine Stunde warten, dann kommt der Bummelzug, der nach Bielefeld fährt. Endlich wieder zu Hause! Die beiden Reisen auf MS PAUL RICKMERS hatten mich ganz schön geschlaucht, ebenso das Ende meiner ersten großen Liebe. Darüber habe ich zu Hause nie etwas erzählt. Ich beschließe schon im Zug, erst mal vier bis fünf Wochen Pause einzulegen.

Es gibt viel zu berichten. Ich erzähle und höre mir natürlich auch von Muttern, Schwester Lore und Schwager Walter an, was inzwischen zu Hause passierte. Meine Schwester, mein Finanzverwalter, zeigt mir mein Konto, es ist schön gefüllt. So beschließe ich, mit ihnen erst mal zwei Wochen in Urlaub zu fahren.

Wir reisen nach Mittenwald. Es ist seit Jahren wieder unser erster gemeinsamer Urlaub. Nach cirka einer Woche bekomme ich wieder Halsschmerzen, wieder eine Mandelentzündung wie damals in Bremerhaven. Ich suche einen Arzt auf. Dieser meint: „Ihre Mandeln müssen dringend entfernt werden, es ist eine chronische Mandelentzündung." Also brechen wir unseren Urlaub ab.

Denke: Geh mal wieder in die Kajüte. Gedacht, getan, ich baller mir einen, irgendwie bin ich unzufrieden. Habe schon ganz schön einen intus, als ich bezahlen möchte. Die Rechnung kommt, der Wirt Gehring nennt eine Summe. So viel habe ich doch nicht gesoffen, denke ich. Ok, hatte für die Bedienung einen ausgegeben, aber trotzdem, der will mich doch betuppen. Nicht mich! Betuppt haben mich die Kanakker auch nie und der erst recht nicht. Ich bläffe ihn an: „Soviel hab ich nicht versoffen, soviel? Das geht nicht, Sie haben sich verrechnet. Er keift zurück. Mir platz der Kragen, reiße den Rettungsring von der Wand, den Rettungsring mit der Aufschrift „Kajüte Bielefeld", knalle das Ding auf die Theke, brülle: „Bescheißen lasse ich mich nicht!" Er wird böse, will die Polizei rufen, erteilt mir Lokalverbot. Ich schmeiße das Geld vor die Theke und schreie: „Du Halsabschneider!" und verschwinde. Wie ich später erfahren habe, versucht er das bei jedem, wenn er meint der sei besoffen und weiß nicht, wie viel er getrunken hat.

Mutter fragt mich: „Bub, was möchtest du denn mal essen?" – „Bratfisch mit deinem selbstgemachten Kartoffelsalat, der schmeckt immer so lecker", antworte ich. „Ja, Bub", meint sie, „dann muss ich auf den Markt zum Siegfriedplatz." – „Mutter, ich komme mit", erwidere ich. Also machten wir uns auf den Weg zum Markt. Mutter kauft zuerst die Kartoffeln: „Für Kartoffelsalat kaufe ich immer die kleinen, nehme nicht unsere eingekellerten, die sind zu groß", meint sie. Am Fischstand von Adam ist es voll. Ich schaue mir die Auslage an, alle Fischsorten, vom Kabeljau über Schellfisch, Rotbarsch und dann lese ich Goldbarsch. Goldbarsch? Nie gehört, sieht doch aus wie Rotbarsch. Mutter ist an der Reihe, Mutter ist bekannt, kauft da immer. „Was darf es sein?" fragt die Verkäuferin. Mutter meint: „Fisch zum Braten." Ich rede ihr rein: „Mutter, nimm Rotbarsch." - „Wir haben Goldbarsch im Angebot", meint die Verkäuferin. Goldbarsch, den es gar nicht gibt und ihn dann eine Mark teurer als Rotbarsch zu verkaufen, die wollen ihre Kunden bescheißen, denke ich. Junge Frau, sage ich, „Goldbarsch? Noch nie gehört, den gibt es nicht, höchstens im Teich im Oetkerpark, aber viel kleiner, nennt man auch Goldfisch." Mutter wirkt verlegen, die Verkäuferin ist sauer, die anderen Kunden glotzen mich sprachlos an. Mutter verlangt zwei Kilo Rotbarsch, wir dackeln ab. Im Gehen drehe ich mich um und rufe: „Mich können sie nicht veräppeln, ich fahre zur See und kenne unsere Außenbordskameraden, schönen Gruß an den Chef, wenn ich nächstes Mal wieder komme, kaufe ich Goldbarsch aus dem Oetkerpark."

Hanna arbeitet im Café des Kaufhauses Warmeling, erfahre ich von einem ehemaligen Schulkameraden. Hanna war meine Freundin, im letzten Schuljahr. Ich besuche sie, nehme einen der Aufkleber von den Bierflaschen des Tsingtau-Bieres mit. Hanna begrüßt mich freudig: „Hallo, wie geht's? Mal wieder im Lande? Habe von

Stefan Prediger erfahren, dass du zur See fährst." - „Gut", antworte ich. „Bring mir bitte eine Flasche Bier." Ich trinke sie aus, klebe heimlich den mitgebrachten Aufkleber drauf und rufe: „Hallo, Bedienung, hallo, Hanna, komm doch mal bitte!" Sie kommt, ich gebe ihr die Flasche, die Flasche so gedreht, dass sie das Schild lesen muss. Sie liest, lacht, und meint: „Immer noch dasselbe Schlitzohr wie in der Schule."

Bin wieder in der Stadt, steige am Jahnplatz aus der Straßenbahn. Traue meinen Augen nicht, wen ich da treffe: Klaus Lethmate und Werner Schmidt-Belten. Ein großes Begrüßungshallo. Wir hatten uns vor ungefähr vier Jahren das letzte Mal gesehen. Klaus besucht in Flensburg die Schiffsingenieurschule, den Lehrgang zum C6. Werner fährt als IV. Offizier auf dem Motorschiff „SPARRENBURG" der Hamburg-Süd. Werner Schmidt-Belten, das Sorgenkind der Familie, Werner, der Seemann aus einer künstlerischen Familie, der Vater Intendant an den Städtischen Bühnen, die Mutter hervorragende Schauspielerin, die Tochter Sängerin. Ein Heiden-Aufstand damals, als Werner erklärte: „Ich will zur See fahren." Die Eltern tief betroffen: „Das kannst du uns nicht antun, das schadet unserem Ruf!" – „Schauspielen", sagt er, „braucht man nicht lernen, entweder man kann's, oder man kann's nicht. Schauspieler machen Theater, hopsen auf der Bühne rum, schneiden Grimassen, verzapfen irgendwelchen Mist. Jeder Mensch ist ein Schauspieler, ein Komödiant." Ich muss ihm recht geben, habe ich doch im Laufe der Zeit viel Schauspielerei im täglichen Leben wie in einem Komödienstadel erlebt.

Denke an meine Lehrzeit. Mensch August, das kann's nicht sein. Denke an die Krawattenträger in den Reedereigebäuden, denke an die Ärmelstreifen, an Lametta-Willi. Denke an die vom Kreiswehrersatzamt und die Ärmelstreifen vom Wasserschutz, exzellente Komödianten in Vollendung.

Nun wollen wir unser Wiedersehen begießen. „Lass uns in eine Kneipe gehen und uns einen auf die Lampe gießen", meint Klaus. Wir tun es, sitzen und unterhalten uns. Ich sage „In Bielefeld ist ja nicht viel los, im Vergleich zu Hamburg doch ein verträumtes bürgerliches Kaff. Um 22 Uhr werden ja die Bürgersteige hochgeklappt, dann sitzen die Bürger entweder noch vor der Glotze oder gehen pennen."

Es ist schon spät als wir uns verabschieden. Wir tauschen unsere Adressen aus, wollen in Kontakt bleiben.

Habe mich nun doch an der Angestelltenfachschule angemeldet. „Anfang 1965 ist noch Platz frei, in diesem Jahr sind leider alle Kurse ausgebucht", erfahre ich bei der Anmeldung. „Wir schicken Ihnen die Unterlagen zu. Fügen Sie den Anmeldungsunterlagen bitte eine

Kopie des Zeugnisses vom Seemaschinistenlehrgang II bei", sagt die Sachbearbeiterin. Der Urlaub geht zu Ende. Am 22.06.1964 heuere ich als III. Wachingenieur auf dem Motorschiff LEVANTE an.

Der Lehrgang beginnt am 4. Januar 1965, ziehe am 2. Januar wieder bei Mutter Heitmann ein. Abends führt mich mein erster Gang zu Mekki. Er ist nicht da, nur Gisela. Ich berichte von den letzten beiden Reisen auf der PAUL RICKMERS, vom Ende der Beziehung zu Martina und dass ich nun wieder die Schulbank drücken werde. Ich will wissen, wo Mekki ist. „Mekki ist seit einem Jahr weg, verschwunden, keiner weiß warum und wohin", meint Gisela. Ich erfahre, dass sie schon letztes Jahr die Kneipe übernommen hat. Wir sprechen über Jonny und Elvi. „Elvi wohnt in Bremen, Jonny fährt wieder, kam an Land nicht klar. Habe ihn schon lange nicht mehr gesehen, sollen angeblich in Scheidung leben." – „Hast du denn noch etwas von Martina gehört?" will ich wissen. „Martina war schon lange nicht mehr hier, ihr Mann, der arrogante Polizeihauptmeister wollte das nicht, nun wohnt sie in Lehe und hat schon ein Kind. Soll irgendwann mal Elvi gegenüber geäußert haben, dass sie einen großen Fehler begangen habe.

Die Schule fordert mich, muss viel büffeln, Dozent Harms, ich kannte ihn ja, meint: „Das schaffen Sie schon." Hauptsächlich in Englisch habe ich Probleme, Fremdsprachen sind nicht mein Ding. Und nun gehe ich auch noch zur Fahrschule. Ich fand in Wulsdorf eine Fahrschule, die mir zusicherte, dort innerhalb von wenigen Wochen den Führerschein machen zu können in einer sehr kurzen Zeitspanne vom 6. Januar bis 18. März 1965.

Bernard treffe ich wieder, besucht auch den Lehrgang, frage ihn nach Lisa: „Bist du denn noch mit ihr zusammen?" Klar, wir sind verlobt, es hatte einen großen Kampf gegeben. Ihr Vater, das weißt du ja, hält nichts von uns Seefahrern, aber seine Mutter, ihre Mutter und deine Wirtin haben ihn in die Mangel genommen, bis er meinte: „Dann soll die Deern machen, was sie will!"

Am 23. März 1965 ist der Lehrgang zu Ende. Ich kann nun den Lehrgang zum Schiffingenieur II (C5) besuchen. Mache mich auf den Weg zur Schiffsingenieur- und Seemaschinistenschule, besuche Frau Ney, habe noch schnell eine Schachtel Pralinen gekauft, ich weiß ja, dass sie die gerne mag. Treffe Herrn Meyer, wir begrüßen uns auf die Schnelle, er muss wieder in seine Klasse. „So, so, Sie möchten jetzt ihr C5 machen und sich anmelden?" Schaut in die Unterlagen: „Sieht schlecht aus, vor Anfang 1967 ist da nichts zu machen." Wir plaudern noch ein bisschen, ich verabschiede mich, hole meine Sachen und fahre in Richtung Bielefeld.

Anfang August 1965 steige ich wieder ein. MS EHRENFELD wird mein letztes Schiff vor dem Besuch der Seefahrtschule in Cuxhaven sein. Ich habe es mir reiflich überlegt, nun doch nur den Seemaschinisten-Lehrgang I zu belegen. Ich bin der Meinung, mit C4 kann man auch gut fahren, und der Verdienst ist kaum geringer.

MS EHRENFELD

Motorschiff **EHRENFELD** – Stückgutfrachter

MS EHRENFELD

Reederei: Hans Krüger, Hamburg
Unterscheidungssignal: DHQI
Baujahr: 1951 - Nobiswerft Rendsburg
Heimathafen: Hamburg
Vermessung: 1.755 BRT, Tragfähigkeit: 2.636 t,
Länge: 83,71 m, Breite: 11,55 m, Tiefgang: 5,92 m
Besatzung im Drei-Wachen-Betrieb auf Mittlerer Fahrt: 20 Mann
Der Kapitän steht über allen als Vertreter der Reederei
Bereich Deck: 3 Wachoffiziere, 1 Bootsmann, 6 Matrosen

202

Bereich Maschine: Chiefingenieur, 2 Wachingenieure, 4 Ingenieursassistenten

Bereich Wirtschaft: 1 Koch, 1 Steward

Während der Kapitän im Brückenaufbau mittschiffs untergebracht war, befanden sich die Kabinen für die Besatzung, die Messen, die Kombüse sowie der Maschinenraum achtern im Aufbaudeck.

Ladung: überwiegend Stückgut, aber auch Schüttgut, Deckslast ect. Hierfür waren zwei Laderäume, unterteilt in zwei Decks mit unterschiedlicher Höhe, vorhanden. Die Ladeluken von 20,70 m Länge und 5,92 m Breite wurden durch Holzbohlen mit einer Breite von 0,50 m und einer Stärke von 15 cm abgedeckt und mit wasserdichter Plane mittels Holzkeilen verschlossen. Zum Laden und Löschen standen vier Ladebäume für je 3,5 t zur Verfügung sowie eine Doppelladebaumkonstruktion für Schwergut bis 20 t. Die elektrisch angetriebenen Winden befanden sich seitlich vor den Luken auf Deckhöhe. Die Laderäume, Wohn- und Aufenthaltsräume wurden über Lufthauben mittels Elektrogebläse be- und entlüftet.

Technische Daten: Der Antrieb des Schiffes befand sich im Achterschiff. Als Antrieb standen zwei 8-Zylinder-Viertakttauchkolben-Dieselmotoren der Firma MAN mit einer Gesamtleistung von 1.550 PS zur Verfügung. Über ein Vulkan-Getriebe wurde die Schiffsschraube mit einer Drehzahl von 320 U/ min. angetrieben und erbrachte eine Geschwindigkeit von 12 Knoten. Bei maximaler Leistung betrug der Brennstoffverbrauch ca. 6.130 kg pro Seetag. Zur Stromerzeugung der elektrischen Verbraucher (Winden, Lüfter, Pumpen, Kompressoren, Bordheizung sowie Beleuchtung ect.) standen drei Dieselaggregate mit unterschiedlichen Leistungen zur Verfügung.

Einsatzgebiet Mittlere Fahrt: Mittelmeerländer, Westafrika, Europa, vorwiegend in der Trampschifffahrt (ohne festen Routenplan), je nach Angebot und Nachfrage.

Über den Verbleib des Schiffes ist mir nichts bekannt.

Der von mir besuchte Lehrgang an der Angestelltenfachschule in Bremerhaven war beendet. So fuhr ich Mitte April 1965 nach Hamburg und suchte mir ein neues Schiff. Zu diesem Zweck ging ich mal wieder zum Arbeitsamt in die Admiralitätsstraße. Der Sachbearbeiter erkannte mich wieder, begrüßte mich, wollte wissen, wie es mir ergangen war, wo ich bis dato gefahren hatte und was ich nun suche. So klönten wir einige Zeit. „Nun suchen Sie wieder einen neuen Job, ein neues Schiff?" Er kramte in seinen Akten und meinte: „Nun sind Sie ja zweimal als III. Wachingenieur gefahren. Ich habe etwas für sie als II. Wachingenieur auf einem kleinen Stückgutfrachter bei der Reederei Hans Krüger in der Mattentwiete. Am besten laufen Sie da mal gerade rüber, sind ja nur zehn Minuten zu Fuß."

Also ging ich sofort los zur Reederei. Dort erfuhr ich, dass das Schiff zurzeit in einer Charter zwischen der französischen Atlantikküste und den Häfen an der Nord- und Westküste Afrikas fuhr. Es sollte Anfang Mai in Nantes einlaufen. Wir verblieben wie folgt: Ich würde rechtzeitig die Ankunft erfahren und bekäme dann auch die Fahrkarte nach Hause zugesandt.

So fuhr ich am 1.05.1965 nachmittags mit dem Fern-D-Zug Moskau-Paris. Die Tour führte über Dortmund, Düsseldorf, Köln, Aachen, Lüttich, Brüssel, Lyon nach Paris, wo der Zug am späten Vormittag des 2.05.1965 ankam. Am Grenzbahnhof zwischen Deutschland und Belgien wurde in der Nacht die Lokomotive gewechselt. Die Waggons waren so lange ohne Versorgung mit Heizung und Licht. Dieses dauerte sehr lange. In Paris gab es zwei große Bahnhöfe. In dem einen „Gare du Nord" (im 10. Bezirk) kamen die Züge aus dem Norden an, und in dem anderen „Gare Montparnasse" (im 15. Bezirk) fuhren die Züge in den Süden und Westen ab. Da die Bahnhöfe weit auseinander lagen, nahm ich mir ein Taxi. Der Zug fuhr über Le Mans und Angers nach Nantes. Ich kam dort am späten Nachmittag an. Der dortige Makler war schon informiert und brachte mich zum Hotel. Er sagte mir: „Wenn Sie morgen so ab 11:00 Uhr im Hafen sind, reicht das. Ich suchte zunächst das kleine im Stadtkern gelegene Hotel, dann schaute ich mich in der Stadt um.

Die Stadt mit ihren damals 250.000 Einwohnern befindet sich etwa 55 Kilometer östlich des Atlantiks und liegt zum größten Teil am Nordufer der Loire. 1940 war im Zuge des deutschen Frankreichfeldzugs die Besetzung der Stadt durch deutsche Truppen erfolgt. Bis Juni 1941 war Nantes Hauptstadt der Bretagne. Zwischen dem 16. und dem 23. September 1943 wurde Nantes durch alliierte Luftangriffe stark getroffen. Infolge der Landung der Alliierten in der Normandie wurde die Stadt am 12. August 1944 von den deutschen Besatzungstruppen geräumt. Ich konnte mich des Eindrucks nicht erwehren, dass Deutsche jetzt nicht gewünscht und beliebt waren. Dies spürte ich, als in ein Restaurant einkehrte, um etwas zu essen und zu trinken.

Als ich am nächsten Morgen gegen 11:00 Uhr im Hafen ankam, lag das Schiff schon an der Pier. Es wurde entladen. Schon von weitem sah ich die Staubwolke, die das Schiff einhüllte. Man löschte die in Sfax übernommene Ladung Phosphat.

Ich betrat das Schiff und quälte mich dann zu den Achteraufbauten durch den Staub. Überall Staub, selbst in den Unterkünften, obwohl alle Türen und Fenster verschlossen waren. „Der Staub geht halt durch alle Ritzen", meinte der Chief, als ich mich bei ihm meldete. „Detmar ist mein Name", begann er das Gespräch. „Ihre Kammer grenzt an meine, da sind Sie gerade vorbeigekommen. Der Steward reinigt gerade Ihre Kammer, Ihr Vorgänger ist schon von Bord, das Schiff hatte noch gar nicht richtig festgemacht. Ist besser so, hatte genug Ärger mit ihm." Was vorgefallen war, wollte er nicht sagen, wollte zu diesem Zeitpunkt keiner sagen. Erst Wochen später, als wir in der Messe zusammen saßen, erzählte es mir mein Assi mit knappen Worten: „Die Sau war schwul, wollte sich am Moses vergreifen. Der Chief, sagte ihm: ,In Nantes ist Feierabend, dann gehen Sie von Bord.'" Ich schüttelte mit dem Kopf und meinte: „Das kann doch nicht wahr sein." - „Doch, das stimmt, erzählen Sie das aber keinem, dass Sie das von mir erfahren haben."

„So", meinte der Chief, „nun zeige ich Ihnen mal das Schiff, gehen erst mal in den Maschinenraum." Der Maschinenraum war klein, kleiner als der meiner vorherigen Schiffe, jedoch größer als der von PHÖNIX. Die Antriebsmaschinen, zwei Jockel, Maschinen aus der Baureihe, wie sie in U-Booten zum Einsatz kamen. Dieselben wie auf LEVANTE, nur kleiner, dachte ich, musste an den Chief von LEVANTE denken und erzählte meinem neuen Chief die Story. Nach dem Rundgang packte ich meine Sachen aus, verstaute sie, zog mein neues sauberes Kesselpäckchen an und ging nach unten. Hier traf ich auch den III. Wachmaschinisten und zwei Assis. Der dritte schlief noch. Sie arbeiteten an den Hilfedieseln. Ich half mit.

„Morgen früh kommt der LKW des Schiffsausrüsters aus Hamburg. Er bringt unter anderem zwei neue Kolben und zwei neue Zylinderbuchsen. Die wollen wir, sobald es möglich ist, gegen die alten auswechseln", meinte der Chief. Der LKW kam, hatte zunächst wegen der Höhe Probleme, durch das Hafentor zu fahren, aber er kam dann doch durch. Auf der Rückfahrt, der LKW war nun leer, war höher, aus den Federn getreten, kam er nun nicht mehr durch. Was nun? Große Aufregung. Der Chief hatte eine Idee: „Lasst die Luft von den Reifen ab, dann sackt er tiefer." Er sackte, aber die Reifen waren platt. Was nun? Nun war guter Rat teuer. Wir schoben ihn durch das Tor, bauten die Reifen ab, rollten sie an Bord und füllten sie mit Luft aus dem mechanischen Notkompressor, rollten sie wieder vor Ort. Der Fahrer montierte sie wieder an und fuhr los.

205

Am 4.05.1965 liefen wir aus, beladen mit Stückgut für die Häfen Genua, Sfax, Tunis und Algier. Die Reise nach Genua dauerte 14Tage, die zurückgelegte Seestrecke betrug ca. 3.800 Seemeilen. Es war das erste Schiff, auf dem ich als Wachingenieur die zweite Wache 04:00 bis 08:00 Uhr, bzw. 16:00 Uhr bis 20:00 Uhr ging. Nach Ende der Spätwache besprach ich mit dem Chief, der die dritte Wache ging, was wir am kommenden Tag an Wartungsarbeiten an den Hilfsmaschinen durchführen mussten. Dieses konnten wir nur auf See. So wurden die Hilfsmaschinen, wie Hilfsdiesel, Pumpen, der Kompressor, die Anker- und Ladewinden gewartet. Zu diesem Zwecke mussten, je nach Arbeitsaufwand, der dritte Wachingenieur und sein Assi zutörnen (Überstunden machen). So war am nächsten Vormittag von 09:00 Uhr bis 11:30 Uhr das gesamte Maschinenpersonal bei der Arbeit. Der III. Wachingenieur war für die Einteilung der Einrichtungen im Maschinenraum zuständig und ich für die Maschinen an Deck. Wir hatten keinen Elektriker an Bord, so dass wir kleinere Wartungsarbeiten an den Elektroanlagen selbst durchführen mussten. Auf den Seemaschinistenschulen bei den Lehrgängen zum C3 und C4 wurde dies im Fach Elektrotechnik gelehrt. Wir hatten aber als 4. Assistenten einen gelernten Elektriker. Er wollte als Allein-Eklektiker zur See fahren, machte bei uns ein Praktikum von sechs Monaten und sollte dann bei der Reederei ein Schiff als Elektriker bekommen. Die Wartung der beiden Hauptmaschinen konnten wir nur im Hafen durchführen.

Auf der Reise nach Genua bekamen wir nach Verlassen der Loire in der Biscaya Sturm. Der Pott hatte zu knacken, er schlingerte, holte über. Uns taten die Steuerleute und Matrosen leid. Wenn sie sich nach den paar Metern endlich zum Brückenaufbau begeben hatten, kamen sie nass wie ein Pudel an.

In der Messe

Der Alte, Kapitän Heinze, wollte nicht nach achtern kommen, um die Mahlzeiten einzunehmen. Der Steward meinte ziemlich abgebrüht: „Dann soll er Kohldampf schieben, die anderen müssen da ja auch durch." Wir gaben ihm Recht. Der Alte war ein seltsamer Kauz. Er igelte sich mittschiffs ein, kam nur zum Essen und verschwand wieder nach mittschiffs in seine Behausung.

Das Bordklima war gut, das Essen auch. Es machte trotz der Maloche Spaß. Wir saßen öfters in meiner Kabine, klönten und tranken ein kühles Bier. Der eine oder andere erzählte aus seinem Leben oder brachte Storys aus seiner Fahrzeit. Chief Detmar erzählte von zu Hause. Er kam aus Büsum, hatte ein kleines Einfamilienhaus am Stadtrand. „In den Sommerferien", fuhr er fort, „wohnt meine Frau mit den Kindern im Keller, wir vermieten unsere Wohnung an Feriengäste. Mit dem Geld können wir dann die Schulden vom Hausbau abstottern." Seine Frau pulte in Heimarbeit Krabben, bekam fünfzig Pfennig pro Kilogramm. Fünf Kilo pulte sie in der Stunde. „Das ist ja eine Arbeit für einen, der Vater und Mutter totgeschlagen hat", meinte ich. Er gab mir recht. Hatte ihr schon öfters gesagt, sie solle das lassen, wollte sie aber nicht.

Wir kamen wieder ins Mittelmeer, wieder in die Häfen an Afrikas Küste. Einer gleicht dem anderen: Die Altstadt, die Basare, die Moscheen mit ihrem Minarett, von dem der Muezzin seinen Gebetsauruf in die Landschaft brüllt und die Gläubigen zur „Bodengymnastik" und zum Gebet auffordert. In Tunis fuhr ich mit der Droschke, kam mir vor wie ein Tourist.

Die Touristen kommen. Sie kommen mit den Musikdampfern derer von Neckermann, gehen an Land in die Basare zum Souvenireinkauf. Es kommt das deutsche Ehepaar aus Bayern, haben die Reise zur Silberhochzeit von den Kindern geschenkt bekommen. Sie fallen auf in ihrer Bekleidung, er mit ledernden Trachtenhosen und einem Hut mit Gamsbart. Sie trägt ein Dirndl, oben zu klein, die halbe Brust quillt raus, und das im Land von Allah. Wollen kaufen, schauen sich um. Sie steht an den Auslagen, sucht ein Preisschild, findet es aber nicht, wird sie auch nie finden. Er muss auch suchen, ohne Erfolg. Achmed tritt zu ihnen: „Du Deutsche, du kaufen, machen guten Preis. Sie will den Preis wissen, er sagt ihn. Sie schaut ihren Mann an, der zuckt mit den Schultern und meint: „Hab doch keine Ahnung, ob der Preis gerechtfertigt ist, wenn du das kaufen willst, dann mach es." Er rechnet nicht um. Es ist ihm zu umständlich, ist ja egal: „Wenn wir schon mal hier sind, was soll's?" Er, der Trottel, hätte vor Einlaufen zur Reiseleitung gehen sollen. Man klärte die Passagiere auf: „Wenn Sie in den Basaren einkaufen, müssen Sie handeln, den Preis um fast dreißig Prozent drücken. Entweder die steigen ein oder nicht." So bezahlen sie den vollen Preis. Der Händler macht ein gutes Geschäft. Hätte gerne gehandelt. Feilschen und Gezeter, Lamentieren ist Usus, wissen sie, machen sie gerne, gehört zum Handwerk.

Meine erste Reise auf MS EHRENFELD dauerte nicht lange. Auf der Rückfahrt nach Antwerpen bekam ich starke Schmerzen im linken Ellenbogengelenk. Die Schmerzen zogen bis in die Finger. Ich konnte mit der Hand kaum noch etwas verrichten. Mein linkes Ellenbogengelenk, geschädigt von dem Unfall damals 1950 in Brackwede, als ich auf die Bahnschwellen geknallt war, hatte mir jahrelang Ruhe gelassen. Nun wieder diese Schmerzen! Meinte zum Chief: „Ist sicher der Nerv eingeklemmt. Vorgestern, als wir die Leitung in der Bilge repariert haben, muss ich mir den Arm wohl verrenkt haben, spürte plötzlich einen fürchterlichen Schlag, einen Schmerz wie beim Berühren einer Stromleitung." Ich entschloss mich, nach Hause zu fahren. Das Schiff sollte sowieso nach Hamburg in die Werft. Der Chief willigte ein. In Bielefeld wurde der Arm geröntgt. Der Arzt meinte: „Ja, der Nervenkanal ist damals beim Bruch von Knochensplittern beschädigt worden, dadurch kann der Nervenstrang an der zerstörten Stelle einklemmen. Eine falsche Bewegung, und der Nerv verklemmt sich in der alten Bruchstelle." Ich bekam Fangopackungen und Ultrakurzwellenbestrahlung.

Am 4. August 1965 stieg ich in Hamburg wieder ein. Wir liefen wieder aus, fuhren den alten Törn. Heiligabend verbrachten wir in Sfax. Das Wetter war noch schön warm, richtiges Badewetter. „Lasst uns schwimmen gehen, baden im Mittelmeer", meinte der II. Steuermann. Ich hatte Bedenken, Angst, dachte an La Guaira. Wir lagen im Hafen von La Guaira, entschlossen uns, ins Meer zu gehen. Wollten in der Hafeneinfahrt rüber schwimmen zum Molenkopf. Als wir fast in der Mitte waren, kam ein kleines Fischerboot von See. Die Fischer sahen uns, riefen zu uns herüber, gestikulieren, zeigten ins Wasser, winkten uns zu ihrem Boot, forderten uns auf zum Einsteigen auf. Wir wussten nicht, was das sollte, gehorchten aber. Sie erzählten uns, dass vor Kurzem ein Hai einen Menschen beim Schwimmer gerissen hatte. Uns zitterten die Knie. Seit dieser Zeit war ich äußerst vorsichtig. Ich entschloss mich, an Bord zu bleiben.

Im Hafen von Tunis zogen wir wieder einen Kolben. Kolbenziehen war eine der Hauptaufgaben. Der Chief hatte gehofft, dass in Hamburg in der Werft auch die Hauptmaschinen überholt werden würden, man überholte jedoch lediglich die Brennstoffpumpen. Hans Krüger, der Reedereiboss meinte: „Kolben ziehen können Ihre Männer ja in jedem Hafen, haben sie doch immer gemacht!" Aus, basta, haben sie ja immer gemacht. Die Arbeit neigte sich zum Ende, nur noch eben den Kolben einbauen, wegfieren, langsam und sinnig den Deckel drauf, alles wieder anschließen, Klackssache. Mein Assi und ich lagen mit dem Oberkörper im Triebraum, wartend, dass der Kolben langsam herabgelassen würde, damit wir das Pleuellager auf den Kurbelzapfen führen konnten. Langsam und sinnig ging es nicht. Die da oben passten nicht auf. Sie merkten nicht, dass der Kolben nicht mehr stramm im Flaschenzug hing, dass sein Gewicht auf dem letzten Kolbenring ruhte und drückte. Den Kolbenring drückte einer zusammen, der Kolben fuhr ein in die Buchse, fiel auf den Kurbelzapfen. Der Assi schrie: „Der Kolben fällt!" Ich versuchte, meine Hand vom Zapfen weg zu ziehen. Gelang mir nicht ganz, der Daumen wurde eingequetscht. Der Assi schrie: „Seid ihr da oben doof, der Zweite, seine Hand! Schnell den Kolben wieder hochziehen!"

Man zerrte mich aus dem Kurbelraum, brachte mich an Deck. Ich taumelte. Der Daumen meiner rechten Hand baumelte, hing nur noch am Fleisch. Noch merkte ich den Schmerz nicht, stand noch unter Schock. Dann machte Schmerz sich bemerkbar, ein Schmerz, der mir die Tränen in die Augen trieb. Mir wurde übel, ich baute ab. Im Krankenwagen kam ich wieder zu mir: der Schmerz, ein Hämmern! Man brachte mich so verdreckt, wie ich war, das Kesselpäckchen noch an, die Hand verbunden, der Verband blutig, ins Krankenhaus. In dasselbe Krankenhaus, in dem damals der Moses gelegen hatte, nach Carthage, in die Privatklinik „Hospital a Karthago", in die Frauenklinik zu Doktor Michel Debre. Er selbst war nicht mehr im Dienst, ein einheimischer Arzt nahm sich meiner an. Zunächst wurde die Hand geröntgt. Der Daumen war durchgebrochen, hing nur noch am Unterfleisch. Das Blut wurde entfernt, der Verband erneuert, ein Verband mit einer Schiene. „Solange die Wunde noch nicht verheilt ist, können wir ihn nicht eingipsen, nur ruhig stellen", meinte der Arzt. Der Verband wurde täglich gewechselt. „Wir wollen sehen, ob sich kein Eiter bildet, schließlich war die Wunde voller dreckigem Öl", äußersten sie beim Verbandswechsel. Deshalb hatten sie mir Spritzen verabreicht. Eine Krankenschwester hatte mich ausgezogen und gewaschen. Eine Krankenschwester einer Entbindungsstation, die einen Mann versorgt, dass hatte sie noch nicht erlebt. Mein Assi war mitgefahren, hatte in der Eile ein paar Sachen gepackt. Der Chief versprach mir: „Werden Ihre Sachen packen und den Koffer dem Makler übergeben. Machen Sie's gut! Wenn sie wieder in Deutschland sind, besuchen Sie uns."

Mein Zimmer grenzte an den Kreißsaal. Ich hörte öfters das Gewimmere und Gestöhne der Gebärenden. Ich ging in den Park, hielt es im Zimmer nicht mehr aus. Im Park sah ich eine Patientin sitzen. Sie las ein deutsches Buch. Ein deutsches Buch? Muss doch eine Deutsche sein, dachte ich und ging auf sie zu, schaute sie mir an. Ihr Alter schätzte ich auf ca. vierzig Jahre. Sie war blond, von mittlerer Statur. Sie bemerkte mich, ergriff das Wort: „Ach, Ihr seid der deutsche Seemann, der neulich hier eingeliefert wurde. „Einen Mann mit einer kaputten Hand in einer Entbindungsklinik gibt's nicht alle Tage", meinte sie lächelnd. Wir kamen ins Gespräch. Sie erzählte, wie es sie nach Tunesien verschlagen hatte: „Ich lernte meinen Mann vor Jahren in Deutschland kennen. Ich stamme aus einem Dorf in Schleswig-Holstein vor den Toren Hamburgs. Mein Bruder studierte Agrarwissenschaft, so wie er. So lernte ich Kerim kennen. Als er mit seinem Studium fertig war, er promovierte noch, musste er wieder nach Hause, nach Tunesien. Sein Vater betrieb eine Olivenplantage. Durch Verbindungen meines Bruders bekam er Kontakt zu einer großen Nahrungsmittelfirma. Sie wollte Oliven aus Tunesien zur Herstellung von Olivenöl. Ein Jahr später kam ich nach. Wir heirateten. Nun wohnen wir schon fast sechs Jahre hier, habe nun mein drittes Kind bekommen, einen Sohn."

Bald lernte ich auch ihren Mann kennen, den Doktor Ing. Kerim Ayed. Er meinte: „Besuchen Sie doch mal die Kulturstätte Karthago, nicht weit von hier entfernt. Karthago war vor langer, langer Zeit, eine Großstadt im Norden Afrikas, nahe dem heutigen Tunis. Man ist zurzeit dabei, Ausgrabungen vorzunehmen", erläuterte er. So hatte ich nun etwas Abwechslung, Seine Frau lieh mir ein deutsches Buch, er gab mir den Tipp mit den Ruinen.

Die Zeit verging. Es kam der Tag, dass die Wunde verheilt war. Man legte den Daumen in Gips. Ich konnte endlich die Klinik verlassen. „Morgen am späten Vormittag geht Ihr Flieger, müssen aber in

Paris umsteigen und landen in Düsseldorf, hier ist das Flugticket, Ihren Koffer bringe ich mit, wenn ich Sie dann zum Flugplatz bringe", meinte der Makler. „Gott sei Dank, das ist nun vorbei, morgen Abend bin ich wieder in Deutschland." Ich gab ihm meine Heimatanschrift mit der Bitte, meine Ankunftszeit und -ort per Telegramm nach Hause mitzuteilen, damit mein Schwager mich vom Flugplatz abholen konnte. Der Flieger der Tunesien-Airlines hob ab. Da das Wetter herrlich war an diesem 7. Februar, noch fast dreißig Grad warm, trug ich nur eine kurze Hose und ein Kakihemd mit kurzen Ärmeln. „Kann mir ja am Flugplatz in Düsseldorf, wenn ich den Koffer habe, etwas Warmes anziehen", dachte ich. Das Flugzeug gewann an Höhe. Ich schaute aus dem kleinen Fenster, sah unter mir das blaue Meer. Schiffe glitten dahin. Das Flugzeug änderte seinen Kurs. Der Pilot zog die Maschine nach rechts, die Maschine kippte, ich bekam es mit der Angst zu tun. Es war mein erster Flug. Ich dachte: „Da oben ist noch keiner geblieben, und das Wasser hat auch keine Balken." In Paris bestieg ich eine Maschine der Lufthansa. Kaum war sie oben, setzte sie auch schon wieder zur Landung an. In Düsseldorf war es kalt, es war Winter. Frierend stand ich am Laufband. Alle warteten auf ihr Gepäck, eingemummt in wärmende Winterkleidung. Sie stierten mich an, schüttelten mit dem Kopf. Das Band lief, brachte einen Koffer nach dem anderen, nur meinen nicht. Ich wurde ungeduldig, wurde sauer. Der Lautsprecher ertönte: „Achtung, eine Durchsage: Der Passagier von Paris angekommen mit der Lufthansamaschine... wird gebeten, sich umgehend bei der Information zu melden." Ich eilte hin, erfuhr, dass mein Schwager erst in einer Stunde da sein könne. Ich fror, war sauer, maulte sie an: „Mein Koffer ist weg, ich friere wie ein Schneider, so ein Mist!" Man hatte Mitleid mit mir, brachte mich zur Polizeistation. Die trieben eine Decke auf. Ich saß eingehüllt und bedröppelt auf einem Stuhl und wartete auf meinen Schwager Walter. Endlich kam er. Er lachte, als er mich so sitzen sah. Ging mit der umgehängten Decke mit ihm zu dem Auto. Ein Polizist begleitete uns. Er musste ja die Decke wieder haben, die Decke aus einer Zelle der Polizeistation mit der Aufschrift „Polizeidirektion Düsseldorf, Wache Flughafen". Musste mitlatschen wegen so einer alten verfilzten Decke.

Nun war der Koffer weg. Ich rief bei der Lufthansa an, fragte wann mein Koffer komme. Ich bekam als Antwort: „Wir forschen nach, wir melden uns." Ich wurde nun ganz sauer und laut, drohte mit Regressforderungen, verlangte Geld. Man sagte mir, wenn der Koffer nicht innerhalb von drei Tagen bei mir abgeliefert werden würde, solle ich eine Vermisstenmeldung unter Angaben des Wertes über den Inhalt an die Zentrale nach Frankfurt senden. Ich knallte den Hörer auf die Gabel und dachte: Diese bürokratischen Hornochsen.

Nach zwei Tagen kam der Koffer, Absender: Gepäckannahme Flugplatz Bremen.

Der Daumen war langsam wieder in Ordnung. „Bin mit Heilungsverlauf zufrieden", meinte mein Arzt in Bielefeld, „nur der Nagel wird verkrüppelt bleiben, das Nagelbett ist zertrümmert, unreparabel.

MS EHRENFELD war mein letztes Schiff vor dem Besuch der Seefahrtsschule in Cuxhaven. Ich rief bei der Reederei an und fragte: „Wann ist die EHRENFELD wieder in Hamburg?" Ich erfuhr, dass sie in der nächste Woche einlaufen solle. So fuhr ich nach Hamburg, besuchte meinen alten Chief Detmar an Bord. Er gab mir seine Anschrift in Büsum und meinte: „Vielleicht sehen wir uns ja mal wieder." Dann besuchte ich noch die Reederei, traf auch Herrn Krüger, erzähle ihm von dem Aufenthalt in Tunis. Sagte auch, dass ich nun, wie er ja wisse, mein C4-Patent machen wolle. „Wenn Sie das bestanden haben, möchte ich, dass sie wieder bei uns fahren. Habe da schon meine Vorstellungen.

Im Jahr 1980 machte ich mit meiner Familie Urlaub in Büsum. „Wenn wir in Büsum sind, rufe ich mal bei Frau Detmar an, die Telefonnummer habe ich ja noch", sagte ich zu meiner Frau. Ich rief an, eine mir bekannte Stimme meldete sich, die Stimme meines alten Chiefs. Er erzählte mir, dass er nun auf dem Fischereiforschungsschiff „METEOR" fahre. „Es liegt an der Pier im Hafen, kommen Sie doch mal vorbei." Ich besuchte ihn. Wir erzählten von damals. „Seit drei Jahren bin ich nun hier an Bord. In zwei Jahren werde ich Rentner", er der ehemalige Chief der EHRENFELD.

Lehrgang zum Seemaschinisten I (C4) in Cuxhaven

Es ist noch ein kalter Apriltag, der 12. April 1966, es schneit, als ich in Cuxhaven eintreffe. Die Schule befindet sich in Grimmershörn gleich hinter dem Deich und dem alten Seebad am Elbestrand mit Umkleidekabinen auf einem Holzgerüst. Das Seebad gehört schon lange der Geschichte an, nur die Seefahrtschule steht noch so wie damals unverändert achterm Deich. Überhaupt hat sich Cuxhaven in den fast vierzig Jahren bis heute sehr verändert.

Nun ist wieder Budensuche angesagt. Wie schon in Bremerhaven, so gibt es auch in dieser Schule eine Pinnwand, ein schwarzes Brett. Schaue drauf, nicht alleine. Er steht neben mir, der angehende Seemaschinist Harry, der mein Mitbewohner und später mein zweiter Maschinist wird. Er möchte den Lehrgang C3 belegen. Wir lesen die Zimmerangebote mit der Lage, den Preisen. Die Preise sind hoch in Döse und Duhnen. Er meint: „Ist doch klar, das ist die Lage für die Urlauber. Für uns sind nur die Zimmer in den Außenbezirken bezahlbar, wie Ritzenbüttel oder Grode. Er zeigt mit dem

Finger auf ein Angebot: „Bieten großen Raum für zwei Personen in Stadtmitte mit Küchenbenutzung an." Den Mietpreis können wir locker bezahlen, geht ja durch zwei. „Delftstrasse 12, zweites OG, Müller", lesen wir weiter. „Nichts wie hin!" meine ich. Wir machen uns auf den Weg. Harry hat einen Stadtplan. Wir verlassen das Gebäude und biegen in die Karsernenstraße ein. „Schau mal, Pit, da ist ja auch gleich 'ne Kneipe, die ‚Kasernenschänke', da werden wir mal einkehren", meint er. Wir gehen weiter, gehen die Straße hinunter, erreichen die Marienstraße, laufen immer weiter, immer weiter, bis wir die Delftstraße erreichen, suchen das Haus Nummer 12. Es ist ein großes aus roten Klinkern errichtetes Haus. Gleich nebenan ist ein Speiselokal. Dort essen wir später öfters zu Abend. Das Ehepaar Müller wohnt dort mit dem Sohn Jochen, einem Nachkömmling, siebzehn Jahre alt. Seine Schwester, siebzehn Jahre älter, war schon lange ausgezogen. Wir stellen uns vor. Sie zeigen uns das Zimmer, die Küche und die Toilette. Einen Haken hat die Sache aber: „In den Sommerferien müssen Sie leider ausziehen, dann vermieten wir das Zimmer an Sommergäste." Darum also der günstige Preis, klingelts bei mir. Es ist uns egal, werden dann sowieso nach Hause fahren. Wir nehmen das Zimmer, unterschreiben den Mietvertrag, bekommen den Schlüssel und gehen.

Ich gehe zum Bahnhof, habe dort meinen Koffer untergestellt. Harry fährt nach Stade nach Hause. „Bis heute Abend, dann erkunden wir Cuxhaven." Es wird Abend, wir machen uns auf den Pat, gehen in die Marienstrasse, in eine der finsteren Kneipen, in denen hauptsächlich die von den Fischdampfern verkehren. Treten ein, ein Gestank von Fisch und Alkohol schlägt uns entgegen, die Luft, verqualmt zum Schneiden. Die ersten sind schon voll. Sitzen da zum Teil in ihren Arbeitsklamotten, kippen es in sich hinein. Die Zeit eilt, der Aufenthalt ist kurz, die Reise nur Maloche ohne Freizeit. Kann man es ihnen verübeln? Wo sollen sie sonst ihr Geld ausgeben? Geld müssen sie wohl genug haben, steckt sich doch einer mit einem Zwanzigmarkschein seine Zigarette an. Wir bleiben nicht lange. Das ist nicht mein Ding. „Komm, lass uns gehen!" meint Harry. Wir gehen in die Kasernenschänke. Auf der anderen Seite die Kaserne mit dem Kasernenknast. Schauen aus dem Fenster direkt auf die vergitterten Fenster. Muss wohl gut belegt sein: In jeder Zelle brennt Licht.

„Hier ist es besser als in der Kaschemme ‚Zum blauen Affen'", meint Harry. Wir unterhalten uns, jeder erzählt seinen Lebenslauf. Harry fuhr bei der Reederei Fisser & van Dornum, zuletzt auf MS „DORNUM" in mittlerer und kleiner Fahrt. Sein Vater arbeitet beim Arbeitsamt. Er hat ihm gesagt, dass wir einen Antrag auf Beihilfe stellen könnten, brauchen das Geld nicht zurückbezahlen. So fahren wir nächsten Tag nach Stade und füllen den Antrag aus. Der Mitarbeiter nennt uns den Betrag. Ich bekomme mehr Geld als Harry, weil ich ja Miete bezahlen muss. Harry, erläutert er, könne ja auch zu Hause wohnen. Vorher hatten wir noch mit Frau Müller einen Deal gemacht. Ich zahle die ganze Miete. So bekommen wir zusammen einen guten Zuschuss. Ich denke nur: Die wollen ja noch nicht mal unsere finanzielle Situation überprüfen. In der Tat, keine Frage nach Ersparnissen. Daraufhin bechern wir abends in der Kasernenschänke.

Seefahrtschule Cuxhaven

Der Unterricht ist eine Erweiterung der im C4-Lehrgang erlernten Kenntnisse. Man setzt einfach ein erlerntes Grundwissen voraus, egal wann dieser Lehrgang stattgefunden hat. Das bedeutet für einige Teilnehmer hartes Büffeln, insbesondere wenn der C3-Lehrgang schon acht Jahre zurück liegt, wie beispielsweise bei Günther. Es gibt wie in Bremerhaven verschiedene Fächer. Wieder Mathematik, wieder der Kampf mit dem Rechenschieber. Günther hat damit Probleme. Hatte schon jahrelang nicht mehr damit gearbeitet. Das Fach Mathematik ist schwerer als in Bremerhaven. Ich habe Probleme mit der Gleichung mit zwei Unbekannten. Versiebte eine Mathe-Arbeit: Vierminus. Bekomme deswegen im Zeugnis nur die Note 3. Dozent Kröger, unser Rektor meint: „Befriedigend geht doch noch." Die restlichen Fächer unterrichtet Herrn Pöhl, ein kleines Männlein mit spärlichem rötlichem Haar, mehr Glatze als Haarwuchs. Er trägt eine Brille, zieht sein linkes Bein nach, die Folgen einer Kinderlähmung. Zur See ist er nie gefahren. In seinem Unter-

richt geht es mehr um Theorie. So berechnen wir den Brennstoffverbrauch der beiden Kraftmaschinenarten, der Kolbendampfmaschine mit und ohne Abdampfturbinen sowie der Verbrennugsma-
schine, dem Dieselmotor. Hinzu kommt noch die Turbine als Antriebsart. Dieses Fach hatten wir in Bremerhaven nur nebensächlich
gestreift. Pöhl spricht von indizierter Leistung und von effektiver
Leistung. Er spricht vom gesamtwirtschaftlichen Wirkungsgrad und
den Verlusten. Sein Hobby und Spezialgebiet ist die geschichtliche
Entwicklung des Schiffsantriebes. „Ich habe in dem Buch ‚Die Chronik des Schiffantriebes' mitgearbeitet, meine Herren", - seine Anrede
war immer sehr höflich-distanziert. Es ist schon Hunderte von Jahren her, als kluge Köpfe, Gelehrte, Physiker, aber auch einfache
Männer den Grundstein für den Schiffsantrieb erfanden, entdeckten
und weiter entwickelten.

Die Chronologie des Schiffsantriebes

Diese Abhandlung basiert auf den Beschreibungen des Buches
Chronik der Seefahrt und den Erläuterungen meines Dozenten
beim Lehrgang zum Seemaschinistenpatent C4.

Der Bau von Wasserfahrzeugen und ihre Nutzung gehörten zu je-
nen Tätigkeiten der Menschheit, deren Anfänge um Jahrtausende
zurückliegen. In der Nähe von Binnengewässern, Flüssen und Mee-
resküsten entstanden frühzeitig günstige Bedingungen für Bevölke-
rungsansammlungen und demzufolge zur Schaffung von Schwimm-
hilfen zur Eigenversorgung, für den Handel und später auch für krie-
gerische Zwecke. So entwickelten sich im Laufe von Jahrtausenden
über Flöße und Einbaumboote aus unterschiedlichen Materialien
schwimmfähige Fahrzeuge, die durch Weiterentwicklung kluger
Menschen Stück für Stück zu Schiffen der heutigen Zeit wurden. Die
Entstehungsgeschichte des Schiffes ist eng mit der Entwicklungsge-
schichte der Menschheit verbunden. Dies haben Funde und Entde-
ckungen im Laufe von Jahrtausenden bis heute bewiesen.

Der Antrieb erfolgte zunächst durch Menschenkraft und Strö-
mungskraft, anfangs mit Staken, woraus später das Paddel sowie
das Paddelruder entstanden. An Flüssen wurden diese Schwimm-
einheiten von Land aus gezogen (getreidelt). Etwa 5.000 Jahre vor
unserer Zeitrechnung wurde erkannt, dass sich Schiffe durch die
Kraft des Windes mittels eines am Mast befestigten Segels fortbewegen konnten. So fuhren bis weit in das 20. Jahrhundert hinein
und zum Teil auch noch heute Segelschiffe aller Größen über die
Weltmeere.

Mit der fortschreitenden Industrialisierung und dem Erfindungs-
drang von Physikern und Technikern wurde ein mechanischer Antrieb langsam aber stetig entwickelt. Mit der Erfindung der Kolbenkraftmaschinen, zunächst Ende des 17. Jahrhunderts der Kolbendampfmaschine durch Otto Guericke, Papin und schließlich James
Watt, sowie durch die Entwicklung einer Verbrennungsmaschine um
1890 durch Herbert Stuart, entstand eine neue Antriebseinrichtung,
die auch in der Seefahrt Einzug hielt. Anfangs wurden Schiffe mit
Segeln und mit Dampf betriebenen Kolbenkraftmaschinen, später
nur noch mit Dampfkraft durch Kolbendampfmaschinen, Dampfturbinen und durch Verbrennungsmaschinen bewegt. Es war ein langer
Entwicklungszeitraum mit vielen Rückschlägen, auch mit Ablehnung
durch Menschen, bis hin zu Aufständen, die dem technischen
Forschritt negativ gegenüberstanden. Es gab, insbesondere bei der
Landbevölkerung, weltweit Aufstände. Denken wir in Deutschland
an den Weberaufstand.

Anfangs wurde das Schiff mittels eines seitlich oder am Heck des
Schiffes angeordneten Schaufelrades, welches mechanisch mit der
Dampfmaschine verbunden war, fortbewegt. Durch die Erfindung
des Schraubenpropellers im Jahre 1785 durch den Engländer Bra-
mah, der direkt mit der Dampfmaschine verbunden war, wurde das
Schaufelrad abgelöst. Jedoch fahren noch heute Museums-
Dampfschiffe auf Flüssen und Seen als so genannte Raddampfer.

Die geschichtliche Entwicklung der Kolbenkraftmaschine und des Schiffsantriebes

Kolbendampfmaschinen

Bereits Ende des 16. Jahrhunderts beschäftigten sich intelligente
Männer mit der Idee, eine Antriebsmaschine zu konstruieren, die mit
Druck angetrieben wurde. Ihnen war die Entdeckung durch Otto
Guericke aus dem Jahre 1657 bekannt, dass Luftdruck ein Arbeits-
vermögen besitzt.

Die Wasserhebemaschine aus dem Jahre 1663 des Marquis of
Worcester wurde seinerzeit zur Wasserversorgung verwandt. Man
füllte Wasser in einen Behälter, der erhitzt wurde. Durch die Ar-
beitskraft des Drucks wurde das Wasser gehoben.

Im Jahre 1861 beschrieb Dennis Papin seinen Papinschen Topf.
Damit war der Dampfkessel in seiner Grundfunktion entstanden.
Thomas Savery erhielt 1698 das Patent auf eine kolbenlose Dampfmaschine. Anfang des 18. Jahrhunderts wurde von Thomas New-
comens, John Cawley sowie Humphrey Postteer eine Kolbendampf-

216

maschine entwickelt, die mit den danach gebauten Maschinen – bis auf die Funktion - noch wenig Ähnlichkeit hatte.

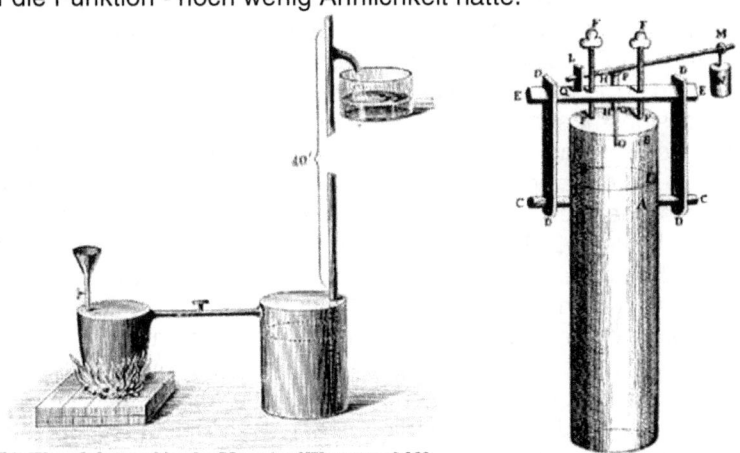

Die Wsserhebemaschine des Maruuis of Worcester 1663
Wasserhebemaschine 1663   Papinscher Topf

Trotzdem gelang es Jonathan Hull aus Camptem 1736, ein mit Dampf getriebenes Schleppboot mit Heckantrieb patentieren zu lassen. Ob es jedoch jemals gebaut wurde, ist nicht bekannt.

James Watt konstruierte 1765 die erste wirtschaftlich einzusetzende Dampfmaschine, auf die er 1767 das Patent erhielt. Zu dieser Zeit hatte er auch die doppelt wirkende Dampfmaschine entwickelt, auf die er 1782 ebenfalls das Patent erhielt. Erst 1784 gelang ihm die Entwicklung der Gelenkführung. Diese ermöglichte den Einsatz für die gewerbliche Nutzung im größeren Rahmen. Es dauerte allerdings noch mehrere Jahre, bis die von James Watt geschaffene Maschine soweit entwickelt war, dass sie als liegende oder stehende Kolbendampfmaschine vielseitig eingesetzt werden konnte.

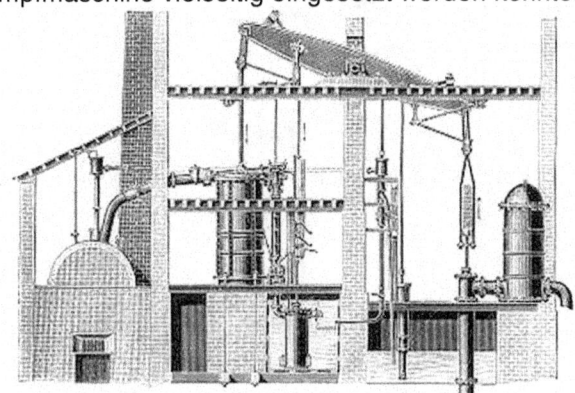

Modell der Wattschen Dampfmaschine

Der Verbrennungsmotor

Wieder war es ein Engländer, Herbert Stuart, der um 1890 mit seiner Entwicklung den Verbrennungsmotor schuf. Er vertrat die Meinung, dass es möglich sein müsse, die Verbrennung im Zylinder stattfinden zu lassen. Er baute die Kolbendampfmaschine zu einer Kompressionsmaschine um, verwendete die Steuerungseinrichtungen als Führung der Zugluft und der Abgase. Den Kompressionsdruck bzw. die Verdichtung der Luft erzeugte er mit einem Kurbelantrieb über das Schwungrad. Zur Zündung des Öls entwickelte er eine Glühkerze. Somit schuf er den Glühkopfmotor, eine Alternative zur Kolbendampfmaschine, der weiterentwickelt wurde. Der Firma MAN gelang im Jahre 1897 mit ihrem dritten verbesserten Versuchsmotor der Durchbruch. Bei 17,8 PS betrug der effektive Wirkungsgrad schon 26,2%. Es war jedoch noch eine längere Entwicklungszeit nötig, bis im Jahre 1912 das erste Seeschiff, ausgerüstet mit einem Dieselmotor, in Dienst gestellt wurde. Im Jahre 1935 erreichte die Firma Fiat mit einem doppelt wirkenden Zweitaktmotor eine Leistung von 20.000 PS, die bis dahin höchste Leistung eines Motors. In der heutigen Zeit werden Schiffsdieselmotoren mit Leistungen, die eine Größe von fast 100.000 PS erreichen, gebaut.

Der Schiffsantrieb

Durch den Einsatz der Kolbenkraftmaschine, anfangs der Kolbendampfmaschine, bestand nun die Möglichkeit, die Schiffe, bislang mit Segel ausgestattet, nunmehr mit Maschinenkraft zu bewegen.

Patentschaufelrad mit beweglichen Schaufeln

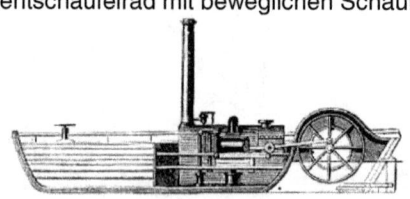

Querschnitt von Symington"s Dampfboot Charlotte 1801
Symingtons Dampfboot Charlotte 1801

218

Hierzu benötigte man jedoch eine Einrichtung, welche die Motor-kraft außerhalb des Schiffes in einen Schub umsetzte. Diese war durch die Erfindung des Schaufelrades im Jahre 1736 durch den Briten Jonathan Hall gegeben. Im Jahre 1801 unternahm William Symnington die erste Fahrt mit seinem am Heck angetriebenen Dampfboot auf dem Forth- und Cleyde-Kanal. So fuhren die Schiffe jahrelang mit Schaufelradantrieb. Die Schaufeln befanden sich am Heck und später an den Bordwänden in der Schiffsmitte. Erst im Jahre 1836, als der Schiffspropeller voll entwickelt war, konnten die Schiffe mit diesem ausgestattet werden. So wurde im Jahre 1836 der erste Dampfschlepper gebaut, der mit einer Ericsson-Schraube ausgerüstet wurde. Raddampfer sind bei uns bis in die heutige Zeit als funktionsfähige Museumsschiffe im Einsatz, wie z. B. das Dampfschiff KAISER WILHELM, 1900 erbaut.

Schiffe im 20. Jahrhundert

Durch die rasante Entwicklung im Schiffbau wurden insbesondere beginnend im 20. Jahrhundert immer größere und schnellere Passagierschiffe bebaut, wie z. B. KAISER WILHELM II. Dieses Schiff war mit zwei Sechszylinder-Vierfach-Expansionsmaschinen mit einer Gesamtleistung von 45.000 PS ausgestattet.

Der Drang nach neueren, wirtschaftlich besseren Schiffsantrieben wurde vorangetrieben. So lösten die Dampfturbine und die Verbrennungskraftmaschine nach und nach die gute alte Dampfmaschine ab. Durch die fortschreitende Entwicklung der atomaren Kraft wurde teilweise an Stelle des Kessels der Atomreaktor zur Dampferzeugung genutzt. Die Hauptgliederung der Vielfalt von Schiffstypen erfolgte vorwiegend nach Verwendungszweck, Schiffsgröße, Antriebsart, Bauweisen und Fahrtgebiet.

Seit den Anfängen bis in unsere heutige Zeit war die viertausendjährige Geschichte des Schiffes in seinen jeweiligen Entwicklungsstufen stets von einem besonderen Verhältnis des Menschen zu seinen Schiffen begleitet. Beweis dafür ist das überwältigende Interesse der Menschen für Schiffe, etwa bei Stapelläufen, Hafenrundfahrten und besonderen Schiffsankünften wie etwa beim Besuch der QUEEN MARY 2 im Hamburger Hafen, oder beim Ausdocken eines Neubaus bei der Meyer-Werft in Papenburg, wo es zu unübersehbaren Ansammlungen von Zuschauern kam.

Beschrieben sei nun die Technik von Seeschiffen mit Dampf und Dieselantrieb nach dem zweiten Weltkrieg. Bereits Anfang 1945 in Yalta und durch das Potsdamer Abkommen im Juni 1945 legten die Siegermächte Deutschland viele Reparationen auf. So wurde unter anderem beschlossen, dass alle deutschen Handelsschiffe über 2.200 Tonnen mit insgesamt ca. 1.120.000 Tonnen an die Alliierten auszuliefern seien. Die verbleibenden Schiffe durften nur innerhalb deutscher Gewässer (Küstenschifffahrt) verkehren. Neue Schiffe durften zunächst nicht gebaut werden. Ab 1946 war wieder der Neubau kleiner Schiffe bis zu 1.500 BRT und einer Höchstgeschwindigkeit von 12 Knoten mit kohlebefeuerten Kolbendampfmaschinen für die Küstenfahrt erlaubt. Erst ab 1948 wurde den deutschen Reedereien wieder der Frachtverkehr in der Nord- und Ostsee genehmigt. Dies war die Geburtsstunde für den Wiederaufbau der deutschen Handelsflotte.

Ab April 1951 durften dann auf deutschen Werften wieder Schiffe jeder Größe für deutsche Reedereien zum weltweiten Einsatz gebaut werden. Von diesem Zeitpunkt an rüsteten deutsche Werften die deutschen Reedereien wieder mit modernen Schiffen aus. Es verging fast kein, Tag an dem nicht Schiffe in Auftrag gegeben oder abgeliefert wurden. Auch wurden in deutschen Gewässern versunkene Schiffe gehoben, ausgeschlachtet oder wieder fahrbereit gemacht. Mit der Erlaubnis der Alliierten nach dem II. Weltkrieg, dass deutsche Schiffe wieder weltweit über alle Meere fahren durften, begann ein rasanter Anstieg der deutschen Handelsschifffahrt. So entstanden Neubauten aller Größen, von 500 bis fast 10.000 t Tragfähigkeit zum Einsatz in der Küstenfahrt, der mittleren Fahrt sowie der großen Fahrt, im Liniendienst, als auch in der Trampschifffahrt. Nicht nur die deutschen Häfen, in denen rund um die Uhr tagaus, tagein Schiffe gelöscht und beladen wurden, waren überlastet. Deshalb war es an der Tagesordnung, entweder vor den Häfen auf Reede oder in den Häfen an Dalben auf einen freien Liegeplatz zu warten. Dies lag in erster Linie an den für heutige Verhältnisse ungewöhnlich kleinen Ladekapazitäten der Schiffe, insbesondere derer in der Küsten- oder mittleren Fahrt.

Die Anheuerung von Besatzungen war anfangs ein Problem, fehlten doch bei der enormen Expansion durch die vielen Neubauten die Patentinhaber, wie Kapitäne, nautische Offiziere, Schiffsingenieure sowie qualifiziertes Hilfspersonal für Deck und Maschine. Der Verband Deutscher Reeder suchte auch im Binnenland junge Männer, die zur See fahren wollten. Die Seefahrt- und Schiffsingenieurschulen bildeten verstärkt Nachwuchs aus.

War Seefahrt, wenn man es überhaupt so nennen kann, bis zu den 1960er Jahren noch romantisch, ist sie heute hektisch wie alles in dieser Zeit. Damals dauerten Reisen eines Stückgutfrachtschiffes nach Ostasien mit dem Anlaufen von vielen Häfen und langen Liegezeiten bis zu sechs Monaten.

Mit der Entwicklung ab den 1970er Jahren, Stückgut in Containern zu transportieren, änderte sich dies. Immer größer gebaute Schiffe mit einer Ladefähigkeit bis etwa 9.000 Containern konnten das 10- bis 20fache eines damals gebauten Stückgutfrachters transportieren. Im Laufe der Jahrzehnte hat sich in der Schifffahrt bis heute ein großer Wandel verzogen. Die Schiffe wurden immer größer. Viele Schiffe wurden ausgeflaggt. Die Besatzungen wurden kleiner und internationaler. Viele deutsche Seeleute verloren in den 1980er Jahren ihren Job und wurden von Kollegen aus Billiglohnländern ersetzt. Heutzutage verrichten Containerschiffe mit einer Größe von ca. 100.000 Tonnen die Reise nach Ostasien in ca. 50 Tagen.

So entstanden außerhalb der alten Hafenanlagen große Containerumschlaganlagen (Container-Terminals). Die alten Hafenbecken wurden und werden zugeschüttet und anderen Nutzungen zugeführt.

Das Dampfturbinenschiff

Ende des 18. Jahrhunderts wurde als eine weitere Antriebsart die Dampfturbine entwickelt und 1841 erstmals versuchsweise eingesetzt. Anfang des 19. Jahrhunderts wurden die ersten Passagierschiffe mit Dampfturbinen gebaut. Ab dieser Zeit wurde die Dampfturbine bei verschiedenen Schiffstypen, wie Kriegsschiffen und später auch Tank- und Stückgutfrachtern verwendet. Die Dampfturbine verlieh den Schiffen höhere Geschwindigkeiten. So hatte das 1935 gebaute französische Passagierschiff „NORMANDIE" eine Turbinenanlage von 130.000 PS mit einer Geschwindigkeit von ca. 30 Knoten. Dieses hatte allerdings zur Folge, dass der Wasserrohrkessel, wie erläutert, durch andere Kesselarten ersetzt werden musste. Bei einem Turbinenschiff benötigte man Frischdampf mit höheren Drücken von 40 ata und mehr sowie Temperaturen bis ca. 450° C. Der gesamtwirtschaftliche Wirkungsgrad war allerdings höher als bei Anlagen mit Kolbendampfmaschinen. Er belief sich im Schnitt auf 30 bis 33 %. Konventionelle Seeschiffe mit Dampfantrieb benötigen zur Dampferzeugung einen Kessel, es sei denn der Dampf wurde mittels Nuklear-Reaktor erzeugt.

Das deutsche Versuchsschiff „**NS OTTO HAHN**", wurde als drittes ziviles Schiff nach dem sowjetischen Eisbrecher „LENIN" und dem amerikanischen Frachtschiff „SAVANNAH" von einem Kernreaktor angetrieben. Es war das einzige deutsche Schiff mit Kernenergieantrieb, im Volksmund auch das „Atomschiff" genannt. Das Schiff war zwischen 1963 und 1968 in Kiel gebaut worden, wobei die Arbeiten am nuklearen Antrieb den größten Teil dieser Zeit beanspruchten: Die Schiffshülle war bereits im Sommer 1964 im Beisein ihres Namensgebers getauft worden. Als Antrieb hatte man sich für einen fortschrittlichen Druckwasserreaktor der Firma Babcock mit Wasser als Kühlflüssigkeit und Moderator im Primärkreislauf entschieden. Im Sekundärkreislauf wurde der Antriebsdampf für die konventionelle Dampfturbine erzeugt. Es war ein Forschungsschiff. Man wollte hiermit Erfahrungen für zukünftige Nuklearschiffsanlagen sammeln, es jedoch gleichzeitig bereits im quasi-kommerziellen Einsatz als Erzschiff verwenden. Da die OTTO HAHN ausländische Häfen nicht im gewünschten Umfang für Atomschiffe öffnen konnte, wurde das Experiment 1979 schließlich eingestellt. Auch für die in den 1970er Jahren erdachten Containerschiffe NCS 80 und NCS 240 fand sich kein Reeder, der trotz staatlicher Förderung ein solches Schiff selbst in Auftrag geben wollte. 1982 wurde die OTTO HAHN zu einem Containerschiff mit Dieselantrieb umgebaut und fuhr einige Jahre für eine französische Reederei unter dem Namen „MADRE".

Technische Daten:
Vermessung: Länge: 172,05 m, Breite: 23,40 m, Tiefgang: 9,22, 16.870 BRT bei einer Tragfähigkeit von 14.079 t als Erzfrachter
Propelleranlage normal / maxi: 10.000 / 11.000 PS Drehzahl normal / maxi: 97 / 100 U/min bei 17 Knoten
Maschinenanlage: 1 Druckwasserreaktor von Babcock Interatom
Dampfmenge Haupt- / Hilfsturbine: 48,8 / 5,7 t/h. Primärsystem Betriebsdruck: 63,5 at, Ein- / Auslasttemperatur: 267 / 278° C Dampfsekundärsystem

Speisewasser-Dampftemperatur: 185 / 273°C Dampfdruck: 31 at, Thermische Leistung: 38 MW,

Reaktordruckbehälter: 2.360 mm Durchmesser bei einer Höhe von 8.580 mm, Innenvolumen: 35 m2, Temperatur: 300° C bei 85 ata,

1 Turbinensatz mit Getriebe, bestehend aus HD- und ND-Turbine mit einer Leistung von 10.000 WPS/h

Schiffsantrieb und Steuerung

Wie bereits beschrieben, war mit der Erfindung der Dampfmaschine einerseits sowie dem Schaufelrad andererseits die Möglichkeit gegeben, ein Schiff nunmehr mit Motorenkraft fortzubewegen.   Die Maschine wurde liegend, die Zylinder in Fahrtrichtung, einbebaut. Die Zylinderstange übertrug die Kraft mittels einer Zapfenwelle auf die Antriebswelle, die die beiden außerhalb des Schiffskörpers angeordneten Schaufelräder drehten.   Durch die Erfindung des Kreuzkopfes bestand auch die Möglichkeit, das am Heck befindliche Schaufelrad anzutreiben.   Mit Erfindung der Kurbelwelle sowie der Schiffsschraube, auch Propeller genannt, mussten die Konstrukteure und Schiffsbauer umdenken.   Man stellte die Maschine nun senkrecht in das Schiff, die Zylinder hintereinander angeordnet.   Das Ende der Kurbelwelle wurde mit einer Welle versehen, an dessen Ende der Propeller montiert war.   Dabei kamen und kommen mehrere Varianten zum Einsatz: die Kolbendampfmaschine, die Dampfturbine, die Verbrennungskraftmaschine sowie der Elektroantrieb mittels Generator.   Es konnten jeweils eine oder mehrere Maschinen mit oder ohne Getriebe über eine oder mehrere Schiffwellen auf den Propeller einwirken.

1. Schraube mit Ruder Baujahr 1930 – **2.** beim heutigen Frachtschiff

Bild **1** zeigt eine Schraube mit Ruder eines Schiffes Baujahr 1930. Der Durchmesser der 4-Flügelschraube beträgt 4,20 m, Drehzahl 120 U/min bei Volllast der Maschine.   Reisegeschwindigkeit 12,5 Knoten (= ca. 24 km).

Bild **2** zeigt eine Schraube mit Ruder eines Frachtschiffes. Der Durchmesser der 5-Flügel-Schraube beträgt 6,50 m, Drehzahl 100 U/min bei Vollast der Maschine, Reisegeschwindigkeit: 25 Knoten.

3. Dreischraubenschiff TITANIC mit drei Flügel-Schrauben – **4.** Motorgondel

Bild **3** zeigt das Dreischraubenschiff TITANIC mit drei 4-Flügel-Schrauben, Baujahr 1912, Drehzahl bei 100 U/m Reisegeschwindigkeit bei Vollast aller Maschinen ca. 60.000 WPS 22,3 Knoten.

Die Schraube eines Containerschiffes mit sieben Flügeln und einem Durchmesser von 9,9 m wiegt 131 t. Bei einem Antriebsmotor von ca. 10.000 WPSh mit einer Drehzahl (max.) von 98 U/min beträgt die Geschwindigkeit ca. 25 Knoten.

Bild **4** zeigt eine ganz neue Konstruktion zum Schiffsantrieb, die „Motorgondel". Der Luxusliner QUEEN MARY 2 ist mit vier propeller-bestückten Motorgondeln mit Elektromotoren ausgestattet, die im unteren Bereich des Hecks aufgehängt sind. Jede Gondel hat eine Leistung von 29.500 WPS. Zwei solcher Gondeln, jede Seite eine, sind drehbar gelagert und übernehmen die Funktion des Ruders. Den Strom für die Elektromotore liefern vier Dieselmotoren, sowie zwei Gasturbinen mit insgesamt 118.000 PSh.

Der **Propeller** besteht aus der Nabe und den Flügeln. In der Regel hat der Propeller 3 bis 7 Flügel. Die Schraube ist mit der Welle am Ausgang des Stevenrohres verschraubt. Die Welle ist am anderen Ende (wie bereits beschrieben) entweder an dem Antriebsmotor oder aber am Getriebe, welches hinter dem Antriebsmotor angeordnet ist, angeflanscht, bei Vorausfahrt vorwiegend im Uhrzeigersinn gesehen gegen die Fahrtrichtung. Bei Zweiwellenschiffen haben die Propeller gegensinnige Drehrichtung. Als Material für die Propeller werden Sondermessing hoher Festigkeit, Gusseisen und Stahlguss je nach Schiffsgröße und Einsatzgebiet verwendet. Bei großen und schnellen Schiffen werden die Flügel aus Sondermessing zur Erzielung sauberer Oberflächen für gute Wirkungsgrade mit Spezialmaschinen nachgearbeitet. Stahlgusspropeller werden bei Sonderfahrzeugen, wie Schleppern und Eisbrechern, wegen der großen erforderlichen Kräfte eingesetzt. Propeller von ca. 5 m Durchmesser werden oft aus einem Stück gegossen. Vielfach, insbesondere bei größeren Schiffen, werden die aus Sondermessing hergestellten Flügel mittels angegossenen Flanschen auf die Nabe aufgesetzt. Um eine Verstellung der Flügel zu gewährleisten, werden die Bohrlöcher in der Nabe oval ausgeführt. Durch die speziell geformten Flügel sowie die Stellung auf der Nabe erzeugt die Schraube in Abhängigkeit von der Drehzahl und Antriebskraft der Maschine eine Sog- und Schubkraft und somit die erforderliche Geschwindigkeit. Ein guter Wirkungsgrad des Propellers verbessert die gesamte effektive Leistung der Anlage, bezogen auf den Brennstoffverbrauch.

Beim **Ruderblatt** gab und gibt es verschiedene Ausführungen und Typen, die Funktion ist aber immer die Gleiche. Das Ruderblatt, angeordnet unmittelbar hinter der Schiffsschraube wird, wie bereits erläutert, durch die Rudermaschine in die benötigte Stellung gebracht. Durch den Einbau des „Schottelruders" entfällt das Ruderblatt. Unter dem Rumpf des Schiffes befinden sich überwiegend zwei Schottel-Ruderpropeller. Man kann diese Konstruktion mit einem Außenbordmotor vergleichen.

Weitere Bauarten des Antriebes sind: der Verstellpropeller, der Schottel-Ruderpropeller, so wie das Bugstrahlruder.

Beim **Verstellpropeller** sind die Propellerblätter drehbar an der Nabe befestigt, so dass während der Fahrt die Steigungen (pitch) stufenlos geändert werden können und zwar vom Größtwert bis null und auf negativ. Das heißt, die Flügel werden so gedreht bzw. verstellt, dass sie das Wasser je nach ihrer Stellung verdrängen, mal weniger, mal mehr, mal entgegengesetzt. Dadurch kann während der Fahrt bei voller Drehzahl der Antriebsmaschine durch das Verdrehen der Propellerflügel jede beliebige Drehzahl von voller Fahrt voraus bis stopp sowie voll zurück bis stopp erreicht werden. Der Antriebsmotor muss nicht umsteuerbar sein, sondern dreht immer nur in eine Richtung. Dieser Antrieb kommt bei solchen Schiffen zum Einsatz, bei denen gute Manövrierbarkeit, Generatorbetrieb und / oder stark unterschiedliche Dauergeschwindigkeiten gefordert sind, z. B. bei Fähren, Passagierschiffen, Feederschiffen, Motoryachten.

Der **Schottel-Ruderpropeller** (Bild **5**) ist ein Antrieb für Schiffe, bei denen es auf höchste Manövrierfähigkeit ankommt, wie bei Schleppern, Versorgern, Fährschiffen und anderen Sonderfahrzeugen. Unter dem Rumpf befinden sich je nach Bauart zwei Schottelruder-Propeller, entweder hinten und vorne je einer, oder im mittleren Teil des Rumpfes an jeder Seite einer. Die Schiffswelle treibt über ein Winkelgetriebe den Propeller an. Die Anlage ist um 360° drehbar, so dass der Propellerstrahl in jede Richtung gelenkt werden kann.

5. Schottelruder-Propeller – **6**. Bugstrahl- oder Querstrahlruder

Das **Bugstrahlruder**, auch Querstrahlruder ist eine Anlage, die im Vorschiff in der Nähe des Bugs (Bild **6**) oder am Heck unter Wasser angeordnet ist und somit ein optimal besseres Manövrieren im Hafen ermöglicht.   Es befindet sich in einer Röhre, die quer durch den Schiffkörper geht.   Der Antrieb erfolgt über einen Elektromotor mit Getriebe. Je nach Stellung der Flügel oder Drehrichtung des Propellers wird das Schiff nach Backbord oder Steuerbord gedrückt.   Die optimale Wirkung ist nur bei einer Geschwindigkeit bis zu 5 Knoten möglich.   In der Regel verfügt ein Schiff über **ein** Bugstrahlruder.   Die QUEEN MARY 2 ist mit drei Bugstrahlrudern bestück.   Mittlerweile sind fast alle neuen Schiffe, auch kleinere, bis hin zu den Motorjachten damit ausgerüstet.   Infolge der optimalen Manövriereigenschaft kann bei Seeschiffen auf den Einsatz von Hafenschleppern verzichtet und somit Kosten eingespart werden.   Anlagen werden bis zu einer Leistung von 4.000 PS mit einem Propellerdurchmesser bis 3,30 m und einer Schubkraft bis 300 t gebaut.

C4-Lehrgang in Cuxhaven – Fortsetzung

Viele Jahre später, im Jahre 2002, lerne ich in Ahrensburg bei der Familie meines Sohnes ein Ehepaar kennen. Der Mann fährt auf einem Containerschiff der Reederei Hapag-Lloyd. Wir beide kommen ins Gespräch, sprechen über die Leistungen der Hauptmaschine. Er meint: „Unsere Hauptmaschine hat eine Leistung von 96.000 PS bei 12 Zylindern mit einem Hub von 2.600 mm, einem Durchmesser von 980 mm und einer Drehzahl von 94 U/min. Der Verbrauch beläuft sich auf ca. 248,8 t Schweröl pro Etmal." Ich rechne den Verbrauch pro PS und Stunde aus: 0,108 kg, ein Super-Wert. Wir verbrauchten damals in der Regel 0,165 kg/ PSh". „Solche Leistungen", erklärt er mir, „sind nur durch eine sehr hohe Aufladung mit erwärmter Luft möglich, die mit hohem Druck in den Zylinder gepresst wird und dem neuen Einspritzsystem der Common-Rail-Einspritzung. Das hier und jetzt zu erläutern, würde zu lange dauern. Sie können doch zu Hause sicher ins Internet?" Ich nicke.
Zu Hause angekommen, errechne ich den indizierten Druck, der auf den Kolben drückt, er beträgt ca. 19 kg/cm², der Indizierte Druck des Motors von MS PAUL RICKMERS betrug ca., 6,4 kg/cm².
Nun suchte ich im Internet auf der Wikipedia-Seite nach der Common-Rail-Einspritzung und lese. Die Beschreibung der Funktion dieser Einspritzungsart empfehle ich dem interessierten Leser ebenfalls. Kurz sei erläutert, dass die herkömmliche Brennstoffpumpe, für jeden Zylinder eine, angetrieben über die Kurbelwelle, entfällt. Stattdessen wird der Kraftstoff (Diesel- oder Schweröl) unter hohem Druck elektronisch über eine unabhängig vom Verbrennungsmotor angetriebene Zentralpumpe den Zylindern zugeführt. Ich denke an CAP FINISTERRE und PAUL RICKMERS mit einer vergleichsweise mickrigen Zylinderleistung von nur 900 PS.
Die „MAINZ", der Vollfroster der Reederei Nordsee AG, ist wieder eingelaufen. Günther schlägt Herrn Pöhl vor, das Schiff zu besichtigen. Er hatte auch schon bei der Reederei angefragt. Herr Pöhl ist damit einverstanden. Wir gehen an Bord. Ich hatte noch nie ein Vollfrostschiff und dazu noch einen Heckfänger gesehen, kannte nur den alten Seitenfänger HANS HOMANN.

Heckfänger

Bin erbaut von diesem Schiff mit seinen zahlreichen Arbeitsräumen für die Verarbeitung der Fänge. So gibt es Maschinen, die den Fisch gebrauchsfertig bearbeiten, ihn trennen, entgräten, portionieren und ihn im so genannten Schockverfahren auf hohe Minusgrade herunterkühlen. Dementsprechend groß ist die Besatzung. Bin beeindruckt vom Arbeitsdeck mit der Rutsche nach achtern ins Wasser, mit der Arbeitsbrücke sowie den Winden zum Einholen und Aussetzen der Netze. Fast 6.000 Korb können gefangen und verarbeitet werden. Die Einrichtungen im Maschinenraum sind ganz normal, auch die Kühlkompressoren für die Kühlräume kenne ich. Als Kühlmittel nehmen auch sie noch das verfluchte Ammoniak. Ich denke an das Kühlschiff CAP FINISTERRE. Günter meint: „Wenn ich nun C4 habe, möchte ich auch auf so einem modernen Schiff fahren."

Wir stellten schon bald fest: Unsere Wirtsleute Müller sind eine interessante und merkwürdige Familie, die Familie Müller senior und auch junior. Vater Robert ist schon lange Rentner, ein schweigsamer Typ, ölt den ganzen Tag nur rum. Entweder sitzt er in der Küche und pafft lesend seine Pfeife oder er läuft durch den Hafen. Er war lange Zeit beim Tonnenhof beschäftigt. „Ins Wohnzimmer kommst du mir nicht mit deinem Dampfkolben, versaust mir immer die Gardinen mit deinem stinkenden Qualm", meint Mutter Hedwig. Sie hat zu Hause das Sagen. Jochen, das Nesthäkchen, gerade achtzehn Jahre alt, wird von ihr betüddelt. Hanna, die Tochter, 35 Jahre alt, ist mit Richard, 50 Jahre alt, verheiratet. Sie wohnen in Altenwalde und haben drei Kinder, die Älteste, genau so alt wie Jochen, Vater Richard brachte sie mit in die Ehe und die beiden Jungen Max und Fritz. Es dauert nicht allzu lange, bis wir die beiden, Hanna, die attraktive blonde Frau, die genau weiß, was sie will und ihre Stieftochter, den Backfisch Edeltraut, kennen lernen. Bald bekommen wir heraus, dass Edeltraut sich heimlich mit Jochen trifft. Wir sehen beide eng umschlungen an der Alten Liebe. Hanna ist nun auffallend oft bei ihren Eltern, um Harry zu sehen. Ihre Blicke sagen alles. Harry merkt das und meint: „Die ist eine Sünde wert!" Die Sünde folgt, sie schaltet ihren Bruder ein, besticht ihn nach dem Motto: Wenn du mich nicht verrätst, sage ich es auch den Eltern nicht, dass du mit Edeltraut gehst. So erfährt sie, dass Harry und ich abends öfters in der Kasernenschänke sind, erfährt auch noch, dass Harry heute Abend allein da ist, sein Kumpel ist woanders.

Der Unterricht verlangt viel von uns, die Lehrer setzten gewisse Vorkenntnisse voraus. Günther Bollmann, unser Klassenältester sitzt neben mir und hat Probleme. Sein letzter Schulbesuch liegt schon Jahre zurück. Ich habe Mitleid und biete ihm meine Hilfe an. So sitzen wir bei ihm zu Hause. Ich erfahre, dass er schon lange auf

Fischdampfern der Nordsee AG als zweiter Maschinist fährt, nun aber den Lehrgang zum C4 machen muss. „Die Reederei besteht darauf, muss darauf bestehen, denn die Antriebsmotoren, nun überwiegend Dieselmotoren mit großen Leistungen, benötigen immer mehr C4-Maschinisten, machen ein größeres Patent erforderlich", vermerkt der Maschineninspektor. „Nun werden sie demnächst als Ersatz für die alten Seitenfänger die Heckfänger als Frostschiffe bauen lassen", erklärt er weiter. Sie lassen solche Schiffe bauen, wie zum Beispiel das FMS „TÜBINGEN", 1965 erbaut, das vor der Küste Südafrikas erfolgreich Seehecht fängt, mit einer Kapazität von über 6.000 Zentnern schon fix und fertig zerlegten Fischs, verbrauchsfertig, Schock gefroren, gelagert in Tiefkühlzellen. Seine Ehefrau Erika arbeitet ebenfalls bei der Nordsee AG. Sie leitet die Betriebskantine am Hafen. - Das Gebäude besteht heute noch und wird anderweitig genutzt, denn die Nordsee AG hatte schon vor Jahren ihren Betrieb nach Bremerhaven verlegt. - Erika bietet mir an: „Kannst da auch Essen, das regle ich schon. Eine Hand wäscht die andere, bist dann eben auch bei der Nordsee angestellt, das merkt keiner. Werde dir vorsichtshalber einen Benutzerausweis auf einen anderen Namen, den Namen eines ehemaligen Mitarbeiters, ausstellen, kontrolliert keiner außer mir und Bärbel." So bin ich nun, wenn ich essen gehe, Karl Hollmann, Maschinist vom Fischdampfer „ESSEN".

Es ist fast zweiundzwanzig Uhr, als ich mich verabschiede und zu unserer Wohnung gehe. Öffne die Wohnungstür, stehe vor unserer Zimmertür, will sie öffnen, sie ist verschlossen. Lausche an der Tür, drücke mein Ohr dicht an das Türblatt und höre Geräusche, Geräusche der Matratze, das Stöhnen einer Frau. Gehe ins Wohnzimmer, haue mich aufs Sofa. Irgendwann weckt mich Harry, will mir die Sache erklären. „Brauchste nicht, wen hast du denn umgelegt?" frage ich. Er antwortet: „Hanna, ein Weib, wie Gott es schuf!" Am nächsten Morgen auf dem Schulweg erfahre ich Näheres. Sie war gierig, wollte immer mehr, konnte nicht genug bekommen. Ihr Kerl ist nicht mehr in der Lage, sie zu befriedigen. Sie schiebt das auf seinen Beruf. Er ist Fernfahrer, kommt samstags nach Hause und muss sonntagabends wieder auf Tour. Nur noch eine Scheinehe, wir können es verstehen. Nächsten Tag hat er große Knutschflecken an Hals und Oberkörper.

Bin wieder in der Nordseekantine zum Mittagessen, es ist schon spät, der Raum leert sich. Ich stehe alleine an der Speiseausgabe, Erika, die Frau von Günter hantiert im Hinterraum, in der Spülküche. Ich höre das Geklapper von Geschirr. Bärbel, steht alleine an der Ausgabe, ich kann nur ihre Figur sehen, ihr schwarzes Haar, Ponyfrisur, ihren Oberköper, sie ist schlank, ihre Brüste nicht allzu groß.

Sie fragt: „Was darf es sein, Kochfisch mit Kartoffeln und Soße oder Bratfisch mit Kartoffelsalat?" Sie schaut mich gar nicht an, stiert verlegen auf ihre Töpfe, Pfannen und Schalen. „Ich möchte gerne Bratfisch mit Kartoffelsalat." Sie füllt den Teller und stellt ihn auf die Glasablage. Dabei sehe ich ihr Gesicht richtig, ein vernarbtes Gesicht mit traurigem scheuem Blick. Ich schätze sie auf etwa zwanzig Jahre. Ich lächle sie an und bedanke mich. Röte steigt in ihr Antlitz. Dieser Blick, ihr Gesicht lässt mich nicht los, ich habe Fragen über Fragen. Ich muss Erika fragen, die muss mir Auskunft geben können. Ich esse, es schmeckt wie immer gut. Ein gutes Essen für noch nicht mal eine Mark.

Habe mir vorgenommen, die Bollmanns wieder zu besuchen. Günter war schon zwei Tage nicht zum Unterricht erschienen. So mache ich mich unangemeldet auf den Patt, schelle an der Tür. Günter macht mir auf, ist in Schlappen, dick eingemummt, einen Schal um den Hals, Gesicht und Nase gerötet. „Hallo, komm rein, mich hat es fürchterlich erwischt, war gestern noch beim Betriebsarzt der Reederei, er meinte, ich solle mal mit dem Hintern im Bett bleiben." Wir gehen in die Stube, er legt sich wieder aufs Sofa. Ich frage: „Ist Erika nicht da?" – „Die muss jeden Moment kommen, ist noch mal zur Apotheke." Er will wissen, ob er was verpasst habe. Ich meine: „Mach dir mal keine Sorgen, sieh erst mal zu, dass du wieder fitt wirst." Mittlerweile ist Erika erschienen. „Erika", bitte ich „erzähle mir bitte etwas über Bärbel." Sie stutzt, schaut mich groß an und meint: „Wieso, du hast sie ja heute Mittag gesehen, hast du dich etwa in sie verknall?" - „Verknallt? Ich weiß nicht, sie sieht nicht übel aus, aber ich habe mit ihr kaum ein Wort gesprochen, mir sind nur ihre Narben in ihrem Gesicht aufgefallen." - „Ihre Narben? Das arme Ding", meint sie und erzählt mir von ihrem Schicksalsschlag: „Bärbel wollte zu ihrer Freundin nach Cardenberge, sie feierte ihren einundzwanzigsten Geburtstag, wurde volljährig. Ihr Vater bot ihr an, sie dort abzuholen, denn es fuhr so spät kein Zug mehr. Sie saßen im Auto, Bärbel erzählte von der Feier. Das Wetter in dieser Nacht war schlecht, es regnete stark. Der Vater stierte durch die Scheibe, die Wischer kamen kaum gegen den Regen an. Sie fuhren in eine scharfe Linkskurve rein, das Schicksal nahm seinen Lauf. Ein Pferd war ausgerissen, trabte über die Straße, der Vater sah es, trat auf die Bremse, der Wagen geriet aus der Spur, das Pferd bekam Panik, schleuderte gegen den Wagen, das Auto knallte seitlich gegen einen Baum. Ein Polizeiwagen kam zufällig, war ebenfalls auf dem Weg nach Cuxhaven. Die Polizisten sahen den Wagen, sahen das verendende Pferd. Sie stiegen aus, liefen zum Wagen und sahen das furchtbare Unglück, den eingequetschten Fahrer, der eingeklemmt leblos im Sitz hing. Blut trat ihm aus Mund,

Nase und Ohren, sie sahen die Beifahrerin in einem Gewirr von Glassplittern hängend, Blut, überall Blut. Sie leiteten sofort per Funk die Rettungsaktion ein. Der Unfallwagen kam. Sanitäter stellten fest, dass der Fahrer tot war, das Mädchen lebensgefährlich verletzt. Behutsam befreiten sie die Verletzte, den toten Fahrer bargen sie später, ihm war ja nicht mehr zu helfen. Bärbel wurde ins Krankenhaus nach Cuxhaven gebracht. Tagelang kämpften die Ärzte um ihr Leben. Wochen lag sie im Krankenhaus. Sie kam nach Tagen wieder zu sich, wusste von nichts. Ihre Mutter saß wieder am Bett, sie saß dort schon lange Tag für Tag in der Hoffnung, dass ihre Tochter mal wieder die Augen aufmacht. Sie betrachtete das zerschundene Gesicht ihrer Tochter, dachte immer wieder an den Tod ihres Mannes, sie weinte und weinte. Die Mutter musste ihr alles erzählen, auch über den Tod ihres Vaters. Bärbel verlangte einen Spiegel, sah zum ersten Mal ihr Gesicht. „Bärbel", meint Erika „ist nicht mehr die alte, das nette fesche Mädel, sie macht sich Vorwürfe, dass sie sich vom Vater abholen lassen wollte. Sie kapselt sich ein, hat alle Verbindungen abgebrochen, sitzt still in ihrer Kammer und ist oft und viel am Grab ihres Vaters." Ich denke: Das müssen wir ändern, das kann's nicht sein, ich werde mich ihrer annehmen, nur, wie stelle ich es an? „Ich muss an sie herankommen, kannst du mir dabei helfen?" frage ich Erika. Irgendwie klappt es, immer wenn ich zum Essenfassen komme, wird sie offener, wir unterhalten uns kurz. „Sonntag ist Hafenfest, Bärbel und ich bedienen", meint Erika. Das ist die Chance, sage ich mir. Also gehe ich dort hin. Als Bärbel mich sieht, winkt sie, lächelt, ruft: „Hey, in einer Stunde habe ich Feierabend, kommst du mich dann besuchen?" Ich bin zuerst verdaddert, fasse mich schnell und rufe spontan zurück: „Aber sicher, nichts lieber als das." Wir gehen spazieren, wollen uns ungestört unterhalten. Es wird eine lange Unterredung. Als wir uns verabschieden, bedankt sie sich für die schönen Stunden: „Danke, ich mag dich!"

Stehe bei einem Gebrauchwagenhändler und sehe den alten grauen VW-Käfer, laut Zettel am Auto Baujahr 1952, 30 PS, 80.000 km gelaufen, zum Preise von 500 DM. Gehe ins Büro: „Ich möchte das Auto näher betrachten und es eventuell kaufen." Hat noch ein Jahr bis zur TÜV-Untersuchung. Schaue hier, schaue da, scheint noch einigermaßen in Schuss zu sein. „Bitte reservieren, komme morgen wieder." - „Harry, ich kaufe mir ein Auto" erkläre ich ihm, „komm bitte mit und schau dir die Kiste mal an." Wir gehen hin. Harry nimmt sich den Wagen auch vor: „Kannste für 500 DM kaufen, brauchst dich dann nicht zu ärgern, wenn du ihn zu Schrott fährst." Ich kaufe das Auto, trabe zur Zulassungsstelle, zum Schildermacher. „Warte", sagt Harry, „ich fahre mit." Dann fahre ich los, es ist das erste Mal seit langer Zeit und in einer fremden Stadt. So fahren wir, er dirigiert mich durch Cuxhaven nach Salenburg, Döse und durch den Hafen.

TS HANSEATIC

Daten TS HANSEATIC:

Schiffstyp:	Passagierschiff
Einsatzart	Liniendienst und Kreuzfahrten
Länge (ü.a.)	205 m.
Breite (ü.a.)	25,5 m
Höhe (ü.a.)	13,8 m
Max. Reisegeschwindigkeit:	22 Knoten
Besatzungsstärke:	480 - 540, je nach Fahrteinsatz
Passagieranzahl	960 -1.350, je nach Fahrteinsatz
Baujahr:	1929
Bauwerft:	Fairfield Shipbuilder, Glasgow
Getauft als:	„EMPRESS OF JAPAN"
Flagge:	Königreich England
Erworben:	1958
Reederei:	Hamburg-Atlantic-Linie
Flagge:	BR Deutschland
Heimathafen:	Hamburg

Die „HANSEATIC" liegt am Steubenhöft. „Lass uns da mal hin", sag ich zu Harry. Wir lauschen dem Gespräch eines alten Seefahrers, der, umgeben von staunenden Zuschauern, über das Schiff erzählt: „Die Geschichte des HANSEATIC ist turbulent und lang. Mit Beginn des Krieges befand sich das Schiff in Shanghai. Es wurde dann nach Victoria überführt und Ende 1939 zu einem Truppentransporter umgebaut. Im November 1940 wurde sie Opfer der deutschen Kriegsmarine, durch U-Boote und die Luftwaffe stark beschädigt. Im Jahre 1948 endete ihr Einsatz bei der englischen Royal Navy. Ab Mai 1950 wurde sie unter dem Namen „EMPRESS OF SCOTLAND" wieder als Passagierschiff eingesetzt."

„Ein nautisches Meisterstück des Kapitäns war das Anlegemanöver im März 1954 in New Jork", erzählt er weiter. „Auf Grund eines

232

Streiks der Hafenarbeiter und Schlepperbesatzungen legte er ohne Schlepper an. Im Januar 1958", berichtet er weiter, „wurde das Schiff an die Hamburg-Atlanktic-Linie verkauft. Eigens für die Überführungsfahrt nach Hamburg erfolgte eine weitere Umbenennung in ‚SCOTLAND', über deren Gründe man nur spekulieren kann. Wahrscheinlich ist, dass man es für nicht opportun hielt, eine britische ‚Empress', also eine Kaiserin nach Deutschland zu verkaufen. Noch im selben Jahr bekam das Schiff nach tiefgreifenden Umbauten in Hamburg seinen endgültigen Namen TS HANSEATIC. Durch den Umbau erhöhte sich die Vermessung auf 30.300 BRT und die Passagierkapazität verdoppelte sich fast auf 1.350, davon 1.165 in der Touristenklasse. Anstelle des eingesparten dritten Schornsteins wurde ein kleiner Swimmingpool eingebaut. Es war das erste Passagierschiff, das nach dem Krieg diese Route wieder im Liniendienst befuhr und zu seiner Zeit das einzige unter Hamburger Flagge. Außerdem wurde es für Kreuzfahrten in die Karibik und ins Mittelmeer eingesetzt. Morgen soll es auslaufen mit Kurs New York", berichtet er.

Anfang September erfahren wir, dass im Hafen von New York im Maschinenraum ein Feuer ausgebrochen sei. Die Flammen fraßen sich durch die hölzernen Inneneinrichtungen, das Schiff brannte aus. Die Hafenfeuerwehr brauchte zehn Stunden, um den Brand unter Kontrolle zu bringen. Am Ende war das Schiff äußerlich zwar kaum, technisch jedoch so schwer beschädigt, dass man sich zum Abwracken entschied. Dieses Unglück ist auch in Cuxhaven Gesprächsthema Nummer eins. Täglich berichten die Tageszeitungen davon. Zwei Hochseeschlepper der Reederei Bugsier fuhren nach New York und schleppten das Schiff nach Hamburg zum Abwracken.

„Morgen Mittag, wenn du Feierabend hast, hole ich dich ab, dann fahren wir mit meinem Auto, wohin du möchtest", sage ich. Sie strahlt, freut sich und sagt: „Dann hole mich bitte gegen 15 Uhr zu Hause ab, ich möchte mich erst noch umziehen." Sie gibt mir die Adresse. „In Ordnung, ich kann nämlich morgen Mittag nicht zum Essen kommen." Wie vereinbart erwartet sie mich schon, steht bereits vor der Haustür. Sie sieht schick aus, hat ihre Narben mit Make Up überdeckt. Ich mache ihr Komplimente, frage, wo sie hin wolle. „Möchte erst mal auf den Friedhof, Papa besuchen", meint sie. Am Grab fängt sie, ich hatte es erwartet, an zu weinen. Die Tränen suchen sich einen Weg, verschmieren ihr Make Up. Ich nehme sie in den Arm, tröste sie, streichele ihr Haar, ihre Wangen, nehme mein Taschentuch, trockne ihre Wangen. Sie gibt mir einen Kuss auf die Wange und meint: „Du bist aber lieb zu mir, danke Peter!" Ich denke, der Bann ist gebrochen. Anschließend möchte sie mir die Unfallstelle zeigen. „Die Unfallstelle willst du mir zeigen? Stehst du das durch?" frage ich. Sie nickt mit dem Kopf. Also fahren wir hin. Wir verweilen schweigsam einige Minuten dort, sie kämpft mit den Tränen, dreht sich um und bittet: „Lass uns weiter fahren." Ich habe Hunger, mir knurrt der Magen und sage: „Lass uns in einem Gasthof einkehren, weißt du ein vernünftiges Lokal?" Sie nickt. Wir fahren nach Altenbruch in ein uriges Restaurant. Sie war schon öfters da. Nach dem Essen gehen wir noch am Deich spazieren, sie hakt sich in meinem Arm ein. Plötzlich bleibt sie wieder stehen, umarmt mich, wir küssen uns lange und heftig. Ich fahre mit meiner Hand an ihren Busen, sie drängt ab: „Lass das bitte, ich möchte das nicht." Bald fahren wir zurück, es ist schon dunkel. Ich bringe sie nach Hause und sage schüß.

„Fahrt zum großen Vogelsand, zum Schiffsfriedhof, nächsten Sonntag, Abfahrt 15 Uhr am Anleger Alte Liebe", lese ich. Ich hatte schon vom Untergang zweier Schiffe gewusst, deren Wracks noch zu sehen sind. Bärbel und ich fahren mit. Der Skipper erzählt, nachdem wir den Hafen verlassen haben: „Der große Vogelsand, ein Mahlsand, liegt Steuerbord voraus, zwei Schiffe sind ihm zum Opfer gefallen, graben sich immer tiefer ein. Wir sehen gleich die beiden Wracks", fährt er in seiner Erklärung weiter fort. So erfahren wir in groben Zügen von dem Unglück. Man schrieb das Jahr 1961, am sechsten Dezember erreichte der englische Frachter „ONDO" mit Ziel Hamburg die Höhe von Cuxhaven. Auf Grund von Navigations-schwierigkeiten verlief der Kurs zu weit nördlich. Das Schiff kam infolge der stürmischen See dem großen Vogelsand immer näher. Das Lotsenboot, unterwegs zur ONDO, bekam Probleme, es kenter-te, die Besatzungsmitglieder wurden von Bord gespült. Daraufhin stoppte der Kapitän der ONDO die Maschine. Das nun manövrier-unfähige Schiff setzte auf, auch das eingeleitete Manöver ‚Maschine volle Fahrt zurück' konnte keine Abhilfe mehr schaffen. Das Schiff wurde ein Opfer des Großen Vogelsandes, alle Bemühungen zur Befreiung scheiterten. „Die ONDO", erläutert er, „lag mal gerade anderthalb Monate auf Grund, da holte sich der Mahlsand am 20. Januar 1962 ein neues Opfer, ein zweites Schiff." Es handelte sich um den unter italienischer Flagge fahrenden Frachter „FIDES". Wieder war es der Sturm, dem das Lotsenversetzboot und die FIDES zum Spielball wurden. Rettungsversuche hier, Manöverver-suche da. Schlepper rückten aus. Man unternahm alles. Alles ver-gebens, das Schiff brach auseinander." Auch die Reste dieses Wracks sind noch zu sehen.

Als unser Schiff wieder im Hafen anlegt, sehen wir an der Kaimau-er des Yachthafens eine Menschenansammlung. Man richtet den Blick auf eine Segeljacht und einen Menschen, der dort in der Sonne sitzt und ein Buch liest. Es ist der Sänger Freddy Quinn. Alle versuchen, ein Autogramm zu bekommen, vergeblich, er beachtete sie nicht, er, der große Sänger. Nicht nur Bärbel ist enttäusch. Ich meine nur: „Komm, lass uns weiter gehen, ärgere dich nicht über den Schnulzensänger. Der Yachthafen befand sich zu der Zeit in dem Hafenbecken, in dem heute die Ausflugsschiffe liegen.

Erika und Günter empfehlen mir, ich solle mir mal eine Fischauktion ansehen. „Ist sehr interessant, musst du aber früh aufstehen", meint Erika. Egal, am nächsten Tag in der Frühe gehe ich hin, in die große Halle. Es sind schon Interessenten da, aus der Gastronomie, die Einzel- sowie Großhändler. Sie schauen sich die Waren an. In großen Behältern auf Eis lagert der frische Fang vom Hering über Schellfisch und Dorsch bis zum Rotbarsch. Sie schauen sich die Ware an und unterhalten sich, sprechen von den Preisen, vom Umsatz. Die Auktion startet. Es beginnt das routinemäßige schnelle große Bieten mit den Zuschlägen. Ich bekomme das alles in der Eile gar nicht richtig mit. Notizen werden gemacht, Zeichen mit erhobenem Arm. Zeichen des Zuschlages, die Ware ist geordert. An der Laderampe laden sie ihren Einkauf ein. Ich sehe, wie ein Händler seinen mobilen Verkaufsraum belädt. Ich bin neugierig und frage ihn, wo er jetzt zum Verkaufen hinfahre und welche Fischsorten er mitnähme. „Ich fahre nach Lübbecke in Westfalen, muss mich sputen, muss spätestens gegen 10 Uhr dort sein", meint er. Lübbecke kenne ich, liegt ca. 30 km nördlich von Bielefeld. Ich will wissen, ob sich das lohne und welche Fischsorten die Binnenländer denn kaufen. „Ich habe dort meinen festen Kundenstamm. Sie wollen nur frische Qualität, sind auch bereit, dafür etwas mehr zu zahlen", meint er lächelnd. „Haben Sie auch Goldbarsch im Angebot?" frage ich. Er schaut mich lachend an und meint: „Junger Mann, Sie meinen sicher Rotbarsch." Ich verneine und berichte ihm über mein Erlebnis vom Siegfriedmarkt in Bielefeld. Er schüttelt mit dem Kopf, grinst und meint: „Wat de Minsch brugt, dat brugt he. Der Kollege ist ein Schlingel."

Bärbels Mutter hatte es mitbekommen, dass ich sie abgeholt hatte. Bei ihrer Heimkehr unterhalten die beiden sich lange, bis Bärbel in ihr Zimmer geht, das Bild von der Kommode nimmt, es anschaut, sich aufs Bett wirft und weint, weint um ihren Axel. „Mutter möchte dich kennen lernen", meint sie, als ich mein Essen hole. „Hast du heute Nachmittag Zeit?" Ich bejahe ihre Frage. Mutter Grunewald öffnet die Tür, sie trägt noch Trauerkleidung: „Fein, dass Sie gekommen sind." Wir setzten uns. „Bärbel ist noch in der Stadt, wird aber bald kommen", meint sie. Nun erfahre ich, warum sie mich sehen will. Ich erfahre, dass Bärbel bis zu dem schrecklichen Unfall einen Freund hatte, Axel, den Bruder ihrer Freundin Anna, die in Stade wohnt. Am Abend vor dem Unfall sprachen beide von der

Verlobung. „Der Unfall hat der Beziehung wohl ein Ende bereitet, er hatte Bärbel einmal im Krankenhaus besucht, ihr vernarbtes Gesicht gesehen. Seit dieser Zeit ist Funkstille. Er ist nicht erreichbar, lässt sich verleugnen. Bärbel trauert ihm immer noch nach, ist zwar froh, dass Sie sich ihrer annehmen, aber ich kann mir eine wahre Liebe nicht vorstellen", meint sie. Zunächst bin ich etwas enttäuscht, aber dann steigt in mir die Wut über diesen Hornochsen auf. „Was muss das für ein Mensch sein, der seine zukünftige Braut so enttäuscht?" erklärte ich.   Ich erkundige mich nach seinem Aufenthaltsort, bekomme die Adresse. „Den knöpfe ich mir vor, Frau Grunewald, den mach ich fertig, dieses Miststück, ich mag Bärbel, aber bin Ihrer Meinung, dass es nie eine echte Liebe wird."

Sitze seit langer Zeit mal wieder mit Harry in der Kasernenschenke. Wir sahen uns in der letzten Zeit selten, nur zum Frühstück, in der Schule zur großen Pause und abends, wenn wir ins Bett gingen. Harry ist immer noch mit Hanna zusammen. „Sie lässt nicht ab von mir, immer muss ich sie besuchen, immer wieder verlangt sie es von mir. Findet immer eine Möglichkeit, dass wir alleine sind. Als wir es mal wieder gemacht hatten, sagte sie zu mir: „Harry ich brauche Liebe, deine Liebe. Liebe ist wie das Salz in der Suppe." – „Ich frage mich nur, wieso ihre Kinder und ihr Mann nichts mitbekommen", meine ich. Harry berichtet dann, dass er es wisse, er dulde es mit Rücksicht auf die Kinder. Die Ehe sei nur noch eine Zweckgemeinschaft. Ich berichte ihm von dem Gespräch mit Bärbels Mutter und was ich nun vorhabe. Er meint: „Richtig, knöpfe dir den vor, den Sausack, wenn der nicht spurt, hauen wir den zusammen!"

Ich suche ihn, finde ihn, stelle ihn zu Rede, ich rede auf ihn ein. Denke nur an Bärbel. „Wenn du feiger linker Sack das nicht wieder gerade biegst, wirst du deines Lebens nicht mehr froh!" sind meine letzten Worte. Er wacht auf, er sieht es ein. Kleinlaut und bedrückt fragt er: „Wie soll ich das nun anstellen?" Ich erkläre ihm knallhart: „Melde dich sofort bei ihr!" Hilflos schaut er mich an. „Ich habe eine Idee: Wir treffen uns Samstagabend in Cuxhaven in der Kasernenschenke, ich bestelle Bärbel dahin, aber sage ihr sonst nichts, und dann wirst du deinen Bockmist beichten und sie um Verzeihung bitten!" verlange ich von ihm. Er ist einverstanden, wir beide sitzen in der Kneipe. Bärbel tritt ein, sieht uns beide, ist geschockt, will wieder gehen. Ich schnappe sie, zwinge sie zum Sitzen und sage: „In einer Stunde bin ich wieder da, dann möchte ich ein Verlobungspaar antreffen." Die Stunde ist um, ich komme zurück, sehe sie da beide glücklich sitzen. Es ist vollbracht, ich habe die beiden wieder zusammengebracht. Bärbel steht auf, bedankt sich mit einem Kuss und Axel verkündet freudestrahlend: Morgen bestellen wir das Aufgebot und du wirst unser Trauzeuge.

„Heute fahre ich übers Wochenende nach Bielefeld, Harry, tschüß bis Sonntagabend." - „Fahr vorsichtig Pitt, Hals und Beinbruch!" Ich fahre los, kaufe noch Fisch für Mutter. Ich fahre, bin in Rhaden, ein Bauer biegt mit seinem Trecker rechts ab. Ich sehe das, bremse zu spät und fahre den Wagen zu Schrott. Denke an Harrys Worte. Ich komme ohne Auto wieder zurück, erzähle Harry die Story. Er meint: „Habe dir doch gleich gesagt, brauchst dich bei dem Preis nicht zu ärgern, wenn du die Karre zu Schrott fährst, wo gehobelt wird, da fallen auch Späne."

Zwei Wochen noch, dann beginnen die Ferien, vier Wochen dauern sie. Frau Müller meint: „Es wäre schön, wenn Sie Freitag nach dem Unterricht ihr Zimmer räumen würden. Sonntag kommen unsere Sommergäste." Harry fährt nach Hause nach Stade. „Muss Vater helfen, wollen die Wohnung renovieren, „Vater ist ein typischer Schreibstubenhengst, hat zwei verkehrte Hände", meint er.

Ich werde mit Mutter nach Baden-Baden in Urlaub fahren, war schon sehr lange nicht mehr dort. Nächste Woche bin ich auch zur Hochzeit eingeladen, Bärbel und Alex heiraten, ich soll ja Trauzeuge sein. Es ist eine schöne Hochzeitsfeier. Bärbel heiratet in weiß, wollte erst nicht, ihr Vater war erst wenige Monate tot. Ihre Mutter und Axel überreden sie. Meinen: „Davon wird er auch nicht mehr lebendig." Die kirchliche Trauung findet in der historischen Kirche zu York im Alten Land statt. Bezaubernd sah sie aus, die Braut Bärbel. Etwas voller ist sie geworden, unter dem Kleid zeichnet sich eine kleine Wölbung des Unterbauches ab, sie ist im vierten Monat schwanger. Gefeiert wird ebenfalls in York in einem älteren Landgasthaus. Nach Beendigung der Sommerferien, der Unterricht beginnt wieder am 11. August, haben wir noch knapp sieben Wochen bis zu Prüfung. Die Zeit vergeht wie im Fluge, alle büffeln. Ich büffele, Harry büffelt, ich helfe ihm. Günther ist verzweifelt, will das Handtuch schmeißen, ich bin öfters bei ihm, wir üben zusammen, ich motiviere ihn, weiterzumachen.

Harry haut mich an und meint: „Pitt, was machst du nach der Schulzeit? Wo fährst du wieder?" - „Darüber habe ich mir noch keine Gedanken gemacht, die Reederei Krüger möchte mich wieder haben, ich habe noch keinen Plan", sagte ich. Er weiß auch noch nichts, hat ebenfalls noch keine konkreten Pläne. Doch bald wird sich das alles ändern. Ich entschließe mich, doch mal mit der Reederei Krüger Kontakt aufzunehmen, bekomme einen Termin und suche sie auf. Herr Krüger ist nicht im Hause, aber der Personalsachbearbeiter ist informiert. „Der Chef", sagt er, „möchte, dass Sie als II. Wachingenieur auf unserem neuen Schiff, MS „FRAUENFELD" anfangen. Das Schiff haben wir vor kurzem gekauft, es ist die ehemalige „KAITUM". Der Chief kennt Sie von der

URSULA HORN, er fuhr als II. Wachingenieur und Sie als Assi. Ja, ich kannte ihn. Ich mochte ihn nicht und er mich auch nicht, ewig meckerte er mit mir rum. „Das Schiff wird Anfang Oktober in Liverpool erwartet", meint er. Da mustere ich nicht an, nicht mit dem, denke ich. „Ich überlege mir das", meine ich und verabschiede mich.

Der letzte Unterrichtstag liegt hinter uns, Feierabend, Ende. Noch die Prüfungen, dann wieder auf See. „Lass uns in die Kasernenstube gehen, lass uns einen auf die Lampe gießen!" sage ich. Wir tun es. Betrete die Kneipe, es ist erst 14 Uhr, Renate hat Dienst bis 18 Uhr, dann kommt der Boss Jörg und löst sie ab. Wir schlagen zu, ein Bier nach dem anderen, langsam bin ich voll, voll wie ein Eimer, torkle in Richtung Delftstrasse. Der Chef kommt, will Renate ablösen. „Alles klar?" Sie zeigt auf die Tasche, erzählt ihm von unserem Gelage, berichtet ihm, dass ich bei Verlassen vor dem Mülleimer stehend die Tasche mit großem Palaver in den Mülleimer warf. Er lacht und fragt: „Was machen wir jetzt mit der Tasche?" Renate antwortet mit einem lüsternen Blick: „Die Tasche nehme ich mit nach Hause, wenn er die wieder haben will, nur von mir, aber dafür muss er ran. Ich stehe auf ihn, immer wenn er kam, spürte ich, wie es in mir kribbelte, traute mich nicht, ihn anzubaggern, meinte, mit meinen 45 Jahren zu alt für ihn zu sein. Nun habe ich die Tasche, nun schnappe ich ihn mir. Wenn er sich bei dir meldet, schicke ihn zu mir." In der Unterkunft angekommen, haue ich mich mit meinen Klamotten aufs Bett, erwache wieder, sortiere mein Gehirn, suche meine Schultasche, finde sie nicht, sie ist weg. Wo mag sie sein? Ich weiß es nicht, hatte ja einen Filmriss. Ich gehe in die Kasernenstube, der Boss ist schon da, er lacht, als er mich sieht. „Na du Brenner, schon wieder nüchtern?" meint er lächelnd. „Ja, jetzt suche ich meine Schultasche." Er lacht: „Die hat Renate gefunden, hat sie mitgenommen, ich soll dir ausrichten, dass du die bei ihr zu Hause abholen kannst." Dabei lächelt er verschmitzt und nennt mir ihre Adresse. Ich bedanke mich, gehe und meine: „Abholen, was soll dass?" – „Wirst du schon sehen und erleben!" Ich schüttele den Kopf und trabe los. Ich schelle an der Haustür, sie öffnet sich, gehe hoch, die Wohnungstür steht auf, höre ihre Stimme: „Komm rein, Pitt, bin gerade im Badezimmer." Sie kommt, steht vor mir, trägt nur einen seidenen Morgenmantel, zugebunden mit einer Kordel. Der Mantel öffnet sich oben und unten, lächelnd mit lüsternem Blick steht sie vor mir. „Möchtest deine Tasche holen? Sollst sie haben, lass uns in die Wohnstube gehen, setz dich!" fordert sie mich auf. „Du warst ja ganz schön duhn, als du die Kneipe verlassen hast, ich schaute dir nach, sah wie du wankend den Deckel des Mülleimers öffnetest und die Tasche hineinwarfst. Ich habe sie raus genommen." Ich danke ihr und bitte um die Tasche. „Die Tasche sollst du haben", meint sie. „Komm mit, ich gebe sie dir." Ich stehe auf, sie öffnet den Morgenmantel, ich sehe ihren nackten Körper. Sie reißt mich an sich, wir küssen uns. „Endlich habe ich dich, mein lieber Pitt, auf diesen Moment habe ich immer sehnsüchtig gewartet", sagt sie. „Jetzt habe ich dich, jetzt möchte ich Liebe." Wir gehen in ihr Schlafzimmer, ich erfülle ihren Wunsch. Sie ist wild und nicht zu bändigen, will immer mehr. Wir ziehen uns wieder an, sie einen Hausanzug. Ich möchte gehen. „Bitte bleibe noch, gehe noch nicht, bleibe heute Nacht noch bei mir, nur noch heute Nacht, denn wir werden uns nicht wieder sehen", bettelt sie. Ich bleibe, wir machen es uns gemütlich. Sie spricht von Sehnsucht. Sehnsucht ist ein unbefriedigtes tiefes Verlangen nach jemandem, den man liebt und begehrt. Die häufigsten Sehnsüchte sind die nach Nähe, nach Liebe oder Anerkennung, aber auch Fern- oder Heimweh. „Ich möchte auch mal da hin, wo du überall warst." Ich hatte ihr von meinen Reisen und den Hafenstädten sowie meinen Erlebnissen berichtet. „Sehnsucht, liebe Renate, ist ein Traum, der sich kaum mal erfüllt. Auch ich hatte Sehnsucht, Fernweh, damals während meiner Lehrzeit. Immer dann, wenn die großen Turbinen auf die Waggons der Bahn verladen wurden, um auf die Reise zu gehen, las ich das Bestimmungsland, etwa Südamerika oder den Zielort: Djakarta. Ich beneidete die Monteure, unterhielt mich mit ihnen. Sie lachten, schüttelten den Kopf, nannten mich einen Narren, der meint, sie würden etwas erleben, sehen. Mitnichten, sie malochten Tag und Nacht, kloppten mit den Einheimischen die Maschinen zusammen: Termin ist Termin!" erklärte ich ihr. „Und so ist es auch bei der Seefahrt. Oder glaubst du, dass wir uns während der Liegezeiten, der Hafenwachen, bei der Arbeitszeit an Bord, acht Stunden täglich, egal an welchem Wochentag, die Gegend ansehen können? Sind schon zufrieden, wenn wir in die nächste Kneipe, eventuell in den nächsten Puff können. Das sind alles Illusionen, kultiviert durch die Schnulzen einiger Sänger, wie Freddy mit seinem Song: ,...fährt ein weißes Schiff nach Hongkong... hab ich Heimweh nach der Ferne... hab ich Sehnsucht nach zu Haus...', kultiviert auch durch Bücher und Kataloge, Reisekataloge. Wenn du Sehsucht nach der Ferne hast, buche eine Reise auf einem Passagierschiff. Da kannst du dir dein Fernweh, deine Sehnsucht stillen, die Besatzung aber nicht", erkläre ich ihr. Ich spreche vom Heimweh: „Heimweh, das gab es, das gibt es immer." Denke an den Chief, der in Shanghai erfuhr, dass seine Frau im Krankenhaus liegt, Diagnose Krebs. Sieht er sie lebend wieder? Er hatte Heimweh. Oder der II. Ollizier, der erfuhr, dass er Vater geworden war, auch er möchte sein erstes Kind sehen. Oder... Oder... Immer in solchen Situationen hat man Heimweh. Sie steht auf, sucht meinen Arm, meine Hand, zieht mich hoch,

239

meint: „Komm, ich habe wieder Sehnsucht, Sehnsucht nach Liebe!"
Wir gehen wieder ins Bett. Der Morgen bricht an, als ich mich von
ihr verabschiede, von ihr, der Serviererin aus der Kasernenschenke.

Zwischenzeitlich haben Harry und ich ein Schiff, auf dem wir beide
anmustern werden. Er meint: „Diese Sucherei ist nun erledigt, mal
sehen, ob wir die richtige Entscheidung getroffen haben." Ich stimmte ihm zu. Die Prüfungen stehen an, ich büffele wieder mit Günther
nach dem Mittagessen in der Kantine. Wir haben gerade Platz genommen, da setzt sich ein ehemaliger Fahrensmann neben Günther,
der ehemalige Bootsmann Willi. Willi besucht auch die Seefahrtschule, er belegt den Lehrgang B IV - Steuermann in der großen
Hochseefischerei. Steuerleute und Kapitäne, die auf den Fischdampfern fahren, benötigen eine andere Ausbildung, eine Ausbildung auch über die Gepflogenheiten des Fischfanges. Günther
hatte ihm schon von mir berichtet, von meiner Fahrenszeit auch im
Winter im Eis. So kommen wir zu diesem Thema. „Damals", fängt er
mit seinem Bericht an „wären wir mit unserem Fischdampfer fast
abgesoffen. „Schwarzer Frost nennt man die Vereisung an Deck, an
den Seilen, Masten und Antennen." Mir alles bekannt von MS
PHÖNIX. „So wird die Eisschicht immer dicker, das Schiff wird
topplastig, zu schwer, droht unter zu gehen. Wir versuchten, das Eis
abzuschlagen, vergeblich, es war zu viel. Das Netz wurde eingeholt.
Fangen war nun zweitrangig. Verzweifelt suchten wir per Radar, per
Funk zu erfahren, wo es besser und wärmer war. Der Alte änderte
den Kurs, wir quälten uns heraus aus dem Eis, haben es gerade
noch geschafft", meint er.

Günther besteht die Prüfung, wenn auch nur „ausreichend". Er ist
glücklich, glücklich, dass er nun als III. Wachingenieur auf einem
Froster fahren kann. Ich bin auch froh, schwöre mir: Das war der
letzte Schulbesuch! Warum die großen Patente, verdiene auch so
ganz gut. Es kommt der Tag der Überreichung der Befähigungszeugnisse. Die Nordsee-Reederei möchte, dass dieser Festakt in
einem Versammlungsraum des Kantinengebäudes stattfinden soll.
Der Rektor Kröger hält die Ansprache und stellt Herrn Wilhelmsen
vom Regierungspräsidium in Stade vor, er überreicht die Zeugnisse,
mir also das Patent über die Befähigung zum Seemaschinisten C I,
das Patent C4.

Seefahrtschule des Landes Niedersachsen
CUXHAVEN
Abteilung Seemaschinistenschule

ZEUGNIS
über die Prüfung zum Seemaschinisten I / ~~Seemaschinisten II~~

Herr _____ Rolf, Peter G e u r i n k

geboren am___1. Juni 1941_____ in_____Bielefeld

hat die Schule vom___13. 4. 1966_____ bis_____5. Okt. 1966___ besucht

und am___5. Oktober 1966____ die Prüfung zum

Seemaschinisten I
x ~~Seemaschinisten II~~ kx

nach der Ordnung der Prüfung der Seemaschinisten im Lande Niedersachsen - Erlaß des
Nieders. Kultusministers vom 14. September 1965 - III C 3238/65 - (Schulverwaltungsblatt
für Niedersachsen Seite 287)

mit der Gesamtnote_____Gut bestanden_____abgelegt.

Die Leistungen in den einzelnen Fächern wurden wie folgt beurteilt:

Gemeinschaftskunde und Wirtschaftskunde	Gut	Dampftechnik	Gut
Gesetzeskunde	-----	Motorentechnik	Befriedigend
Sprachpflege und Schriftverkehr	-----	Hilfsanlagen	Gut
		Wärmewirtschaft	Gut
Fachrechnen Mathematik	Befriedigend	Elektrotechnik	Gut
Physik	Gut	Mechanik und Festigkeitslehre	Gut
Stoffkunde	Gut	Technisches Skizzieren	-----

Die Leistungen im praktischen Teil der Prüfung wurden mit ____Gut____ beurteilt.

Cuxhaven, den___5. Oktober 1966____   Der Vorsitzende des Prüfungsausschusses

(Dienstsiegel)   (Amtsbezeichnung)

Noten für die Fächer: Sehr gut, gut, befriedigend, ausreichend, mangelhaft, ungenügend.
Gesamtnoten: Mit Auszeichnung bestanden, Gut bestanden, Befriedigend bestanden. Bestanden.

Zeugnis Seemaschinist I

Auf der Rückseite lese ich, dass ich „auf Grund der Verordnung
über die Besetzung der Kauffahrteischiffe mit Kapitänen und Schiffsoffizieren vom 29. Juni 1931, geändert am 8.01.1960 als Leiter der
Maschinenanlagen tätig sein darf, in der Küstenfahrt und in Kleiner

Fahrt mit Maschinen aller Leistungen, in der Mittlern Fahrt bis 2.000 PS und als Wachmaschinist in der Großen Fahrt bis 6.000 PS."

Teilnehmer C4-Lehrgang – Cuxhaven

Dem Rolf Peter G e u r i n k – – – – – – – – – – – – – – – – – –

geboren in Bielefeld   am 1. Juni 1941

wird das Zeugnis über die Befähigung zum Seemaschinisten I erteilt.

(Verordnung über die Besetzung der Kauffahrteischiffe mit Kapitänen und Schiffsoffizieren (Schiffsbesetzungsordnung) – vom 29. Juni 1931 – Reichsgesetzblatt II § 517 – in der Fassung der siebenten Verordnung zur
Änderung der Schiffsbesetzungsordnung vom 8. Januar 1960 – Bundesgesetzblatt II S. 147 – .)

                              Stade   , den 5. Oktober 1966

                                           Der Regierungspräsident
                                           Im Auftrage:

                                           (Ausstellende Behörde und Unterschrift)

– 311 – 51.75 –

Nach Erhalt der Patente sitzen wir noch gemütlich zusammen. Harry rät zum Aufbruch: „Komm Pit, wir müssen unsere Brocken packen, morgen geht's los!" Ich verabschiede mich von Günther. Wir gehen, verlassen Cuxhaven. „Auf ein Neues", meint Harry.
Alles hat ein Ende, nur die Wurst hat zwei.

Wieder auf See

Nach Beendigung des Maschinistenlehrganges C4 an der Seefahrtsschule in Cuxhaven am 5. Oktober 1966 wollte ich nun wieder
zur See. Also musste ich mir wieder ein Schiff suchen, da ich bei
der vorherigen Reederei nicht mehr fahren wollte. Das war zu jener
Zeit mehr als einfach. Am schwarzen Brett hingen diverse Angebote. So las ich unter anderem: „Für den Neubau eines Küstenmotor-
schiffes suchen wir Maschinisten mit den Patenten C3 und C4". Es
war immer schon mein Wunsch gewesen, wieder mal auf kleine
Fahrt zu gehen. Ich informierte meinen Kumpel Harry, sein richtiger
Name war Harald Straub, mit dem ich mir während der Schulzeit ein
Zimmer geteilt hatte. „Harry, komm mal mit ans schwarze Brett, da
sucht einer zwei Seemaschinisten." Harry machte sein C3. Wir
gingen also nochmals in die Eingangshalle. „Liest sich gut", meinte
er. „Sollten wir mal anrufen." Gesagt, getan, Kapitän Waller bat uns,
sich mit ihm auf der Werft zu treffen. Also machten wir uns auf den
Patt - Kurs Brake.

Die Lühring-Werft

Am Ortsausgang von Brake flussabwärts im ehemaligen Dorf
Hammelwarden lag die Lühring-Werft. Es war eine kleine Werft mit
zwei Helligen von je 110 m Länge und 25 m Breite sowie einem Trockendock von 85 x 16 x 4 m. Die Werft, die sein Urgroßvater 1873
von dem Schiffsbauer Eylers übernommen hatte, leitete jetzt in dritter Generation Claus Lühring. Gegründet worden war die Werft jedoch schon 1862 von Bernhard Heinrich Christian Reiners. Bis zum
Jahre 1897 waren 74 Segelschiffe mit hölzernem Rumpf gebaut
worden. Ab 1898 erfolgte der Bau von Stahlschiffen, anfangs mit
Segeln, später Fracht-Motorsegler sowie Motorschiffe mit Hilfsbese-
gelung.

Von der Verwendung her wurden Frachtschiffe, Tankschiffe, Fisch-
fangschiffe, Fähren und Sonderbauten, wie Kabelleger, Spülprame,
Feuerschiffe etc. bis zu einer Größe von 6.000 tdw mit einer maximalen Länge von 110 Metern und einer Breite von 25 Metern gebaut. Die Werft verfügte über zwei Helgenkräne von je 35 t Hebefähigkeit sowie zwei Mobilkräne von bis zu 12 t Hebefähigkeit. Der
Bau der Schiffe erfolgte in der Sektionsbauweise auf den Helligen.
Sie wurden im fertigen Zustand ins Wasser gelassen. Die Hellinge
bestanden aus den Helgenböcken. Der Helgenbock ist eine waagerecht aufgestellte Holzbohle, deren Stärke und Länge durch den
jeweiligen Schiffstyp bestimmt wird. Die Stützen sind in einem an-
gemessenen Abstand aufgestellt, um das Durchbiegen des Balkens
zu verhindern. Auf dem waagerecht angeordneten Hellingenbock

stehen die so genannten Mallen oder Mallspanten. Sie haben die Form des Schiffsrumpfes. Damit die Mallspanten in Position gehalten werden, werden sie untereinander mit Sentlatten verbunden. Beim Stapellauf wird das Gewicht des Schiffes auf einen Holzschlitten verlagert, der nach Lösen der Haltevorrichtung die schiefe Rampe hinunter ins Wasser rutscht, wobei er seitlich durch Schienen geführt wird. Dazu müssen sowohl der Schlitten, als auch die Holzauflage der Rampe, auf der er rutscht, mit großen Mengen Schmiermittel versehen werden.

Die Belegschaft bestand aus ca. 200 Mitarbeitern und deckte fast alle Berufsgruppen ab, angefangen vom Pförtner über das kaufmännische und technische Büropersonal bis zu den Schiffsbauern, Rohrschlossern, Maschinenschlossern, Heizung- und Sanitär-Installateuren sowie Tischlern. Lediglich die Maler- und Elektroarbeiten wurden an Firmen aus dem Umland vergeben. Spezialbauteile und Ausrüstungsgegenstände wurden einschließlich Einbau zugekauft.

Das Ende der Lühring Werft: Der letzte Neubau, das Ölfangschiff „EVERSAND" wurde 1988 unter der Baunummer 8701 abgeliefert. Aus Mangel an Aufträgen - die Werft hatte sich zuletzt auf Ölfangschiffe spezialisiert - musste Herr Claus Lühring die Werft, die nun 126 Jahre bestand, zum Leidwesen aller nach Ablieferung des letzten Schiffes schließen, also aufgeben. Die Werft war im herrschenden Preiskampf zu teuer geworden, so dass keine Folgeaufträge mehr zu bekommen waren. Heute ist auf dem ehemaligen Werftgelände ein Unternehmen ansässig, welches mit der Seefahrt nichts mehr zu tun hat.

Der Neubau 6601

Kapitän Waller wollte ein moderneres und größeres Schiff als sein bisheriges, die „HELENE WALLER" haben. Es sollte ca. 70 m lang und 12 m breit sein bei einer maximalen Tragfähigkeit von ca. 1.600 tdw und einer Reisegeschwindigkeit von ca. 13 Knoten. Von der Vermessung her sollte es zunächst als Shelterdecker mit 498 BRT, eventuell später auch als Volldecker mit 998 BRT zum Einsatz kommen. So wurden folgende Abmessungen zu Grunde gelegt: Länge: 68,67 m, Breite: 12,00 m, Tiefgang als Shelterdecker: 3,75 m und als Volldecker: 4,70 m, Tragfähigkeit: 1.280 t bei einer Seitenhöhe von 6,75 m. Bei Schutz- oder Shelterdeckern, das sind Schiffe, bei denen der Raum zwischen dem oberen und dem darunterliegenden Deck durch Vermessungsöffnungen „offen" zu machen ist, braucht dieser Zwischendeckraum nicht eingemessen zu werden. Vorraussetzung ist, dass die Verschlüsse der Vermessungsöffnungen bestimmten Vorschriften entsprechen.   Die Tonnagenmarke befindet sich unter dem zweiten Deck (Zwischendeck).

G-L-Lademarke

Es sollten Unterkünfte für 13 Besatzungsmitglieder einschließlich zwei Messen, Kombüse sowie Duschen und Toiletten im Haupt- und Oberdeck vorhanden sein.

Des Weiteren wünschte er, dass die Maschine von der Brücke aus gefahren werden konnte.   Da eine langfristige Charter mit einer schwedischen Reederei - für die auch HELENE WALLER fuhr - in der Holzfracht abgeschlossen war, sollte es nur einen durchgehenden hohen Laderaum ohne Zwischendeck geben.   Somit wurde ein Laderaum von ca. 42 m Länge bei einer Höhe von 5,75 m eingeplant.   Als Verschluss dieses Laderaumes waren vier MacGregor-Stahllukendeckel vorgesehen.

Als Ladegeschirr sollten vier Ladebäume mit 1,5 bzw. 2 t Hebefähigkeit montiert werden.   Zum Be- und Entladen wurde auf herkömmliche Ladewinden verzichtet, vielmehr sollten hydraulisch-pneumatische Hubzylinder die Ladebäume bewegen.

Die Maschine sollte sowohl von der Brücke als auch vom Fahrstand im Maschinenraum aus gefahren werden können.   Als Hauptmaschine entschied man sich für einen Sechszylinderviertakttauchkolben-Motor mit Aufladung der Motorenfabrik MAK mit einer maximalen Leistung von 1.440 Pse, bei einer Drehzahl von 320 U/min bei Volllast und einer mittleren Reisegeschwindigkeit von 13,00 Knoten. Im Vorschiff sollte für die Versorgung des Stromnetzes im Hafen nach Beendigung der Lade- und Löscharbeiten mit eigenem Geschirr ein Stromaggregat eingebaut werden, damit es achtern in den Unterkünften ruhiger war.

Der Werftbesuch

Als wir von der Hammelwarder Straße in die Werftstraße abbogen, sahen wir auf dem Werftgelände auf den beiden Helligen zwei Neubauten. Harry meinte: „Sehen nicht schlecht aus, die beiden Kümos,

245

sind wohl Schwesterschiffe." In der Tat, da lagen die beiden Neubauten. Wie wir später erfuhren, wurde außer der „RUTH DIETER"
gleichzeitig die „FLUT" für einen Kapitän aus Bremen gebaut.

Luftbild Lühring- Werft Juli 1986

Am Werfttor meldeten wir uns: „Guten Tag, wir möchten zu Herrn
Kapitän Waller." Der Pförtner bewegte sich in Richtung Telefon mit
den Worten: „Einen Augenblick, rufe mal gerade beim Chef an, er
hatte mir ihr Erscheinen schon angekündigt." Nach einiger Zeit erschien ein Mitarbeiter und brachte uns in das Chefbüro. So sahen
wir das erste Mal unseren neuen Reeder, den Eigner Kapitän Waller.
Wir führten zunächst in Gegenwart des Werftchefs, Herrn Claus
Lühring, Gespräche über die Werft, den Bau der Schiffe und mehr,
bis Käpten Waller meinte: „Ja, dann lasst uns mal auf Hellige eins
zum Neubau gehen, Lühring, gib uns mal drei Helme." Während der
uns die reichte, sagte er zu Herrn Waller: „Ich komme gleich hinterher, muss nur noch ein paar Telefonate führen." Waller und Lühring
kannten sich schon lange. Die Werft hatte 1963 für ihn die HELENE
WALLER gebaut. So zogen wir drei los. Bevor wir auf die Hellige
gingen, besprachen wir noch diverse Einzelheiten, so auch über
unsere Entlohnung und den Dienstantritt. Das Angebot der Heuer
für mich war in Ordnung: 1.350 DM monatlich als „erster Meister".
Kapitän Waller nannte uns beiden Seemaschinisten 1. und 2. Meister. Er wollte, dass wir schnellstens anfangen sollten. „Wann ist
denn der Lehrgang beendet?" war seine Frage, worauf wir antworte-
ten: „Am 5. Oktober, wenn wir die Prüfung bestehen." Aber da hatten wir beide keine Bedenken, so leicht fiel man bei den Prüfungsar-
beiten nicht durch, es sei denn, man war saudoof. Nun rechnete
und überlegte er. „So, am 5. Oktober, dann könntet ihr die Woche

246

drauf anfangen, ich hoffe, dass das Schiff Ende des Monats fertig wird, laut Lühring läuft alles planmäßig." Wir sagten zu und versprachen, uns zu melden, falls wir bei den Prüfungen durchfallen sollten, worauf er antwortete: „Dann ist ja noch genug Zeit vorhanden, um alle Fragen zu besprechen."

Auf der Werft herrschte reges Treiben. An den beiden Neubauten wurde mit Volldampf gearbeitet.

Im Trockendock lag noch zur Überholung ein Tonnenleger aus Cuxhaven. Der Neubau FLUT war noch nicht soweit im Baufortschritt.

Ein Autokran war mit dem Schornstein aus der Sektionsbauhalle unterwegs zum Helgen zwei. Mittlerweile gesellte sich Herr Lühring zu uns mit der Äußerung: „Habe den Maschinenmeister, Herrn Weigel, holen lassen, der kann den beiden Herren die Technik zeigen, ich muss mit dir, Wilhelm, noch etwas besprechen." So betraten wir den Neubau 6601, der den Namen RUTH DIETER erhalten sollte. Im Maschinenraum herrschte ein Getümmel von Werftarbeitern und Monteuren der Fremdfirmen. Sämtliche Motoren, die Hauptmaschine sowie die Hilfsdiesel und der Heizkessel waren schon eingebaut. Nun mussten noch die restlichen Hilfsmaschinen, wie Pumpen, Gebläse, der Kompressor, die Druckluftvorratsbehälter zum Anlassen der Maschine, der Wärmeaustauscher für das Kühlwasser, der Kessel für die Bordheizung und Warmwasserversorgung sowie die Armaturen und Rohleitungen und die Elektroinstallation mit der Schalttafel installiert und verlegt werden. Herr Weigel erläuterte uns den Baufortschritt, wir unterhielten uns kurz mit dem Obermonteur der Firma MAK, die alle drei Motoren gebaut hatte. „Du Pitt", meinte Harry, „der Maschinenraum ist größer, als ich es mir vorgestellt habe, oben ist ja eine riesige Werkstatt mit Lager."

247

Nach der Besichtigung besprachen wir noch in Gegenwart von Herrn Lühring mit Herrn Waller, wo wir denn während der Werftzeit wohnen könnten. Auch daran hatte er schon gedacht und meinte: „In der Gaststätte Deichhof, gleich am Anfang der Werftstraße. Es sind dort einige Gästezimmer von der Werft für auswärtige Monteure angemietet." Nach Verabschiedung der beiden Herren gingen wir in den besagten Gasthof, stellten uns vor, stillten unsern Durst und Hunger und fuhren wieder nach Cuxhaven.

Am 7. Oktober 1966 brachen wir in Cuxhaven unsere Zelte ab. Wir zogen bei der Familie Müller aus und fuhren nach Hause. Mit Kapitän Waller war vereinbart, dass wir am 10. Oktober in der Pension ankommen würden. Am 10. Oktober löste ich mir im Bahnhof am Schalter eine Fahrkarte. Auf meine Bitte um eine Fahrkarte nach Hammelwarden wurde es lustig. Der Bahnbeamte fand in seinem Verzeichnis nicht den Ort. Als ich ihm sagte, der Ort liege an der Unterweser, wurde es auch nicht besser. Also bat ich ihn, mir eine Fahrkarte für Brake an der Unterweser auszustellen. Das klappte, musste nur eine Haltestelle vorher aussteigen.

Gegen Abend traf ich im Deichkrug ein, mein Kumpel Harry, nun mein zweiter Maschinist, war mittlerweile auch eingetroffen. So meldeten wir uns wie vereinbart am 11. Oktober gegen 8 Uhr bei Herrn Weigel. Mit ihm besichtigten wir zunächst die Wohnräume, die Messe, die sich im Haupt- und Oberdeck befanden und natürlich auch die Brücke. Der Innenausbau machte Fortschritte. Anschließend gingen wir dann in den Maschinenraum. Im Unterdeck befanden sich neben der Hauptmaschine und den beiden Stromaggregaten sämtliche für den Betrieb erforderlichen Hilfseinreichungen. Oberhalb der Hauptmaschine begann im Zwischendeck der Maschinenschacht, der bis zum Schornstein ging. Im Maschinenschacht führten die Abgasleitungen der Dieselmotoren und des Hilfskessel bis in den Schornstein, des Weiteren die Frischluftleitung für das Aufladegebläse der Hauptmaschine. Hier war auch der Zugang zum Maschinenraum.

Zur Begehung der Vorderseite sowie der beiden Längsseiten waren stählerne Laufstege eingebaut. Eine steile Treppe führte zu der Anlage. Seitlich war der Zugang zur Werkstatt mit Lager. Das den Laderaum abgrenzende Schott an der Stirnseite war mit einer Vermessungsluke verschlossen. Im verschlossenen Zustand war das Schiff als Shelterdecker vermessen und im geöffnetem Zustand als Volldecker. Gemäß Vorgabe des Germanischen Lloyds mussten je nach Fahrtgebiet bestimmte Ersatzteile für die Hauptmaschine und die Hilfdiesel an Bord sein, angefangen von einem Ersatzkolben mit Pleuelstange über Zylinderbuchse, Kolbenringe bis hin zu den Ventilen, Lagerschalen, etc. Des Weiteren befanden sich im Zwischendeck die Vorrats- und Proviantlager mit einer Kühlzelle und die Rudermaschine. In den 16 Tagen, die wir in der Werft waren, sahen wir täglich den Fortschritt der Arbeiten der Werft- und Fremdarbeiter, wie Elektriker und Maler.

Stapellauf

Bald konnten wir unsere Unterkünfte begutachten und waren überrascht, wie sie, mit Waschbecken ausgerüstet, modern eingerichtet waren. Alle technischen Einrichtungen und Anlagen wurden zu unser aller Zufriedenheit vollendet. Dieses teilten wir unserem Reeder, Käpten Waller, wenn er kam, mit. Harry und ich freuten uns auf den Tag der Indienststellung dieses Schiffes. Wir konnten es kaum erwarten, dass das Schiff zu Wasser gelassen wurde, um alles in Betrieb zu nehmen. Endlich war es soweit, der Stapellauf fand am 26. Oktober 1966 statt: Das Schiff wurde zu Wasser gelassen. Nach den Ansprachen taufte die Tochter des Herrn Waller, Ruth Jensen, das Schiff mit dem üblichen Spruch: „Ich taufe dich auf den Namen RUTH DIETER und wünsche dir allzeit gute Fahrt!" Die von ihr an die Bordwand geschlagene Sektflasche zersprang, die Werftsirene ertönte, der Dockmeister gab das Kommando, „fiert weg", und dass Schiff glitt in die Weser zu Wasser. Anschließend legte es am Werftkai an.

Hier begann nun unsere Arbeit. Mit Herrn Weigel und Monteuren der Lieferfirmen wurden Dieselöl und Trinkwasser übernommen und der Betrieb angefahren. Der spannendste Moment war das Anfahren der Hauptmaschine vom Steuerstand der Brücke aus. Während wir uns nach oben bewegten, ordnete ich an, dass Harry im Maschinenraum am Steuerstand der Maschine verbleiben solle für den Fall, dass die Steuerung nicht einwandfrei funktionierte. So wurde alles durchgecheckt von der Ankerwinde über das Ladegeschirr mit der Hydraulik, den Lukenverschlüssen, allen technischen Geräten auf der Brücke und im Maschinenraum, einschließlich Rudermaschine und Heckspill. So konnte am 27. Oktober die erforderliche Probefahrt mit der offiziellen Übergabe an den Bauherrn Kapitän Waller erfolgen. In der Deutschen Bucht nahe der Wesermündung wurden in Anwesenheit der Werftleitung, der am Bau beteiligten Spezialfirmen sowie eines Vertreters des Germanischen Lloyd und zahlreicher Ehrengästen alle technischen Einrichtungen eingestellt, geprüft und getestet. Der Laderaum war festlich geschmückt und lud zu Essen und Trinken ein. Ich bekam von einem Vertreter der Motorenfabrik MAK eine Flasche mit einem guten Schluck und einen Wimpel, den ich heute noch besitze.

Autor mit Mak-Wimpel   –   Schornstein

Am 28.10.1966 verholte die RUTH DIETER zur Ausrüstung in den Hafen von Brake. Am 29.10.1966 erfolgte durch das Seemannsamt Brake die Anmusterung der Besatzung und anschließend die Ausklarierung. Am späten Abend liefen wir zur Jungfernfahrt in Ballast nach England aus.

Probleme sind bei Neubauten nicht unüblich. Vieles am „grünen Tisch" konstruierte weicht in der Realität beim Einsatz auf See und etwa beim Ladevorgang im Hafen ab. Das erste Problem, das bald auftrat, waren starke Schwingungen und Erschütterungen im Achterdeck im Bereich des Achterstevens. Hier, also oberhalb des Stevenrohres, war der Süßwassertank eingebaut. Eines Tages schmeckte das Frischwasser salzig. Wir vermuteten einen dünnen Haarriss als Folge dieser Erschütterungen in der Außenhaut. Also pumpten wir den Tank im nächsten Hafen leer, öffneten den Mannlochdeckel, und untersuchten den Tank. Nach Rücksprache mit der Werft veranlasste diese, dass ein ortsansässiges Unternehmen den Riss verschweißte.

Fahrstand Brücke

Mit der Hauptmaschine und der Abgasturbine (Ladegebläse) gab es auch reichlich Probleme. Zum einen waren die Austrittstemperaturen des Kühlwassers aus den einzelnen Zylindern sehr hoch und unterschiedlich. Harry und ich vermuteten, dass der Expansionsdruck zu hoch war, dass die Brennstoffpumpen zu viel Brennstoff förderten. Dieses meldeten wir Herrn Waller. Uns fehlte ein Indikator. Der Indikator ist ein Messgerät zur Messung des Zünddruckes. Dieses hatten wir schon in der Werft moniert, die Monteure der Firma MAK gaben uns Recht, aber ohne Erfolg. Des Weiteren waren Schläge in der Abgasturbine auffällig, hierfür hatten wir keine Erklärung. Ein weiteres Problem war die Vorhaltung von Pressluft zum Anlassen der Maschine bei Manöverfahrt. Dies kam immer dann vor, wenn Kapitän Waller die Manöver selbst fuhr, da er zu viel Anlassluft verbrauchte. Im Februar 1967 steuerten wir Brake an, um diverse Mängel in der Werft beheben zu lassen.

Beim Schreiben dieses Berichtes im Dezember 2007 benötigte ich noch einige Daten und fand glücklicherweise die Telefonnummer von Herr Claus Lühring, der mir dann einige Informationen und die Bilder der Werft bereitstellte. Uns fiel bei der Gelegenheit noch folgende Story ein. MS RUTH DIETER lag Mitte Januar 1967 im Hafen von Bremen. Es war Winter und die Straßen stellenweise glatt. Herr Lühring und sein Prokurist, Herr Heil, waren an Bord gekommen, um Gespräche bezüglich des bevorstehenden Werftaufenthaltes zu führen. Da auch Alkohol getrunken wurde, erklärte Herr Lühring: „Ich kann nun kein Auto mehr fahren, was nun?", worauf Kapitän Waller antwortete: „Kein Problem, mein erster Maschinist fährt euch nach Hause." Das wurde aber doch ein Problem. Auf der nicht gut geräumten und gestreuten Landstrasse nach Brake verlor ich die Gewalt über den Wagen, und wir landeten im Straßengraben. „Da haben wir nun den Schiet", meinte Herr Lühring. Aber irgendwie, das konnten wir nun nicht mehr rekonstruieren, sind wir dann mit dem Wagen doch noch in Brake angekommen.

Familie Waller junior

Geschichte der Reederei Waller

Wilhelm Waller gründete 1937 die Reederei, die noch heute besteht und von seinem Sohn Dieter sowie seinem Enkel Ulf Jens, Sohn der verstorbenen Tochter Ruth, geleitet wird.

Wilhelm Waller kaufte 1937 das kleine Küstenmotorschiff „ANNI" (98 BRT) und bestellte 1939 bei der Peters-Werft in Beidenfleth seinen ersten Neubau (218 BRT), der erst 1950 fertig gestellt wurde und den Namen RUTH DIETER erhielt. Im Jahre 1963 folgte ein weiterer Neubau, die HELENE WALLER (499 BRT – 1.150 tdw), gebaut bei der Lühring-Werft in Brake.

Wilhelm Waller mit Frau Helene, Tochter Ruth und Sohn Dieter
beim Stapellauf der RUTH DIETER 1966

252

Ein weiterer Neubau, ebenfalls bei der Lühring-Werft gebaut, mit dem Namen RUTH DIETER ersetzte im Jahre 1966 die alte RUTH DIETER. Dieter Waller erwarb 1967 sein Kapitänspatent und fuhr ab 1968 als Kapitän auf der RUTH DIETER. Sein Schwager Helmut Jens war Kapitän auf der HELENE WALLER. Im Jahre 1970 verstarb Kapitän Waller, im Jahre 1992 seine Tochter Ruth und 1996 sein Schwiegersohn Helmut. Die Reederei Waller besitzt zurzeit das Containerschiff MS „NYLAND" ex MS „HELENE". Das Schiff wurde 1995 erbaut und hat eine Tragfähigkeit von 4.600 tdw und Stellflächen für 330 TEU. Es wird als Feederschiff in Nord- und Ostsee eingesetzt und besitzt die Eisklasse E3.

Motorschiff **RUTH DIETER**

Reederei: Kapitän W. P. Waller, Bützfleth
Heimathafen: Bremen
Unterscheidungssignal: DEIN
Indienststellung: 29.10.1966
Baujahr: 1966 - Lühring Werft, Hammelwarden (Brake)
Vermessung als Shelterdecker: 498 BRT, Tragfähigkeit 1.280 t
68,67 m lang, 12 m breit, Tiefgang: 3,75 m bei einer Höhe von 6,75 m bis Freibord

MS RUTH-DIETER

Besatzung im Zwei-Wachen-Betrieb auf kleiner Fahrt: 10 Mann
Der Kapitän war Eigner des Schiffes und mit an Bord
Bereich Deck: 1. und 2. Steuermann, 4 Matrosen
Bereich Maschine: 1. und 2. Maschinist
Service: 1 Koch
Unterkünfte für die Besatzung sowie Kombüse und Messe waren achtern.
Ladung: vorwiegend Holz, Zellulose, Papier und Stückgut
Hierfür waren zwei Laderäume, unterteilt in zwei Decks, vorhanden. Die sechs Meter breiten vier Luken wurden mit MacGregor-Stahllukendeckeln seewasserfest verschlossen. Der Laderaum war

253

durchgehend über die gesamte Länge und ohne Zwischendeck. Das Ladegeschirr bestand aus 4 Ladebäumen, zwei für je 1,5 t sowie 2 für 2 t. Beladung und Löschen erfolgte über hydraulische Druckzylinder, die über regelbare Pumpen mit Hydrauliköl bewegt wurden. Sie waren an den Masten installiert. Laderäume, Wohn- und Aufenthaltsräume wurden durch elektrische Lüfter über Lufthauben be- und entlüftet.

Technische Daten: Der Maschinenraum befand sich achtern. Für den Antrieb war ein Sechszylinder-Viertakt-Tauchkolbenmotor mit Aufladung vorhanden. Die Leistung betrug 1.440 PS. Bei einer Drehzahl von 330 U/min betrug die Geschwindigkeit 13,5 Sm. Zur Strom- und Drucklufterzeugung standen 2 Viertakttauchkolbenmotoren mit zusammen 360 PS sowie ein weiterer luftgekühlter Dieselmotor mit Stromaggregat, der unter der Back installiert war, mit einer Leistung von 75 PS zur Verfügung. Die Heizung erfolgte über einen ölbefeuerten Hilfskessel. Der Brennstoffverbrauch (Dieselöl) betrug ca. 4.500 kg pro Seetag bei 13 Knoten. Die Maschine wurde von der Brücke aus gefahren.

Meine Fahrzeit auf diesem Schiff begann mit dem Auslaufen in Brake an der Unterweser und endete am 13. Februar 1968 in Brunsbüttelkoog. In dieser Zeit lief das Schiff mehrere Häfen in England (London und Bristol), in Irland (Larne), in Schweden (Göteborg und Karlstad) in Norwegen (Larvik) sowie diverse Häfen in Finnland an. Rotterdam und Bremen wurden ebenfalls angelaufen, in der Regel mit Holzladung aus finnischen Häfen, unter anderem aus Rauma.

Die erste Fahrt ging in Ballast nach London. Hier wurden Traktoren für Schweden geladen. Öfters kamen wir mit diesem Schiff auch in Schlechtwettergebiete, überwiegend in der Nordsee. So war es auch am 23. Februar 1967 auf der Reise von Finnland nach Rotterdam. Es herrschte mal wieder ein Sturm, der stündlich zunahm und das Schiff wieder mal zum Spielball der Wellen machte.

In den frühen Abendstunden hörten sie auf der Brücke aus dem eingeschalteten Sprechfunkgerät, dass der Seenotrettungskreuzer „ADOLPH BERMPOHL" mitsamt Tochterboot vermisst wurde. Am nächsten Tag erfuhren wir von dem schrecklichen Unfall. Die Besatzung der ADOLPH BERMPOHL hatte schon in vielen Einsätzen Menschen aus Seenot gerettet, bevor sie selbst am 23. Februar 1967 Opfer der See wurde. An diesem Tag tobte in der Nordsee ein schwerer Orkan. Die ADOLPH BERMPOHL fuhr, wie mehrere Rettungskreuzer, einen Einsatz. Bei diesem Einsatz geschah die Katastrophe, die das Leben der vier Besatzungsmitglieder kostete. Der Rettungskreuzer war nicht mehr über Funk zu erreichen, auch fanden ihn die suchenden Hubschrauber nicht. Es wurde vermutet, dass der Kreuzer gekentert war, eine Drehung von 360° vollzogen und dabei das zur Rettung ausgesetzte Tochterboot unter sich begraben hatte. Am Vormittag des folgenden Tages entdeckte man den Rettungskreuzer 13 Seemeilen südöstlich von Helgoland mit laufender und ausgekuppelter Maschine. Jedoch wurde keines der Besatzungsmitglieder an Bord vorgefunden. Später wurde auch das Tochterboot des Kreuzers kieloben treibend gefunden. Mit Hilfe von drei Fischkuttern wurde das Boot aufgerichtet, jedoch ebenfalls keine Überlebenden gefunden. Diese fand man erst später, ihre Leichen wurden angespült. Die Schäden an den Fahrzeugen waren trotz des schweren Unglücks relativ gering. Man reparierte sie und setzte sie wieder ein.

in schwerer See

Auch auf der Reise von Larvik in Norwegen nach Larne in Irland erwischte uns der Blanke Hans auf der Höhe Scapa Flow. Scapa Flow, bekannt als eine am nördlichsten Teil Schottlands gelegene Bucht gegenüber der Orkney-Inselgruppe. Diese Bucht, ein Naturhafen, hat eine lange Geschichte hinter sich. Sie ist bekannt geworden durch die Seeschlachten der beiden Weltkriege. Sie diente als Stützpunkt der britischen Kriegsschiffe. Im Jahre 1956 wurde dieser Standort aufgegeben. Wir sahen in der Ferne noch einige Schiffe liegen.

Bristol im Südwesten Englands an dem Fluss Avon gelegen, hatte einen kleinen Hafen. Von 1700 bis 1807 wurde der Hafen von Sklavenschiffen angefahren, die Menschen von Afrika nach Amerika verschleppten. Später verlor der Hafen seine Bedeutung durch die Konkurrenz von Liverpool. Es war ein unbequemer Hafen, ein so genannter Dockhafen. Die einzelnen Hafenbecken wurden durch Tore abgeschottet. Die Toiletten an Bord durften nicht benutzt werden. So mussten wir immer an Land in die zum Teil verdreckten Sanitäreinrichtungen.

255

Larne war eine kleine Hafenstadt in Nordirland, etwa 23 Meilen nördlich von Belfast. Von hier aus gab es auch einen Fährverkehr nach Schottland.

RUTH DIETER lief in London ein, unterfuhr die bekannte Tower Bridge, lief ein in ein Dock außerhalb des Stadtkernes.

London Tower Bridge

Wir, Harry und ich, wollten uns die Stadt ansehen. Mit der U-Bahn fuhren wir ins Zentrum. Ich bat ihn: „Schreib dir die Haltestellen auf, wir müssen aufpassen, mit welcher Linie wir wieder zurück fahren müssen." Die U-Bahnen wurden alle unterschiedlich farblich bezeichnet. Wir stiegen in die rote Linie ein, fuhren durch die Vororte von London, Arbeiterviertel, zum Teil verdreckt, armselig, Slums am Rande der großen Hauptstadt des britischen Königreiches. Frauen lagen im Fenster, in den Haaren Lockenwickler, bekleidet mit Bademänteln. Harry meinte: „Warten die schon auf einen Freier?" - „Mit Lockenwicklern im Haar? Du spinnst", antwortete ich. Im Zentrum angekommen, buchten wir eine Stadtrundfahrt mit deutschen Erklärungen in einem Doppeldecker-Bus. Wir fuhren fast alle bekannten Plätze, den Trafalgar Square und Gebäude, wie den Buckingham Palace, die Westminster Abbey an. Stiegen hier und da aus. In der Downigstreet staunte ich über das schmale Haus Nummer 10, den Amtssitz des Premierministers Wilson. Zwei Bobbys in Uniform und Pelzmütze hielten die Wache. Am Platz Piccadilly Circus verließen wir den Bus, schlenderten über die Prachtstraße Piccadilly, bogen ab in eine Nebenstraße. Der Magen knurrte, Durst hatten wir auch. An einer Bude kauften wir uns etwas zu essen und gingen dann in einen Pub. Pubs unterscheiden sich von üblichen Bars und Kneipen. Wir betraten den Laden, diesen Pub. Er war anders eingerichtet als die Kneipen bei uns in Deutschland, etwas finster durch bräunlich getönte Scheiben, die Wände mit Holzvertäfelung verziert. An den Wänden hingen Bilder von Fußballmannschaften Londoner Vereine. Hinten im Raum stand ein Billardtisch, an der Wand hing ein Darthboard. Es wurde gespielt. Das Sitzplatzangebot war begrenzt. Wir setzten uns an den Tresen und bestellten ein englisches Bier, ein Ale. Ein Gesöff ohne Schaumkrone, nicht mein Ding, ich mag kein obergäriges Bier, aber der Durst musste ja gelöscht werden. Wir aßen noch ein englisches Gericht. Der Pub füllte sich, es war Feierabend. Wir bezahlten und zogen weiter, blieben irgendwann in einem anderen Pub hängen. Unsere Unterhaltung vernahm ein Gast, eine Frau, die am Nebentisch alleine saß, mag Anfang vierzig gewesen sein, schätzte ich. Sie kam zu uns, setzte sich hin, fragte nach unserem Aufenthalt, meinte wir seien Touristen. Harry klärte sie auf. Ich fragte sie, wieso sie so gut deutsch spreche. So erfuhren wir, dass sie Germanistik studiert habe und nun an einer Schule Deutsch unterrichte, dass sie verheiratet sei und zwei Kinder habe. „Mein Mann", erklärte sie „ist Soldat und zurzeit in Deutschland in der Lüneburger Heide stationiert. Bei ihren Erzählungen schaute sie ständig Harry an. Er merkte es, schaute zurück, beide warfen sich viel versprechende Blicke zu. „Mein Name ist Hetty", sprudelte es aus ihr heraus. Sie sprach bald nur noch mit Harry. Ich ließ sie ölen. Plötzlich schaute sie auf die Uhr, stellte fest, dass sie aufbrechen musste. Sagte: „Komm, Harry, ich zeig dir die Haltestelle der U-Bahnstation, wo ihr einsteigen müsst." Nach einer Stunde kam er zurück. „Eine Stunde! Die hat dir doch mehr als die Haltestelle gezeigt?" sagte ich zu ihm. „Ja, Pitt, du hast Recht, das ist ein geiler Feger, wir haben mehr geschmust, als den Fahrplan studiert. Ich soll sie morgen besuchen, sie will mir London zeigen." - „London zeigen? Ich glaube, ich spinne, wenn die dir London zeigen will, bin ich der Kaiser von China", antworte ich. Die Zeit schritt fort, der Wirt schlug die Glocke, rief: „Time please!" Es war 22:45 Uhr, der Pup schloss, wir mussten uns sputen, die U-Bahnen fuhren nur bis Mitternacht.

Der Weg zur U-Bahnstation betrug nur wenige Meter, aber nun ging das Geöle, das Suchen los. „Hetty hat gesagt, mit der schwarzen U-Bahn bis Piccadilly Circus, dann müssen wir umsteigen in die rote Linie." Das Einsteigen war kein Problem, das Umsteigen umso mehr. Wir stiegen die Treppen runter, mehrere Etagen untereinander, suchten die Farben an den Marmorwänden, sahen gelb, grün, violett und blau, endlich auch rot. „Hier sind wir richtig!" meinte ich. Aber in welche Richtung? Es half nur eins, wir mussten fragen. Die Bahn kam, wir stiegen ein. Die Bahn nahm ihre Route. Als ich Harry frage: „Wo müssen wir aussteigen? Haste doch auf nen Zettel notiert." Er suchte den Zettel, fand aber nur die Notiz über den Treffpunkt mit Hetty. Nun hatten wir ein Problem: „Wo müssen wir aussteigen?"

Unter der Decke waren die Strecken mit den Haltestellen zu lesen, wir lasen eifrig die Haltestellen und stiegen aus, aber an der verkehrten Stelle. Obwohl es dunkel war, kam es uns fremdartig vor. Es war kein Dock zu sehen. „Was nun?" fragte ich. Harry zuckte die Schultern, wusste auch nicht weiter. Ein Streifenwagen kam uns entgegen. Wir hielten ihn an, teilten dem Bobby unsere Probleme mit. Er überlegte, meinte, das sei noch einige Meilen entfernt. Ein Taxi fuhr nicht mehr. Er hatte Mitleid mit uns und brachte uns zum Schiff.

Am nächsten Morgen machte sich Harry zu dem Treffpunkt auf. „Viel Glück!" rief ich ihm nach. Abends, es war schon fast Mitternacht, tauchte er wieder auf. „Na?", fragte ich, „hast du in dieser Zeit viel von London gesehen? Kannst ja jetzt Reiseleiter werden." Er lächelte erschöpft und stöhnte: „Oh Mann, oh Mann! Pünktlich erschien sie. Auf meine Frage: ‚Was zeigst du mir jetzt?' sah sie mich an und sagte: ‚meine Wohnung!' Dort angekommen, ging's bald los mit dem, was du vermutet hattest. Sie war völlig ausgehungert, gierig verlangend, immer wieder. Da war das mit Hanna in Cuxhaven Peanuts. Jetzt bin ich kaputt, haue mich aufs Ohr!"

Am nächsten Tage machten wir noch einige Wartungsarbeiten, wie Ölwechsel beim Jockel unter der Back. Wie übernahmen noch Treibstoff, reines Dieselöl. Auf die Qualität mussten wir achten, konnten kein Marine-Dieselöl nehmen. Es war oft mit Fremdstoffen verdreckt, und wir hatten keinen Separator.

In London luden wir Wohnwagen für Karlstad. Am 17.04.1967 am späten Nachmittag liefen wir mit Kurs Kattegatt aus. 690 Seemeilen lagen vor uns. Über die Themse gelangten wir wieder in die Nordsee, durchquerten sie vorbei an Dänemark über Skagerrak und Kattegatt und erreichten am 19. April den Trollhättankanal bei Göteborg.

Karlstad liegt im breiten Mündungsdelta des Klarälven an der Nordseite des Vänernsees. Ihrer günstigen Lage an Fluss und See zwischen Oslo und Stockholm verdankt die Stadt ihre überragende Bedeutung.

Der Trollhättankanal verbindet das nördliche Kattegatt ab Göteborg mit dem Vänernsee. Er ist 11 km lang und mündet in die Götaälv. Durch mehrere Schleusen werden die Schiffe auf das Höhenniveau des Vänernsees angehoben. Die größte Schleuse hat einen Hub von 12 Metern. Der Vänernsee im Südwesten Schwedens ist einer der größten Seen mit seiner Fläche von ca. 5.600 km² und liegt ca. 44 m über dem Meeresspiegel. Er ist ein großer Trickwasserspeicher für das Land. Durch den Götakanal einerseits und den Trollhättan-Kanal andererseits besteht eine Verbindung zwischen der Nordsee und Stockholm.

In der ersten Schleuse im Trollhättankanal, ich war auf der Brücke, hörten wir Nachrichten, gesendet von Radio Norddeich. Wir erfuhren vom Tod des Altbundeskanzlers Adenauer. Käpten Waller gab die Order: „Setzt die Flagge auf Halbmast!"

Die Fahrt durch den Kanal, durch eine schöne romantische Landschaft, wohin das Auge auch schaute. Harry meinte: „Hier sollte man mal Urlaub machen!" Imponierend die bewaldete Steilküste zu beiden Seiten der Schleuse. Obwohl RUTH DIETER mit ihren Abmessungen ein kleines Schiff war, war die Schleuse so gut wie ausgelastet.

Wir verließen die große Schleuse, waren nun auf dem Niveau des Vänernsees. Die Schleuse hatte uns 12 Meter höher gebracht. Der Trollhättankanal endete, ging über in den Fluss Götaälv. Nach einer Fahrt von zwei Stunden erreichten wir den Vänernsee und nahmen Kurs auf Karlstad. Im Hafen von Karlstad hatte ein Schiff in dieser Größe noch nie angelegt.

Auf der Brücke

Von Karlstad ging es mit Stückgut nach Finnland. Das Problem mit der Pressluft zum Anlassen der Maschine bekamen wir immer, wenn der Alte, Kapitän Waller, von der Brücke aus die Maschine bediente. Er konnte das nicht, verbrauchte mehr Luft, als der Kompressor leisten konnte. Ich sprach ihn darauf an: „Käpten, Ihr Fahrstil ist unmöglich, sie verbrauchen mehr Luft als nötig, lassen Sie die Maschine von Herrn Neptun fahren, der kann das besser als Sie."

Da hatte ich zu viel gesagt. Er polterte los, wurde böse. Herr Waller besaß nicht das erforderliche Patent, deshalb war Herr Neptun an Bord, er besaß es, war deshalb auch als Kapitän angemustert. Das Sagen aber hatte unser Reeder, der gab sich auch als Kapitän aus. So kam es, wie es kommen musste: Der Kompressor gab seinen Geist auf, bliebt stehen. Mit Hängen und Würgen gelangen die letzten Manöver. Ich unterrichtete den Alten: „So, nun haben Sie es erreicht, nun ist der Kompressor im Eimer. Harry und ich standen vor dem Kompressor, versuchten immer wieder, ihn in Betrieb zu setzen, vergeblich. „Ich glaube, das liegt am Elektromotor", meinte ich. War auf den Weg zu meiner Kabine, um die technischen Unterlagen für den Kompressor zu holen, als der Käpten den Maschinenraum betrat. Er trampelte laut über die Flurplatten und fluchte: „Der verdammte Kompressor, das kann doch nicht angehen!" Harry schaute sauer, keifte ihn an: „Nicht der verfluchte Kompressor, Schuld sind Sie mit ihrem blöden Fahrstil!"

Mittlerweile schauten wir ins Buch, lasen die Beschreibung über den Elektromotor. „...kann bei Überhitzung der Schutz anschlagen..." Uns fiel es wie Schuppen von den Augen. Ich öffnete den Deckel des Klemmkastens, sah den roten Knopf, er hatte ausgelöst. Ich las weiter: „...dies kommt vor, wenn der Motor überlastet wird." - „Überlastet?" meinte Harry. „Dann muss am Kompressor etwas faul sein." Der Motor war wieder abgekühlt. Wir starteten ihn erneut. Er lief wieder. Konnte wohl den Dauerbetrieb nicht ab. Nach Rücksprache mit Herrn Weigel von der Lühring-Werft und der Firma MAK drosselten wir die Druckleistung. Damit hatten wir das Problem endgültig vom Tisch. Ab dieser Zeit fuhren entweder Herr Neptun oder einer von uns beiden die Manöver. Denn einer von uns musste ja bei den Manövern am Fahrstand im Maschinenraum sein, falls die Fernsteuerung versagen sollte. In diesem Falle mussten die Manöver wie früher über den Maschinentelegraphen gefahren werden.

RUTH DIETER lag wieder in Rotterdam, löschte Holz aus Rauma. Ich ging an Land, um in der Stadt einzukaufen. Ich stand vor dem Mahnmal zur Stadtzerstörung im Krieg durch deutsche Bomben.

Das Mahnmal sollte an das Bombardement im Jahr 1940 sowie an weitere Angriffe in den folgenden Jahren 1942, 1943 und 1944 erinnern, als die Stadt schwer zerstört wurde und viele Menschen starben oder verletzt wurden, große Teile der Stadt in Schutt und Asche gingen. Das Verhältnis zu den Deutschen hatte sich in den Jahren zuvor wieder normalisiert, war besser geworden, man hatte sich wieder versöhnt.

Während ich noch durch die Stadt schlenderte, mir Geschäfte anschaue, wurde das Schiff gelöscht. Wir sollten am Nachmittag wieder auslaufen. Die Hafenarbeiter beeilten sich an diesem Freitag, wollten fertig werden, ins Wochenende gehen.

Vater Johan meinte morgens zu seiner Frau, als er zur Frühschicht in den Hafen fuhr: „Gegen fünfzehn Uhr werden wir das deutsche Kümo gelöscht haben, dann habe ich bis Montagmittag frei, könnten dann mit dem Jungen mal wieder zu deinen Eltern fahren." Sie freute sich, wollte alles Notwendige veranlassen und vorbereiten. Er plante, Frau und Sohn freuten sich, aber sie fuhren nicht, er wird auch wohl lange Zeit nicht mehr fahren können. „Zwei, drei Hieven aus dem Laderaum noch löschen, dann ist Feierabend", meinte Vater Johan, als der Hafenkran den großen fünf Meter langen Holzstapel aus dem Laderaum hievte, in luftiger Höhe rüber schwang zur Pier. Es passierte das Unglück. Der Stapel kippte, hing nicht mehr gerade, neigte sich immer mehr zur Seite, die Verspannung der Bohlen löste sich, Bretter, dick und breit lösten sich und stürzen zu Boden. Die Arbeiter an Deck, an Land und die Besatzung der RUTH DIETER sahen das, schrien, liefen. Vater Johan war nicht schell genug, die Bohlen trafen ihn, rissen ihn zu Boden, fielen auf ihn und begruben ihn. Er schrie vor Schmerzen. Die Kollegen und die Besatzung eilten zu ihm, räumten die Bretter beiseite, alarmierten einen Unfallwagen. Er kam ins Krankenhaus, in die Poliklinik nahe am Hafen. Die Ärzte nahmen sich seiner an, operierten ihn mehrmals, flickten ihn zusammen, so gut es ging. Nach einem langen Klinikaufenthalt wurde er entlassen, kehrte nach Hause zu Frau und Sohn als ein seelisch gebrochenes menschliches Wrack zurück, bezeichnete sich fortan als Krüppel. Meinte „...niet meer lopen, niet meer werken, zitten op de stoel."

Auf dem Wege von Rotterdam zum Nord-Ostsee-Kanal erspähte man auf der Brücke eine kleine Motoryacht. Sie dümpelte vor sich hin, kein Mensch war zu sehen. Wir verringern unsere Fahrt, stoppten schließlich, versuchten längsseits zu gehen. Einer unserer Matrosen enterte auf das Boot, stellte fest, es war herrenlos. Steuermann Neptun meldete dieses der zuständigen Stelle in Cuxhaven. Dort lag keine Vermisstenmeldung vor. Es wurde vereinbart, dass wir das Schiff an Bord hieven und auf der Höhe von Cuxhaven übergeben sollten. Später erfuhren wir, dass das Boot vom Hafen auf Helgoland abgetrieben war. Über die Ursache gab es keine Erklärung. Kapitän Waller forderte einen Finderlohn, eine Entschädigung für die Bergung und den damit verbundenen Zeitaufwand.

Im Frühjahr 1967 musterte der II. Maschinist, mein ehemaliger Schulkamerad Harry, ab. Er wollte lieber wieder auf große Fahrt. Kapitän Waller, der Reeder und ich sahen uns gezwungen, einen neuen Maschinisten zu suchen. In der Schleuse von Brunsbüttelkoog kam er an Bord, der Seemaschinist Hein Bruns, graues Haar und Spitzbart.

Hein Bruns 1959 auf MS VEGESACK – aus Band **69** – Ernst Steininger

Er kam auf das Schiff zu, den Seesack umgehängt, ein Fahrrad schiebend. Erstaunt schauten wir Käpten Waller an und zeigten auf das Rad: „Will er das etwa mitnehmen?" lautete unsere Frage. Knappe Antwort: „Ja, habe ihm das erlaubt. Das war sein Wunsch, damit er Land und Leute kennen lernen kann." Wenn wir beide zusammensaßen, stellte er dauernd Fragen, die nicht unbedingt mit dem Bordbetrieb zusammenhingen. Gingen wir an Land, hatte er stets einen Notizblock dabei und schrieb, schrieb alles Mögliche, am meisten, wenn wir in Kneipen saßen. Auf meine Frage: „Heini, was soll das, was wird das?" streichelte er seinen Bart und meinte: „Alles bares Geld."

Hein Bruns

Es muss so Ende des Jahres gewesen sein, wir lagen im Hafen von Bremen, die Tochter des Reeders, Ruth Jensen, brachte uns Post und Proviant. „Ist Herr Bruns an Bord? Habe Post für ihn", fragte sie mich. „Nein", antwortete ich, der ist wieder an Land, wieder mit seinem Fahrrad unterwegs, ich lege sie auf seine Kammer." Sie gab mir die Post, darunter ein Päckchen von einem Verlag aus Flensburg. „Hein, habe dir deine Post auf den Tisch in deine Kammer gelegt. Ist auch ein Päckchen dabei." Eilig eilte er in seine Kammer. Nach dem Abendessen meinte er: „Komm mal mit, zeige dir mal was!" Er übereichte mir schmunzelnd ein Buch mit dem Titel „Ein Schmierer namens Valentin" und meinte vor Freude strahlend, sich am Bart zupfend: „Das ist mein erstes Buch.

Schreibe nun an meinem zweiten, das soll heißen ‚In Bilgen, Bars und Betten'. Nun weißt du, warum ich auf deine Frage damals antworte: ‚Alles bares Geld.' Wenn du möchtest, kannst du es mal lesen." Ich las das Buch Seite für Seite, schüttelte öfters mit dem

263

Kopf. Ich kam zu folgendem Ergebnis: Das kann's doch nicht sein, das ist abartig, das Leben an Bord, die Begegnungen an Bord, alles sozialkritisch geschildert, viele erotische, fast pornographische Schilderungen, die ich zum Teil akzeptiere, hatte doch auch ich solche Vorkommnisse selbst erlebt oder mir glaubhaft schildern lassen. Ähnliches kann man ja in meinen Ausführungen in diesem Buch lesen. Ich finde jedoch einiges übertrieben und unrealistisch, wenn ich etwa an die Schilderung über das Abreißen des Zylinderdeckels lese: „...bricht das Eisen, abgerissene Haltebolzen, kindskopfgroße Muttern..." Kindskopfgroße Muttern? Umfang ca. 50 cm? Fragte mich: „Wie soll das praktisch gehen, wie können alle Gewindebolzen mit einem Durchmesser von 30 mm abreißen? Ich war der Meinung, dass er vieles erfragt und in seinem Stil, der mir gefiel, zu Papier gebracht hatte. Ich berichtete ihm von meinen Eindrücken. Es entwickelte sich eine lange Diskussion. Er gab zu, dass er einiges erfunden und zugedichtet hatte. „Ideen muss man haben, die richtigen Worte finden, egal in welcher Art und Weise", meinte er.

Als ich ihm sein Buch wieder zurückgab, erzählte ich ihm meine Story: Es war im Jahre 1962 auf dem Dampfer ARGO. In einem Gespräch mit dem Dunkyman Jimmy meinte dieser unter anderem: „Du bist ja schon wieder da, Valentin" und drehte sich mir zu. „Jimmy", fragte ich, „warum nennst du mich Valentin?" – „Ach, weißt du, auf meinem ersten Schiff als Heizer, ich glaube es war die PERGAMON, war ein Assi, der genau so neugierig und nett war wie du. Ich nenne sie in der Maschine alle nach dem was sie so tun, die Meister (er meinte die Wachingenieure), die Schmierer (er meinte die Assis)." Hein Bruns lachte: „Nun fahren auf RUTH DIETER zwei Mann mit dem Namen Valentin." - „Wie kamst du denn auf die Idee, Bücher zu schreiben?", wollte ich wissen. Er kannte die Seefahrt seit über 40 Jahren, zunächst als Kochsjunge und Decksjunge. Die überwiegende Zeit fuhr er in der Maschine als Kohlentrimmer, Heizer, Schmierer, auch auf verschiedenen ausländischen Schiffen sowie als Motorenwärter, Maschinen-Assi und später, als er das C3-Patent erworben hatte, als Wachmaschinist. Er war erheblich älter als ich, Geburtsjahrgang 1910. Er fuhr jetzt nur noch auf kleiner Fahrt. „In all den Jahren habe ich mir Notizen gemacht und geschrieben, geschrieben, meiner Frau gesandt, die mir maßgeblich dabei geholfen hat." Ich sollte Frau Bruns auch noch kennen lernen. Eines Tages kam sie an Bord und fuhr einige Wochen mit. Auf meine Frage: „Warum der Name ‚BABITONGA'?", meinte er: „Habe mehrere Reisen auf diesem Seelenverkäufer unter spanischer Flagge gemacht."

Seine Frau kam dann bald darauf an Bord und fuhr mit. Sie schrieb für ihn seine Manuskripte mit der Schreibmaschine. Er schrieb wieder, die ersten Texte für sein neues Buch ‚In Betten, Bars und Bilgen', als ich seine Frau aufsuchte. Wir unterhielten uns ausschließlich über seinen Stil als Schriftsteller. Ich trug ihr meine Meinung zu dem Valentin-Buch vor, kam auf den erotischen Teil zu sprechen. Ich merkte ihr an, dass sie auf dieses Thema nicht näher eingehen wollte. Mit einem knappen Satz hakte sie dieses Kapitel ab, meinte: „Wenn Hein diese Szenen nicht eingebaut hätte, wäre das Buch nie erschienen, hätte er keinen Verlag gefunden. Er bekam aber einen Tipp. Man riet ihm, es mit Erotik und Sex zu füllen und mit dem Verlag des Erotikvertriebs Beate Uhse in Flensburg Kontakt aufzunehmen. Das Unternehmen hatte einen eigenen Verlag für solche einschlägigen Bücher und Zeitschriften. So kam er an den Stephenson-Verlag. Die beiden Bücher wurden in den 1970er Jahren viel verkauft und gelesen und sind heute nur noch vereinzelt zu stattlichen Preisen antiquarisch erhältlich.

(‚In Betten, Bars und Bilgen' ist in Lizenz als Band **39** in dieser maritimen gelben Buchreihe erschienen.)

Als ich am 13. Februar 1968 abmusterte wurde er I. Maschinist, schenkte mir das Buch und versprach mir: „Wenn ‚In Bilgen Bars und Betten' erscheint, schicke ich dir ein Exemplar." Er hielt Wort. Leider bin ich nicht mehr im Besitz dieser Bücher, hatte sie mal verliehen und nicht wieder zurück verlangt, schade! Ebenso hatte ich ein Bild von ihm, aufgenommen in irgendeinem Hafen, als er mal wieder mit dem Fahrrad auf Erkundung war, habe es auch nicht mehr, ebenfalls schade!

In Schweden fuhr man im Jahre 1967 auf den Straßen noch links. Schweden war zu dieser Zeit noch das einzige Land auf dem europäischen Festland mit Linksverkehr. Die Regierung hatte aber beschlossen, im darauf folgenden Jahr den fast überall geltenden Rechtsverkehr einzuführen. So musste man beim Überqueren von Straßen umdenken. Das Problem kannte ich schon von Aufenthalten in Irland und England. In Larne hätte mich fast ein Auto erwischt. Ich hatte in die verkehrte Richtung geschaut, wie gewohnt nach links, sah nichts, ging los, verließ den Bürgersteig, da kam der Wagen von rechts direkt auf mich zu. Geistesgegenwärtig trat der Fahrer, als er mich sah, in die laut quietschenden Bremsen. Ich hatte noch einmal Glück gehabt. Für Autofahrer, die in Schweden mit Lenker auf der linken Fahrzeugseite am Straßenverkehr teilnahmen, konnte die Fahrt zu einer Qual werden. Man saß im Gegensatz zum Rechtverkehr auf der falschen Seite. Man musste den Blickwinkel ändern, musste sich nach rechts orientieren, denn der überholende Wagen kam rechts vorbei. Man hatte kein sicheres Gefühl mehr für das Fahrzeug. Als geübter Fahrer im Rechtsverkehr saß man leicht links von der Fahrspurmitte. So hielt man geübten

Abstand zum Fahrbahnrand (parkende Autos, Fußgänger, Mülltonnen. Im Linksverkehr führte dies dazu, dass man dem Fahrbahnrand - nun auf der linken Seite - zu nahe kam. Dies passierte fast unbemerkt. Fahrten mit einem mitschauenden Beifahrer waren hier von Vorteil. Die Bedienung der Gas- und Bremspedale waren spiegelbildlich angeordnet, vertat man sich, gab man Gas, anstatt zu bremsen. Die Umstellung beim Lenken des Fahrzeuges brachte anfänglich erhebliche Schwierigkeiten, weil man plötzlich umdenken musste. Lang eingeübte Fahrweisen waren nicht so schnell umzustellen. So bestand beim Abbiegen die Gefahr, auf der Straßenseite für den Gegenverkehr anzukommen. Zu beachten war auch, dass beim Linksverkehr trotzdem rechts vor links galt. Die Regel, dass Fahrzeuge im Kreisverkehr automatisch Vorrang haben, galt in Schweden damals schon. Es wurden dafür keine die Vorfahrt regelnden Schilder benötigt. Bei einer Straßeneinmündung von rechts konnte ein Fahrzeug im Rechtsverkehr einfach einbiegen, es hatte Vorfahrt vor dem von links kommenden Verkehr und musste den Verkehr von rechts nicht beachten, da es dessen Spur nicht kreuzte. Im Linksverkehr war die Situation anders: Bog das Fahrzeug links oder rechts ab, musste es immer auf den von rechts kommenden Verkehr achten.

Warum beschreibe ich dies so ausführlich? Nun, ganz einfach, meine Schwester Lore mit Schwager Walter fuhren eine Reise als Passagiere auf MS RUTH DIETER mit, wohnten neben Kapitän Waller in der Eignerkabine. In Stockholm bat Kapitän Waller meinen Schwager: „Herr Schröder, wollen wir uns mal die Gegend um Stockholm ansehen, eine Tour mit einem Auto unternehmen? Meinen Sie, dass Sie mit dem Linksverkehr klar kommen?" Mein Schwager sagte zu, meine Schwester hatte Bedenken. Sie diskutierte lange mit ihm, fragte mich um Rat. Ich gab ihr zu verstehen, dass sie keine Angst haben müsse. „Weißt du noch, damals 1953, als er mit seinem Motorrad zu uns kam? Er unterhielt sich lange mit Vater, selbst ein Motorradfan, erzählte ihm, dass er mit seinem Kumpel Ernst-August einen Motorradurlaub in Skandinavien, also auch in Schweden unternommen hatte." Ich hatte sie beruhigt. So starteten wir am nächsten Tag mit einem Mietwagen, auf Walters Wunsch mit einem Volkswagen-Käfer. Kapitän Waller hatte ihm Landkarten besorgt. Wir fuhren auf seinen Wunsch zum Mälaren-See westlich von Stockholm, dann zum Schloss Gripsholm.

Er lud uns zum Mittagessen ein, ich aß Fisch, Stinte. Es war eine schöne Fahrt durch eine herrliche Landschaft. Walter hatte sich schnell an den Linksverkehr gewöhnt, und meine Schwester war beruhigt. Kapitän Waller erzählte viel von Land und Leuten, kannte er doch Schweden durch seine lange Fahrenszeit ganz gut. Zum Abschluss besuchten wir noch in Stockholm den Vergnügungspark Tivoli. Am Abend saßen die beiden noch lange bei ihm in seinem Wohnzimmer. Er erzählte viel und lange, bot Bier und einen guten Schluck an, erzählte aus dem Leben der Kapitänsfamilie Waller und aus seiner Jugend. Es war spät, als man sich zurückzog.

RUTH DIETER war wieder auf See, auf Kurs nach Kiel. Der Wind frischte auf, das Schiff fing an zu schaukeln. Der Wind nahm zu, forderte seine ersten Opfer, erst wurde meine Schwester seekrank, dann erwischte es auch meinen Schwager. Noch war er aktiv. Lief mit seiner Kamera zum Vorschiff, wollte wieder filmen. Die ersten noch kleinen Brecher kamen. Wir standen auf der Brücke, sahen, wie er von der Gischt getroffen wurde, pudelnass lief er zurück, dann erwischte es auch ihn! Der Alte lächelte.

Im Hafen von Rotterdam gingen wir an Land. Mit von der Partie war Hein, Hein mit seinem Notizbuch. In der Kneipe traf der Alte einen Bekannten, den Kapitän des Kümos „BRAKE". Er stellte uns vor, sagte zu ihm: „Hinnerk, ich habe jetzt eine Köchin an Bord." Damit meinte er meine Schwester. Sie scherzten, der Alte erzählte eine Story, gemünzt auf seine Köchin, meine Schwester, Hein schrieb wieder, dachte: ‚Geld, bares Geld, so etwas kann man gut verkaufen'. Ich befürchtete, dass er sich wieder verwertbare Notizen für sein neues Buch machte.

Während meiner Fahrzeit fuhren wir natürlich auch im Winter in die Ostsee. Die Fahrten im Eis verliefen ähnlich wie die mit MS PHÖNIX und Dampfer ARGO. Das Schiff RUTH DIETER war nicht nach den Vorschriften gebaut, um eine Eisklassenzertifikation zu bekommen. Wir konnten lediglich im Treibeis fahren, wenn die Fahrrinne vom Packeis befreit war oder im Konvoi eines Eisbrechers.

Seit Tagen hatte ich Probleme, ziehende Schmerzen in der rechten Leistengegend. Ich sagte es Hein. Er meinte: „Ich schätze, das ist der Blinddarm, leg dich mal hin und zieh das linke Bein an, das Knie hoch!" Ich tat es, das Ziehen wurde stärker. Nun meinte er: „Das könnte der Blinddarm sein, das muss man untersuchen, du musst zum Arzt! Der kann platzen, platzen wie beim Schmierer Valentin auf der Reise von Hamburg nach Südamerika." Im nächsten Hafen ging ich zum Arzt. Das Ziehen war mal weg, mal kam es wieder. Als ich dem Arzt das erklärte, untersuchte er mich, tastete die Stelle ab, ich merkte es, sage: „Autsch!" Er meinte: „Nun, das könnte eine chronische Blinddarmreizung sein, wenn Sie zur See fahren, ist es das Beste, er wird entfernt." So entschloss ich mich, nach Hause, nach Bielefeld zu fahren, um ihn rausschneiden zu lassen. Am 9. Juni, einem Freitag, suchte ich meinen Hausarzt, Dr. Dorner, auf. Er untersuchte mich nochmals und überwies mich in das St.-Franziskus-Hospital, das Krankenhaus, in dem ich geboren worden war. Zu diesem Krankenhaus später mehr. Am Montag drauf rief ich dort an, konnte auch sofort kommen. Schon am nächsten Morgen sollte ich erscheinen. Wieder wurde ich untersucht. Man nahm mir Blut ab. Der aufnehmende Arzt empfahl ebenfalls eine Operation und meinte: „Übermorgen könnten wir das machen, ein kleiner Eingriff, schieben wir zwischen unsere anderen Termine."

Untergebracht war ich in einem großen Zimmer, einem umgebauten Wintergarten, die Außenwand nachträglich eingebaut. Zu Dritt lagen wir dort, neben mir an der Innenwand Opa Gottschalk, sollte am Bruch operiert werden. Opa Gottschalk, der ehemalige Straßenbahnfahrer hatte Halluzinationen, meinte er hätte die Kurbel seiner Bahn in der Hand, fuchtelte rum und murmelte irgendwelche Namen von Haltestellen. An der Stirnwand lag der alte Herr Brockmeier. Seine Prostata hatte es erwischt, er hatte Krebs. Das Pflegepersonal der Station C1, Chirurgische Männerstation wurde von einer Ordensfrau, der Nonne Maria Luthgeria vom Orden der Heiligen Franziskanerinnen aus Aachen geleitet. Ihre Mitstreiter waren die Krankenschwestern und Pfleger. Es hatte sich herum gesprochen, auch Männer können tratschen: „Auf Zimmer 35 liegt ein Seemann, der wird morgen am Blinddarm operiert." Man brachte mich in das Zimmer. Der vorherige Patient war gerade entlassen worden. Mein Bett wurde frisch von einem Pfleger und einer jungen Schwester bezogen. Ich grüßte die beiden, sie schauten mich an, unsere Blicke trafen sich. Ich lächelte der Schwester zu und meinte: „Das machen sie aber toll!" Sie wurde verlegen, errötete, ihr Blick traf mich. Ein Seemann auf unserer Station! Alle wollten mich sehen, am ehesten die Krankenschwestern. Der Frühdienst hatte Feierabend, es war vierzehn Uhr. Sie gingen nach Hause, die Schwesternschülerin Inge und die Schwester Ortrud. Inge meinte: „Morgen wird der Seemann operiert, habe ihn kurz beim Bettenbeziehen gesehen, wollte ihn sehen." Ortrud schmunzelte: „Na, und wie findest du ihn?" Inge errötete leicht: „Ich hatte mir einen Seemann anders vorgestellt, groß, schwarzhaarig, war etwas enttäuscht, als ich ihn sah."

Felix bekam den Auftrag, den Patienten für die Operation vorzubereiten. „Ich gehe zum Seebären", meinte er. Er rasierte meine Schamhaare, gab mir das Operationshemd mit der Bitte, es anzuziehen, und sagte: „Ab jetzt nichts mehr essen und trinken!" Er gab mir noch eine Schlaftablette. Ich schlief ein und träumte, träumte kreuz quer. Sah im Traum Gestalten, sah eine junge Frau, die mich küsste und meinte: „Ich will dich heiraten!" Sah das Gesicht der Schwester beim Bettenbeziehen. Träume sind Schäume! „Der erste Traum in einem neuen Bett wird Wirklichkeit", sagte mir mal ein Traumdeuter. Es kam der Morgen. Ich döste im Bett, als mich die Schwesterschülerin Inge mit meinem Bett in Richtung Aufzug schob. Ich nahm kaum noch wahr, dass mir einige Patienten alles Gute wünschten. Oben angekommen, blaffte sie der Narkosearzt an: „Solltest doch erst den Patienten mit dem Bruch holen, die Blinddarm-Operation kommt später an die Reihe!" So musste sie mich wieder runter karren. Endlich war dann ich an der Reihe. Im Vorraum bekam ich die Narkose.

Wurde irgendwann wach, musste mich erst orientieren. Wollte mich aufrichten, verspürte den Schmerz, es wurde mir klar: „Du bist ja operiert worden!" Durst hatte ich, gewaltigen Durst! Schellte, ein Pfleger kam, meinte auf meine Bitte: „Trinken erst in zwei Stunden!" Er befeuchtete meine Lippen. „Essen erst nach dem Stuhlgang!" erfuhr ich vom Pfleger Felix, als ich um Essen bat. Er hatte Mitleid, ich bekam einen Einlauf, konnte auf die Toilette und bekam mein Essen. Die erste Visite nach der Operation: Sie kamen, der Oberarzt, der Stationsarzt mit der Ordensschwester. Schauten in das Krankenblatt. Stationsarzt Stingel meinte: „Alles gut verlaufen, wurde Zeit, der Blinddarm war schon sehr entzündet, hätte plötzlich platzen können!" Ich denke: Gott sei Dank! Denke an Hein Bruns ,Schmierer Valentin'. Doktor Stingel schaute öfter nach mir, wenn er bei Opa Gottschalk und dem alten Brockmann vorbeischaute, etwa, als er mit dem Dr. Obernliesen, dem Urologen, kam. Der Doktor hatte in der Stadt eine Praxis und operierte hier seine Patienten. Er legte dem Alten einen neuen Katheder, kramte in seiner Kitteltasche, holte ihn raus, lagerte ihn zwischen einem Taschentuch und dem ausgedrückten Zigarrenstummel auf dem Nachttisch. Als Kinder sagten wir: ,Sand reinigt den Magen!' Macht Dreck steril? Dr. Stingel war neugierig, wollte etwas von der Seefahrt wissen. Ich zeigte auf mein Nachtschränkchen, auf das Buch vom Schmierer Valentin, sagte: „Nehmen Sie es mit zum Lesen, aber nicht an die Schwestern weitergeben, es ist nicht stubenrein, wenn das die Nonne zu sehen bekommt, gibt's Ärger! Er hat es gelesen, auch die Pfleger. Felix gab es mir wieder und meinte: „Oh Mann, oh Mann, ist ja ein halber Porno!"

Das Personal im Tagesdienst hatte Feierabend. Sie gingen heim, hatten den Feierabend verdient. Ich konnte wieder aufstehen, lief auf dem Flur auf und ab, sah die Schwesterschülerin, die mich zweimal in den Operationssaal fahren musste. Auch sie verließ die Station in ihrer blauen Arbeitskleidung mit Strickjacke und ihrem Schwesternhäubchen, unter dem Arm einen Korb. Ich schaute ihr nach, warum? War wohl Gottes Fügung. Pfleger Felix kam. Ich haute ihn an, fragte ihn: „Ist das eure Schülerin?" Er antwortete: „Ja, das ist Inge, eine ganze Liebe, armes Kind, die geht jetzt zwei Etagen höher, besucht ihre krebskranke Mutter."

Ich sah wieder Inge, grüßte sie. Errötend erwiderte sie meinen Gruß. Mit den Pflegern hatte ich guten Kontakt, besuchte sie in ihren Pausen. Sie unterhielten sich, Felix sagte zu Siggi, seinem Kollegen: „Gestern Abend habe ich mir Ortrud geschnappt, war immer schon scharf auf den heißen Feger. Sie war's aber auch!" Siggi meinte: „ Ach darum hängt ihr beiden in den Seilen, Ortrud geht ja fast auf dem Zahnfleisch." Siggi sprach mich an, hatte von Ortrud erfahren, dass Inge immer errötete, wenn von dem Seebären die Rede war. Sie hatte Ortrud gestanden: „Er gefällt mir, doch ich traue mich nicht, ihn anzusprechen."

Ich hatte Durst auf ein Bier, fragte: „Wo gibst denn hier so was?" Wolfgang antwortete: „Drüben auf der anderen Straßenseite im Laden." Ich beschloss, über den Hof dorthin zu gehen. Die Pfleger standen Schmiere, es durfte ja keiner erfahren. Genüsslich tranken wir, bis einer sagte: „Ach du Scheiße, die Nonne kommt!" Ich verschwand mit den Flaschen, versteckt in meiner Tasche, auf mein Zimmer.

Am nächsten Morgen war wieder Visite. Das Unglück nahm seinen Lauf! Man stand vor meinem Bett, der Oberarzt bückte sich über mich, wollte sich die Wunde ansehen. Seine Füße stießen gegen die Bierflaschen, polternd fielen sie um. Es gab ein Theater, ich bekam von der Nonne einen derben Anschiss! Dr. Stingel schaute zur Decke und griente schelmisch.

Die Zeit verging, der Tag der Entlassung kam. Ich verabschiedete mich, fragte nach Inge, bekam zur Antwort, sie sei zur Schule, hatte ja bald ihr Examen. Ich bat Ortrud, sie von mir zu grüßen und fragte: „Wann hat sie denn wieder Dienst?" - „Übermorgen hat sie Spätdienst", bekam ich als Antwort. Ich bat sie, Inge auszurichten, dass ich dann draußen ab zwanzig Uhr auf sie warten würde.

Als ich kam, hatte mich leicht verspätet, stand sie schon an der Pforte, lächelte mir zu und sagte: „Ich konnte schon eher von Station, war noch bei Mutter, aber sie schlief." Ich bedankte mich bei ihr, meinte: „Schön, dass du gewartest hast!" Viel Zeit hatte sie nicht, musste nach Hause, sich um ihren Vater kümmern, bat mich, sie zu begleiten. Die ersten Gespräche nahmen ihren Lauf, wir verabreden uns zu einem Treffen. „Ich komme!" versprach sie.

Sie kam! Gefönt und gestriegelt erschien sie am Treffpunkt in einem schlichten dunkelblauen Kleid mit weißem Kragen. Wir gingen in ein Café und unterhielten uns, erzählen von uns, jeder berichtete von sich. Jedenfalls musste ich doch einen guten Eindruck hinterlassen haben. Als ich sie bat: „Inge, ich möchte dich wieder sehen!" nickte sie: „Ja, warum nicht?" Ich holte sie regelmäßig vom Dienst ab. Die Patienten, deren Zimmer zur Straße lagen, sagten dann immer: „Schwester Inge, Ihr Freud wartet schon." Wir gingen, wenn sie ihren Haushalt gemacht hatte, gemeinsam spazieren. An einem schönen Nachmittag liebten wir uns das erste Mal. Es war abseits an einer einsamen Waldwiese.

Ich war wieder einsatzfähig für die Seefahrt. Am 10. September 1967 schrieb mich der Amtsarzt wieder gesund. Der Tag des Abschiedes kam. Inge hatte sich frei genommen. Ihr Vater, Oberstudienrat, war nicht da, war in der Schule, unterrichtete an einem Gymnasium. Ich war mit ihr alleine. Sie wollte mich zum Bahnhof bringen. Sie war traurig: „Peter du wirst mir fehlen, wie soll ich das alles schaffen? Ich versuchte sie zu trösten, es wurde mehr als ein Trösten, wir liebten uns noch mal lange und innig. Ich konnte sie verstehen. Musste sie doch zu Hause den ganzen Haushalt schmeißen, ihre schwerkranke Mutter besuchen, die bei ihr in der Klinik lag. Das Examen stand ja auch vor der Tür. Beim Abschied am Bahnhof hatte ich Inge versprochen: „Weihnachten möchte ich mit dir feiern, kann kommen was will."

In Göteborg stieg ich wieder ein. Hein Bruns überraschte mich gleich mit einer Neuigkeit: „Das ist ein Hammer, was der Alte vor hat! Die Schwingungen am Heck, die Risse in der Außenwand, sind die Folgen einer zu hohen Maschinenbelastung als Shelterdecker. Er überlegt nun auf Anraten der Werft sowie der Firma MAK ernsthaft, die Maschine auf unter 1.000 PS zu drosseln. Dadurch wird er auch nur noch einen Maschinisten mit C3 benötigen." Ich meinte nur: „Dann muss er erst mal einen von ins Beiden loswerden, warten wir es ab, dann gehe ich."

Ich erhielt Post von Inge. Sie schrieb unter anderem: „Mutter wollte nach Hause, wollte zu Hause sterben. Sie meinte: ,Meine Tochter kann mich auch pflegen, mir die Morphiumspritzen verabreichen'. Wenn meine Stationsschwester nicht soviel Mitleid mit mir gehabt hätte, wäre es auch so gekommen. Mir schien es unmöglich. Ich hatte doch genug um die Ohren, Vater versorgen und fürs Examen büffeln. Aber nun habe ich die Prüfung mit der Note gut bestanden.

Das Krankenhaus, wird mich auf Wunsch von Schwester Maria Luthgeria übernehmen. Ich soll dich auch schön von ihr grüßen. Mutter geht es von Tag zu Tag schlechter. Ich habe Sehnsucht nach dir! Dein Schatz Inge."

Am 27. September 1967 erhielt ich ein Telegramm, in dem sie mir den Tod ihrer Mutter mitteilte. Wir waren auf der Reise nach Rotterdam, Weihnachten stand vor der Tür. Ich fragte nun Hein: „Kann ich über die Feiertage nach Hause?" Hein Bruns meinte: „Fahr mal, ich bleibe an Bord, meine Frau kommt zu mir." Kapitän Waller sagte: „Vor dem zweiten Januar laufen wir nicht aus." Er fuhr auch nach Hause.

Am Bahnhof wartete mein Schatz Inge auf mich. Ich erkannte sie erst nicht. Sie lief auf mich zu, ich sah sie, hatte sich ihre Haare färben lassen: blond! Stand ihr gut! Wir fielen uns in die Arme. „Ich habe dir viel zu erzählen", meinte sie. So berichtete sie mir viel aus dem Klösterchen und von zu Hause, aber eines verschwieg sie mir. Sylvester wollte sie mit mir alleine sein, bat: „Lass uns ins Café im Bürgerpark gehen." Kaum saßen wir, sagte sie: „Schatz, ich bin schwanger! Ist das schlimm? Heiratest du mich? Bitte, bitte, sag ja!" Das musste ich erst verdauen. Zärtlich streichelte ich ihren Kopf, gab ihr einen Kuss und sagte: „Ja, auch ich liebe dich, aber ist dir klar, dass ich zur See fahre und öfters lange weg bin?" Sie schaute mich an und meinte: „Das ist mir klar, aber vielleicht findest du mal eine Anstellung in Bielefeld und bleibst dann für immer bei uns, bei mir und unserem Kind."

Wir verlobten uns. Am ersten Werktag des neuen Jahres, bevor ich nach Rotterdam fuhr, bestellten wir das Aufgebot. Der Beamte meinte, dass wir Mitte Januar heiraten könnten. In Rotterdam an Bord angekommen, ging ich zu Hein und berichtete ihm, dass ich nun Vater würde und wir in zwei Wochen heiraten wollten. Er meinte: „Dann kanst du doch abmustern und bei ihr bleiben." Er lachte, das Schlitzohr, wäre doch für ihn und den Alten ideal gewesen, er könnte bleiben und der Alte die Maschine drosseln. Aber noch wollte ich bleiben, obwohl mir seine Worte nicht aus dem Kopf gingen. Dachte aber: „Kommt Zeit, kommt Rat, noch fahre ich auf RUTH DIETER." Nun ging ich zum Alten und berichtete ihm, dass ich heiraten wollte, die Trauung würde ungefähr Mitte Januar stattfinden. Er maulte sich was in den Bart, meinte: „Schon wieder Urlaub, ja wenn's denn sein muss!"

Am 16. Januar 1968 war ich wieder zu Hause. Wir kaufen uns die Eheringe und Inge und mir Kleidung für die Hochzeitsfeier. Inge konnte nicht in weiß heiraten, ihre Mutter war noch nicht mal vier Monate tot. Am 18. Januar heirateten wir. Der Standesbeamte sagte: „Der 18. Januar ist in der deutschen Geschichte ein wichtiger

Tag, am 18 Januar 1871 wurde das Deutsche Reich gegründet, möge dieses ein gutes Ohmen für Ihre Ehe sein, die ich nun schließe." Es war ein gutes Ohmen, denn im Jahre 2008 sind wir nun vierzig Jahre verheiratet.

Hochzeit Inge mit Peter Geurink

Am 20 Januar hieß es wieder Abschied zu nehmen, wieder wegzufahren, wieder an Bord der RUTH DIETER zurück. Sie lag mittlerweile in Göteborg. Ich hatte vor der Abreise meine Frau und meinen Schwager Walter gebeten, die Stellenangebote der Bielefelder Tageszeitungen zu lesen. „Ich bin ja bald wieder da!" Die Stimmung an Bord war nicht mehr gut. Die Rivalität begann, immer unter dem Wunsch des Alten: „Ich will die Maschinenleistung drosseln, einer von den Maschinisten muss weg!" Ich suchte ein Gespräch mit Herrn Waller. Es endete mit meinen Worten: „Dann mustere ich eben ab, mit C4 finde ich immer ein neues Schiff!" Am 13. Februar 1968 verließ ich in der Schleuse Brunsbüttelkoog das Schiff. Inge und mein Schwager holten mich ab.

Mein letztes Schiff

Die Möglichkeit, in Bielefeld eine meiner Ausbildung gemäße Stellung zu finden, war zunächst unmöglich. Ich hatte auch keine Lust, wieder am Schraubstock zu stehen, wie während meiner Lehrzeit bei der Firma Maier. Hier hätte ich sofort wieder anfangen können. Schnell zerschlugen sich die Hoffnungen, einen vernünftigen Job an Land und dann noch in Bielefeld zu bekommen. So blieb mir nichts anderes übrig, als wieder zur See zu fahren. Ich besprach das mit Inge, sie gab mir recht und meinte: „Dann musst du leider wieder zur See, aber wenn ich Ende Juni entbinde, Schatz, dann musst du auf Urlaub kommen, ich möchte, dass du dann unser erstes Kind siehst."

***

So entschloss ich mich, in Hamburg wieder in der Admiralitätsstraße anzurufen. Der alte Sachbearbeiter war nicht mehr da, ich sprach also mit einem Nachfolger und trug ihm mein Anliegen vor: „Ich suche ein Schiff als Wachingenieur in der kleinen Fahrt. Ich besitze das Patent C4. Er suchte und meinte: „Die Reederei Bolten sucht für das Fährschiff „GÖSTA BERLING" der TT-Linie einen Wachingenieur mit dem Patent C4. Rufen Sie dort mal an!" Ich legte auf und sprach dann mit der Reederei (genaue Firmierung: Aug. Bolten Wm. Miller's Nachfolger (GmbH & Co.) KG), erfuhr, dass das Schiff zurzeit in Lübeck liege und die Stelle noch zu haben sei. So fuhr ich am 20.02.1968 nach Hamburg, erledigte die Formalitäten und fuhr weiter nach Lübeck in die Flender-Werft, wo ich am Abend eintraf.

Motorschiff GÖSTA BERLING – Fährschiff

Motorschiff GÖSTA BERLING – Fährschiff
Reederei: Travemünde-Trelleborg-Linie - TT-Linie
Baujahr: 1962 - bei der Hanseatischen Werft Hamburg

Baunummer 18 als „NILS HOLGERSEN"
Am 12.01.1966 umgetauft auf den Namen GÖSTA BERLING
Heimathafen: Lübeck
Unterscheidungsmerkmal: DKMX
Abmessungen: 110 m Länge, 15,27 m Breite, Tiefgang: 4,48 m
Vermessung: 3.843 BRT - 810 dwt.

In Lübeck auf der Werft angekommen, meldete ich mich beim Chief, der mich dem anderen Wachingenieur vorstellte. Ich sollte als Zweiter, II. Wachingenieur fahren.

Unsere Kabinen befanden sich oben auf dem Brückendeck nahe des Schornsteins. Auf der Steuerbordseite wohnten die drei Wachingenieure. Es führte ein Aufzug nur für Besatzungsmitglieder bis in die Unterdecks, so auch in das Deck der Oberstation des Maschinenraumes. Der Fahrstand befand sich abgekapselt in einem separaten Raum am Kopfende des Maschinenraumes. Nur bei Manövern mussten wir zum Fahrstand am Kopfende der Maschinen. „Ist gut so", meinte mein Kollege, „im Vollbetrieb sind die Maschinen sehr laut." In den nächsten Tagen machte ich mich mit den Einrichtungen im Maschinenraum und den anderen technischen Anlagen vertraut.

Technische Daten: 2 Hauptmaschinen - 12-Zylinder-Zweitakt-Tauchkolben-Dieselmotoren, Fabrikat: Pielstick, Hersteller Ottenser Eisenwerke, Hamburg, Leistung je Maschine 3.600 PS. Kraftübersetzung auf eine Schiffswelle mittels Vulkan-Getriebe, Drehzahl der Welle ca. 320 U/min. Reisegeschwindigkeit 19 Knoten.

Fährschiff NILS HOLGERSEN mit offener Heckklappe

Man zeigte mir die Lüftungsanlagen, die Standorte der Lüfter, die CO2-Feuerlöschanlage, die große Küche mit den Kühlhäusern, bis wir schließlich in den so genannten Laderaum kamen, den Stellplatz für die Fahrzeuge. Die Ladekapazität belief sich auf 200 Lastmeter. Die Fahrzeuge, bis maximal 145 Stück je nach Größe, wurden über das Achterschiff beladen. Ich schaute mir die pneumatische Verschlussanlage der Heckklappe an. Die Fahrzeuge fuhren über die je nach Höhe des Schiffes zur Ladepier abgesenkte Klappe in zwei Stellfelder ein. Zwischen diesen lagen das Treppenhaus und der Motorenschacht.

Maschinenraum

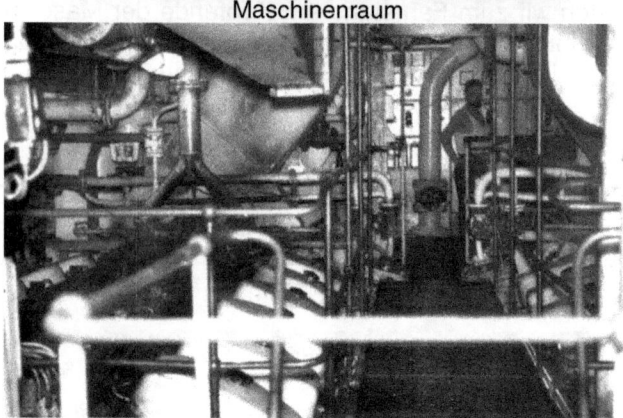

Lübeck, die Hafenstadt an der Trave, ca. 20 Kilometer von Travemünde entfernt im Landesinneren. Lübeck, eine alte Hansestadt, gegründet um das zwölfte Jahrhundert mit vielen Sehenswürdigkeiten, wie das Holstentor, das Rathaus und die alten gotischen Backstein-Kirchen. Erinnerungen an Zeiten der Hanse, der berühmten Kaufmannschaft, wie die der Buddenbrooks. Lübecks „Sündige Meile" war nicht all zu groß. Nur ein bis zwei abschüssige Straßen mit Kopfsteinplaster in der Altstadt im Bereich des Kornmarktes. Hier ging der Seemann ein und aus, hier waren seine Sehenswürdigkeiten, die Pinten und Bordelle mit den roten Beleuchtungen, so auch die Kneipe ‚Zum Störtebecker'. Eine finstere Kaschemme, der Boden war mit Sägespänen bestreut. Morgens vor dem Öffnen wurde aller eingetretener Schmutz sowie die von dem Bier durchtränkten Sägespäne gegen neue ausgetauscht. Das übliche Trara, leiernde Musikboxen, Gegröle, Zigarettenqualm, hin und wieder Handgreiflichkeiten, Raufereien. Die grell geschminkten, aufgetakelten und spärlich bekleideten Bordsteinschwalben gingen ein und aus, animierten die Sailors, törnen sie an, versprachen Liebe, Liebe für Geld. Liebe für Geld, immer das bekannte Ritual. Ich verließ die Kaschemme, dachte: „Das ist nicht mehr dein Ding", es kotzte mich jetzt an. „Ich hatte mir vorgenommen, mit keiner anderen Frau mehr zu schafen. „Das kann ich Inge nicht antun. Sie ist alleine und schwanger, und ich treibe es mit Nutten?" Das war jetzt meine Meinung. Ich fand es nun nicht mehr gut, wenn verheiratete Seeleute so etwas tun.

In der Werft wurden auch die beiden Hauptmaschinen überholt. Die Zweitakt-V-Motoren, ein anfälliger Maschinentyp, bekamen neue Steuerwellen für die Brennstoffpumpen sowie neue Kurbelzapfenlager. Der V-Motor war eine Bauform eines Verbrennungsmotors, bei dem die Zylinder oder auch Zylinderbänke im Winkel um 90° zueinander geneigt und etwas versetzt angeordnet waren. Bei V-Motoren befanden sich die Pleuelstangen der gegenüberliegenden Zylinder an der selben Kurbelwellenkröpfung. Einer der hauptsächlichen Vorteile des V-Motors war seine geringe Baulänge und die halbierte Anzahl an Kurbelwellenkröpfungen im Vergleich zum Reihenmotor. War ein V12-Motor doch nur unwesentlich länger als ein Reihenmotor mit sechs Zylindern. Während normalerweise die weißen Schwäne der Ostsee - so wurden die Schiffe der TT-Linie immer genannt - zwischen Deutschland und Schweden ihren Dienst versahen, war dieses bei der NILS HOLGERSEN I anders. In ihrer fast 38jährigen Geschichte kam sie nur fünf Jahre in diesem Dienst zum Einsatz. Der Rest war ein ewig wechselnder Charter-Einsatz und Namenswechsel.

Einsatzgebiete: Als NILS HOLGERSEN bis 12.01.1967 und als GÖSTA BERLING bis 6.03.1967 auf der Linie Travemünde – Trelleborg. Ab 6.03.1967 bis Oktober 1967 wurde sie verchartert an die Compagnie du Car-Ferry und als „L'ESCAPADE" auf der Route Toulon – Marseille – Porto Torres (Sardinien) eingesetzt, anschließend wieder umbenannt in GÖSTA BERLING und in Travemünde aufgelegt.

Am 3. März lief GÖSTA BERLING aus Travemünde aus. Das Schiff soll die „PETER PAN" ablösen, die in die Werft musste. So fuhren wir stellvertretend die Route Travemünde – Trelleborg und zurück. Dies war ein Straßenbahntrip ohne Liegezeiten. Außer Kraftfahrzeugen mit ihren Insassen fuhren auch Einzelreisende, überwiegend Schweden mit. Sie nutzten die Möglichkeit, alkoholische Getränke einzukaufen. Einzelne tranken gleich an Bord, soffen bis zum Exzess. Eines Tages, ich prüfte im Passagierteil in den Gängen und Treppenhäusern die Feuermelder, hatte mir extra einen neuen weißen Overall angezogen, kam mir ein volltrunkener Passagier torkelnd entgegen. Er musste sich übergeben, und mein Overall wurde sein Opfer. In Travemünde ging eine Schulklasse Gymnasiasten von Bord, wollten zu einer Klassenfahrt nach Deutschland, trugen, als sie von Bord gingen, ihren besoffenen Pauker, er konnte nicht mehr gehen.

Mitte März 1968 begann unsere Reise ins Mittelmeer. Wir fuhren mit der Stammbesatzung von 26 Mann. Das Schiff wurde wieder an die Compagnie du Car-Ferry in Toulon zur Bedienung der Route Toulon – Porto Torres (Sardinien) - Palermo (Sizilien) verchartert.

Diese Charter war auch wieder von kurzer Dauer, so dass das Schiff im Oktober 1969 wieder als GÖSTA BERLING in Travemünde aufgelegt wurde.   Bis zu ihrer Verschrottung, zu der sie am 21.07.2000 in Indien eintraf, war sie noch mehre Male verchartert und unter diversen Namen wie: „SARDAIGNE", wiederum L'ESCAPADE, nochmals GÖSTA BERLING, danach „MARY POPPINS", „SAMAINA" und letztlich „SAMA 1" weltweit eingesetzt.

GÖSTA BERLING lief aus, Kurs Toulon, das Schiff wurde umgetauft auf L'ESCAPADE.

Den Dienst in der Maschine versahen drei Ingenieure, der Chief sowie zwei Wachingenieure im Dienstrang II. Ing. sowie drei Ingenieurassistenten, ein Motorenwärter, ein Elektriker sowie ein Storekeeper und drei Schmierer. Beim Ein- und Auslaufen, (Manöverfahrt) mussten die Fahrstände mit je einem Ing. und einem Assi besetzt sein. Die Maschine wurde, wie zu dieser Zeit üblich, über den Maschinentelegraphen gefahren. Bei normalem Seebetrieb wurden zwei Wachen von jeweils sechs Stunden mit je einem Wachingenieur und zwei Assistenten gefahren. Ich hatte die so genannte Hundewache von 00:00 Uhr bis 04:00 Uhr und von 12:00 bis 16:00 Uhr. Der Chief ging keine Wache, lediglich bei Manöverfahrt bediente er die STNB-Maschine. Die Wartungs- und Reparaturarbeiten versahen der Motorenwärter, der Elektriker, sowie der Storekeeper mit den Schmierern im Tagesdienst von 08:00 bis 17:00 Uhr.

Die Fahrt gestaltete sich etwas schwierig. In der Biscaya erwischte uns der zu dieser Jahreszeit übliche mehr oder weniger starke Sturm. Obwohl alles bewegliche Mobiliar in den Speisesälen nach unserer Meinung gut verzurrt war, löste es sich. Zudem kam es durch die Fenster auf der Stirnseite in Höhe des Hauptdecks auf Grund der hohen Wellen zu mehreren Wassereinbrüchen. Dies war der Grund für das verspätete Eintreffen im Bestimmungshafen.

Toulon, die Hauptstadt des französischen Departments Var, liegt an der Mittelmeerküste im Ligurischen Meer rund 70 km südöstlich

von Marseille. Hier stieg die französische Besatzung, das Service-
Personal zu.

L'ESCAPADE

NOM :   Geurink

Prénom :   Rolf

Date et lieu   1.6.4?

de naissance : Bielefeld

Adresse :

Fonction à bord : 2. Engineer

SURETE NATIONALE
RENSEIGNEMENTS GÉNÉRAUX
· DE TOULON

Schiffsausweis L'ESCAPADE

Unsere mitgefahrenen Stewards und der Koch musterten ab und
fuhren nach Deutschland zurück. Wir bekamen das Essen aus der
Hauptküche, französische Kost, die zum Teil nicht unseren Ge-
wohnheiten entsprach. Eines Mittags gab es Kaninchenbraten mit
Kopf. Uns verdrehte es den Magen. Wir schrieben einen bösen
Brief an Frau Bolten. Sie war zuständig für die Sorgen und Nöte der
Besatzungsmitglieder. In Toulon lagen wir noch einige Tage, der
Fahrplan musste noch überarbeitet werden. Ich ging als erstes an
Land und rief zu Hause an. Inge kam gerade vom Dienst.

„Nutzt die Liegezeit zum Landgang aus! Wenn wir mit dem Fährdienst beginnen, ist das vorbei. Ich habe den Fahrplan gesehen,
mehr als zwei bis drei Stunden Liegezeit in Toulon ist nicht drin",
meinte der Alte. So gingen wir an Land, in die Kneipen, die Bistros
der Altstadt. Hier saßen die Franzosen, meistens Männer. Sie beteiligten sich an Pferderennen. An einer Tafel sahen sie die Wett-
rennen, setzten auf ihre Favoriten. Das Rennen begann, man gewann. Wir mischten mit, zunächst mit kleinen Einsätzen. Die Ein-
sätze wurden erhöht, die Spielsucht hatte uns erwischt. Man trank
Rotwein und Pastis, ein hochprozentiges Alkohol-Getränk, hergestellt aus Anis.

Anis wird auch heute noch zur Herstellung von alkoholischen Ge-
tränken, wie etwa Raki, Ouzo, Pastis und auch Pernod verwendet.
Die einjährige Anispflanze wird etwa 25 bis 60 cm hoch. Der Stängel ist aufrecht und leicht behaart. Die Blätter sind herzförmig rund-
lich und am Rand eingeschnitten, wie gesägt. Die Früchte, die im

August / September geerntet werden können, wenn die Stängel gelb werden, sind 3 mm lang, eiförmig und mit grauen Härchen überzogen. Ursprünglich im östlichen Mittelmeerraum beheimatet, wird Anis heute weltweit in Gebieten mit dem benötigten Wachstumsklima angepflanzt. Man sagt Pastis nach, dass Stunden nach dem Konsum das Alkoholempfinden durch Trinken von Wasser wieder aufgefrischt wird. Pastis wird traditionell mit (Eis-)Wasser (5 - 6 Teile Wasser auf einen Teil Pastis) getrunken. Die dabei auftretende Verdünnung sorgt dafür, dass zuvor im Alkohol gelöste ätherische Öle unlöslich werden. Die Farbe des eigentlich dunkelgelben bis bronzefarbenen Schnapses schlägt bei Zusatz von Wasser in ein opales, zierendes, milchiges weißgelb um. Die gelbe Farbe von unverdünntem Pastis ist auf künstliche Farbstoffe zurückzuführen. Wir tranken es pur, die Wirkung setzte ein. Pastis ist ein Teufelszeug. In großen Mengen regelmäßig getrunken, soll es impotent machen.

Der Alkohol zeigte seine Wirkung, volltrunken wankten die ersten zum Schiff. Es war schon dunkel, einer achtete nicht, wohin er latschte und landete im Hafenbecken. An Bord soffen sie weiter. Der Motorenwärter ging an Deck auf und ab, zog an einer Schnur sein Kofferradio hinter sich her, aus dem Musik ertönte, meinte es wäre sein Hund. Er fluchte: „Pfiffi halt's Maul!" Der konnte es nicht halten, war ja kein Hund. Der Motorenwärter drehte durch, erfasste die Schnur, wirbelte das Radio durch die Luft, es landete im Hafenbecken. Er lallte: „Endlich hält das Viech die Klappe!" Das zweite Opfer des Pastis landete im Bach.

Das Schiff lief aus mit Kurs Porto Torres. Die Ladefläche war kaum gefüllt. Porto Torres (Pòrtu Tòrres) ist eine Stadt im Nordwesten der italienischen Insel Sardinen. Porto Torres liegt am Golf von Asinara gegenüber der gleichnamigen Insel. Die Stadt war ein wichtiger Hafen für den Passagierverkehr mit Genua, Toulon und Marseille.

Nach wenigen Stunden Liegezeit hieß es wieder: Leinen los, auf nach Palermo!

Palermo ist die Hauptstadt der italienischen Region Sizilien und Hauptstadt der Provinz Palermo. Die Stadt liegt eingebettet in einer Bergwelt. Vom Hafen aus verkehrten Autofähren u. a. nach Sardinien, Genua und Neapel. Weiter gab es Schiffsverbindungen nach Tunesien, Algerien und Malta. In Palermo lagen wir über das Wochenende. Wir beschlossen, uns ein Auto zu leihen, um uns die Umgebung anzusehen.

Sowohl auf der Hin- als auch auf der Rükreise war die Ladefläche niemals voll ausgebucht. So spielten wir im Autodeck Federball. Auf einer Rückreise nach Toulon kamen wir in den berüchtigten Mistral, den gefährlichen Sturm dieser Region. Der Sturm erwischte uns von achtern.   Die Wellen überrollten das Bootsdeck, zwei Rettungsboote spülte er weg.

ESCAPADE im Hafen von Monaco

Blick von See auf Monaco

Am 1. Juni 1968 liefen wir in Monaco ein.   In Toulon wurde seit Tagen gestreikt, auch die L' ESCAPADE war betroffen.   Kein Auto durfte an Deck.   So entschloss sich unser Kapitän, auszulaufen mit Kurs Monaco.

Vor der Abreise nach Monaco schrieb ich Inge noch einen Brief. Wir liefen in Monaco ein.   Sollten laut Auskunft des Lotsen das größte Schiff sein, das bis dato in diesen Hafen einlief.

Ich hatte Geburtstag, wurde 27 Jahre alt.   Ich schaute mir die Stadt an.   Sah die Spielbank, sah oben auf dem Berg das Schloss, den Wohnsitz des Fürsten, lief die berühmte Autorennstrecke ab und dachte an zu Hause, hatte Heimweh nach meiner Frau Inge.   Mir war klar, dass ich unter normalen Umständen nicht zur Entbindung werde heimkommen können, es sei denn...

Ich dachte an meine Zeit auf der EHRENFELD, als ich mit dem Ellenbogen meines linken Armes Probleme bekam.   Dachte: Versuchs doch!   Sage, du bist hingefallen, kannst den Arm nicht mehr bewe-

281

gen, dann müssen sie dich nach Hause lassen. In Toulon fing ich an zu simulieren, klagte über starke Schmerzen, bewegte den Arm nicht. Dann müssen sie mich zum Arzt schicken! Wenn der mein Ellenbogengelenk röntgt, habe ich vielleicht Chancen!

Der lang ersehnte Brief von Inge kam, erreichte mich wieder in Toulon. Sie teilte mir unter anderem mit: „...Wir haben jetzt eine Wohnung in der Stapenhorststraße über dem Milchladen. Ich hatte erfahren, dass da eine Wohnung leer steht, eine drei Zimmerwohnung, ein Wohnzimmer, zwei Schlafzimmer, eine große Küche sowie Bad mit WC. Als ich vom Dienst kam, hatte der Hauswirt schon bei Vater angerufen. Ich bin sofort hingegangen, habe sie mir angesehen und sofort den Mietvertrag unterschrieben. Nun haben wir eine Wohnung. Kaufe jetzt mit Walter die notwendigen Möbel. Walter renoviert schon die Wohnung. Wenn Du bald kommst, ist sie fertig."

Ich habe sie dann sofort angerufen: „Das finde ich gut, du bist Klasse!" Später berichtete sie mir, sie habe danach geweint, war fix und fertig, dachte: „Der hat es ja gut! Alles überlässt er mir! Gut, dass der Mann meiner Schwägerin Tischler und Lagerist bei Quelle war. Im Brief las ich weiter: „Möbel, Tapeten, eine Kücheneinrichtung und der Teppichbelag mussten her. Je mehr ich sah, je unschlüssiger wurde ich. Wer die Wahl hat, hat die Qual. Am Ende habe ich mich meistens für das erste Teil entschieden. Ich brauchte ihm nur meine Vorstellungen offerieren, nach dem Motto: Mach mal! Abends nach Dienstschluss oder nachdem er Feierabend gemacht hatte, werkelten wir in der Wohnung. Hin und wieder schaute auch mein Vater vorbei und meinte zu mir: ‚Du hast ja unentdeckte Talente. Schade, dass ich das nicht früher gewusst habe, sonst hättest du ja auch meine Wohnung renovieren können.' Gut, dass er das nicht früher gemerkt hatte, sonst wäre ich womöglich als Renoviererin noch in seinem Kollegenkreis rumgereicht worden. Nach und nach entstand ein wohnlicher Raum nach dem anderen."

Sie war richtig stolz auf ihre Leistung zusammen mit meinem Schwager Walter, der sie unterstützte, wo er nur konnte. Das schaffte sie alles wenige Wochen vor der Entbindung. Ich telefonierte öfters, wollte noch mehr zu unserer ersten Wohnung wissen. Immer bekam ich die selbe Antwort: „Von mir erfährst du nichts mehr, soll eine Überraschung werden. Wann kommst du nun? Der Arzt meint, Ende Juni ist es so weit."

Nach Beendigung des Streiks fuhren wir wieder nach Toulon, luden und begannen wieder mit unserm Fährdienst. Die Zeit verrann. Ich musste nun meinen Plan beginnen, sonst würde ich nicht pünktlich nach Hause kommen. So begann ich, wie ich es mir ausgedacht hatte, wurde Schauspieler, Komödiant. Während der Seewache kurz vor Ende ließ ich mich hinfallen, fiel auf meinen linken Arm, blieb bewegungslos liegen und rief nach meinem Assi. Als er kam, half er mir hoch. Ich stöhnte: „Mein Arm, mein Ellenbogen schmerzt, kann das Gelenk kaum bewegen!" Immer wieder diese Worte, auch in meiner Kabine, als der Chief kam. Auf seine Frage: „Was ist mit dem Arm, dem Ellenbogen?" erzählte ich ihm die Geschichte, wie bereits schon beschrieben. Kapitän und Chief glaubten mir, schickten mich in Toulon ins Krankenhaus. Ärzte kamen, röntgten das Gelenk, sahen sich die Bilder an, unterhielten sich, schauten mich an, schüttelten mit dem Kopf, fingen an, mir etwas auf Französisch zu berichten, merkten, dass ich sie nicht verstand und holten einen Dolmetscher. Dieser übersetzte die Diagnose, meinte: „Alter Bruch, hatten Sie denn öfters Beschwerden?" Wieder die Story: Damals als Kind..., vor ein paar Jahren..., und, und, und. Ich laberte ihn zu. Die drei unterhielten sich. Eine neue Frage nach meiner Meinung: „Wollen Sie nach Hause, nach Deutschland? Wir können den Arm jetzt nur mit einem Gipsverband ruhig stellen." Ich willigte ein, dachte: Sollte es wirklich klappen? Kannst du nun nach Hause? Es klappte, der Chief nahm es zur Kenntnis. Der Alte aber nicht, er meinte, ich simuliere. Ich sagte: „Ich markiere nicht, die Probleme mit meinem alten Bruch sind in der Gesundheitskarte vermerkt." Er nahm diese Karte mit der Bemerkung: „Die sende ich nach Hamburg zur Seeberufsgenossenschaft. Sie können abmustern!"

Ich bekam meine Fahrkarte und fuhr am 20. Juni 1968 nach Hause. Es wurde eine lange Fahrt. Der Zug verließ den Bahnhof von Toulon. Der Gipsverband störte mich, ich hatte Angst, dass das Gelenk steif werden könnte, trug ihn schon den dritten Tag. Ich begab mich aufs WC, entfernte ihn und warf ihn aus dem Fenster. Nach mehrmaligem Umsteigen war ich am 22. Juni gegen Mittag in Bielefeld. Am Bahnhof kaufte ich einen riesigen Blumenstrauß mit roten Rosen, ging anschließend zum Münztelefon und rief an. Inge meldete sich. Ich teilte ihr mit: „Hallo Schatz, ich bin hier am Bahnhof und in ein paar Minuten zu Hause. Ungläubig antwortete sie: „Wo bist du? Am Bahnhof? Ist das wahr?" Dann jubelte sie laut vor Freude. Ich legte auf, ging in Richtung Taxi. Neugierig und voller Sehnsucht kam mir die Fahrt von nur fünf Kilometern wie eine Ewigkeit vor. Angekommen, verließ ich das Taxi. Sie stand schon in der Haustür. Wir fielen uns in die Arme, sie weinte vor Freude, ich rang mit den Tränen.

Sie zeigte mir stolz die Wohnung. Ich war sehr überrascht, wie wohnlich sie diese eingerichtet hatte. Sie meinte: „Schatz, da fehlt noch einiges, das möchte ich mit dir zusammen kaufen." Es wurde ein langer Abend, wir hatten uns viel zu erzählen. Ich beichtete ihr, dass ich niemals Urlaub bekommen hätte und deshalb eine Verletzung am Arm vorgetäuscht habe. Ich erfuhr, dass der Frauenarzt, Ende des Monats mit ihrer Niederkunft rechnete.

„Nun, Liebling, möchte ich wissen wie lange du bleibst? fragte sie mich. Ich schmunzelte und erwiderte: „So lange, wie du willst!" Ich ging in die Abstellkammer, holte einen Hammer, einen dicken Nagel, schlug diesen in den Putz. Holte einen Bindfaden und mein Seefahrtbuch und befestigte es an dem Nagel. Inge schaute verdutzt, schüttelte mit dem Kopf, lachte und fragte: „Was soll das denn?" - „Was das soll? Schatz, hiermit hänge ich die Seefahrt an den Nagel! Das war's, ich bleibe für immer bei dir!" meinte ich.

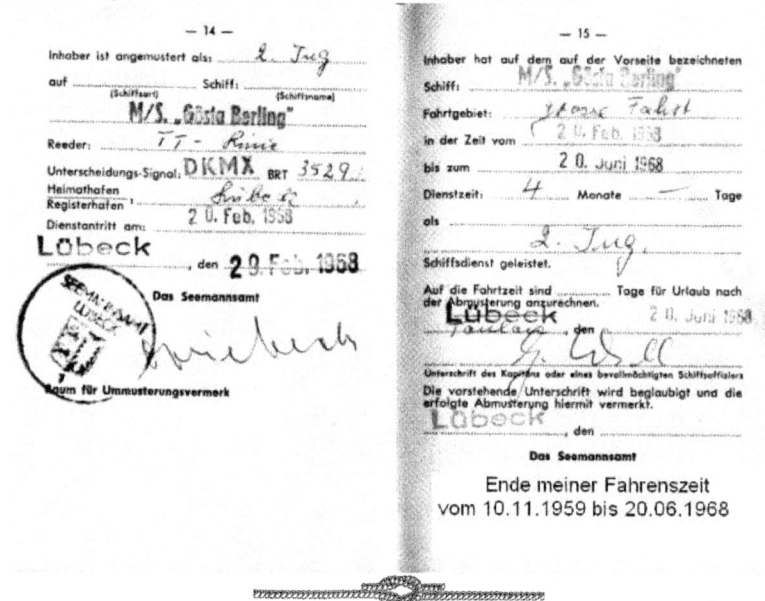

Ende meiner Fahrenszeit
vom 10.11.1959 bis 20.06.1968

Vom Seemann zur Landratte

„Ich bleibe so lange bei dir, wie du möchtest, ich hänge die Seefahrt an den Nagel!" Ehrliche Worte, aber leichter gesagt, als getan! Eine schwere Zeit kam auf mich zu. Ich hatte es bereits geahnt. Die Umstellung fiel mir verdammt schwer! Ich merkte es schneller, als vorher vermutet. Ich wurde nachts wach, schreckte auf, alles war so ruhig, kein Motorengeräusch, ein großes Schlafzimmer, neben mir schlief ein Mensch, meine Frau. Die Enge erdrückte mich! Der andere Tagesrhythmus: Ich war tagsüber müde, wurde nachts wach, meinte, ich müsse auf Seewache. Inge merkte es, baute mich wieder auf. Wir gingen spazieren, besuchten Bekannte. Ich erzählte von meiner Seefahrt, musste mich bremsen, ich merkte, ich bekam wieder Sehnsucht, sagte mir: Reiß dich am Riemen! Halte durch, das vergeht wieder! Der Gang in die Stadt, das Einkaufen, die Preise in deutscher Währung, das Drumherum, alles war für mich Neuland. Ich suche Abwechslung, half im Haushalt, es lenkte mich ab. Wir gingen ins Kino. Immer fragte Inge: „Peter, hast du noch einen Wunsch?" Ich dachte an die Zukunft, benötigte dringend einen Job! Noch hatten wir Geld, Inge hatte gespart, mein Verdienst war nicht schlecht gewesen, verdiente zuletzt 1.500 DM bei freier Verpflegung und Unterkunft, jeden Monat bekam sie 1.200 DM von der Reederei überwiesen und verdiente auch noch selber etwas.

Wir beide waren wieder in der Stadt, um einzukaufen. Wir gingen durch die Bahnhofstraße und kamen an einer großen Baustelle vorbei. „Hier wird ein Kaufhaus errichtet", meinte sie. Ich las am Bauschild: „Hier baut die Kaufhalle. Zur Eröffnung im August 1968, benötigen wir noch Personal. Wir suchen: Verkaufspersonal, Köche, Schlachter… sowie einen Hausmeister. Umfangreiche Kenntnisse und Erfahrung mit technischen Anlagen sind Vorrausetzung. Interessenten mögen sich unter folgender Telefonnummer melden…" Inge las mit, meinte: „Schatz, das wäre doch etwas für dich!" Ich notierte mir die Telefonnummer und meinte: „Wenn wir zu Hause sind, rufe ich sofort an.

Der Anruf war erfolgreich, schon wenige Tage später hatte ich ein Vorstellungsgespräch in einem Bauwagen auf dem Gelände. Der technische Außenrevisor war von der Zentrale aus Köln gekommen. Das Gespräch dauerte kaum eine Stunde. Er beendete es mit den Worten: „Sie können sofort anfangen." Ich war glücklich, der Verdienst war erst mal Nebensache. In dem Vertrag, der schnell eintraf, war er mit 1.200 DM brutto festgeschrieben.

Das Ende der Schwangerschaft nahte. Am 28. Juni gegen Mittag, ich kam gerade vom Einkaufen, saß Inge in der Küche, sie war dabei, Gewürzgurken zu waschen, wollte sie einlegen. Dazu kam sie nicht mehr, sie bat mich: „Schatz, rufe ein Taxi, es geht los! Die Fruchtblase ist geplatzt!" Wir fuhren ins Krankenhaus, in das St. Franziskushospital, ins Klösterchen, in dem ich wie geschildert, meine Inge kennen gelernt hatte. Angekommen, begab sie sich auf die Wöchnerinnen-Station, wurde, da sie Mitarbeiterin des Hauses war, als Privatpatientin behandelt. Der Chefarzt, Professor Lachenicht, kümmerte sich persönlich um sie. Nach der Entbindung sagte er zu mir: „Ich mag Ihre Frau, die Schwester Inge, eine liebe und freundliche Mitarbeiterin, Sie können stolz auf sie sein!" Ich ging wieder nach Hause, rief meine Mutter an, unterrichtete sie, dass ich Inge ins Krankenhaus gebracht hatte und bat sie, zu kommen, um die Gurken weiter zu bearbeiten. Ich war nervös, wartete immer auf einen Anruf aus dem Krankenhaus, rief später an, bekam als Antwort: „Ihre Frau liegt im Kreißsaal, beruhigen Sie sich! Wir melden uns, das kann noch lange dauern!" Endlich, am Tage darauf, morgens gegen neun Uhr kam der lang ersehnte Anruf: „Ihre Frau hat ein Mädchen entbunden, alles in Ordnung!" Ich eilte ins Krankenhaus, sah unser erstes Kind. Wir tauften es auf den Namen Christiane. In den Jahren 1969 und 1973 wurden dann ihre Brüder, Jörg und Dirk geboren.

Ich bekam einen Brief, ein Schreiben der Stadt Bielefeld. Ich sollte mich bei dem Ärztlichen Dienst der Stadt Bielefeld wegen des Unfalles auf der GÖSTA BERLING melden und den Untersuchungsbericht des Arztes, den ich nach Ankunft in Bielefeld aufsuchen sollte, mitbringen. Ich war nicht beim Arzt gewesen, dachte auch: Wozu?

Nun hatte ich ein Problem und suchte den Arzt auf, der mich damals behandelt hatte, als ich wegen dieser alten Behinderung von MS EHRENFELD abmustern musste. Ihm erzählte ich nun meine Geschichte. Er erklärte mir: „Den zuständigen Vertrauensarzt kenne ich gut. Ich setze mich mit ihm in Verbindung. Gehen Sie hin und berufen Sie sich auf mich!" Ich ging also hin. Er holte die Akte mit dem Bericht der Ärzte aus Toulon sowie die Stellungnahme des Arztes Dr. Weise vom Gesundheitsamt in Minden mit der Eintragung in der Gesundheitskarte bei der Untersuchung im Jahre 1967: „Zustand nach altem Ellenbogengelenkseinbruch links."

Nun bat also die Seeberufgenossenschaft das Gesundheitsamt in Bielefeld um Amtshilfe, möchte die Stellungnahme des behandelten Arztes nach meiner Ankunft in Bielefeld sowie eine Nachuntersuchung des Amtsarztes der Stadt Bielefeld. Also haben die in Hamburg doch die versiegelte Gesundheitskarte geöffnet, dachte ich. Es ging, wie ich erfuhr, in erster Linie darum, wer für die Kosten meiner Heimfahrt sowie für die Anreisekosten meiner Ablösung aufkommen sollte. Die Reederei hatte diese Kosten bei der Seeberufsgenossenschaft geltend gemacht, diese lehnte die Übernahme aber mit der Begründung ab, es habe keine Notwendigkeit vorgelegen, mich nach Hause schicken, denn es habe keine akute Verletzung gegeben, die eine Heimreise rechtfertigte. Nun war der Kapitän der GÖSTA BERLING der Sündenbock. Ich fragte den Arzt: „Und warum wurde mein Arm in Gips gelegt?" Er zuckte mit den Schultern, antwortete: „Der Bericht von Dr. Fleige, den sie ja nach ihrer Ankunft aufgesucht haben, liegt mir mittlerweile vor, den sende ich nach Hamburg, dann ist das wohl erledigt." Er gab mir meinen Gesundheitspass wieder. Die Sache war nun wohl in Ordnung, denn ich hörte nichts mehr davon.

Die Anstellung bei der Kaufhalle sah ich als Sprungbrett an für einen Neuanfang einer beruflichen Laufbahn an Land. Ich blieb dort nicht lange, bekam eine neue und besser bezahlte Anstellung als Leiter des technischen Dienstes bei einer großen Mineralölgesellschaft. Im Jahre 1972 schloss man diese Abteilung.

Ich bekam einen neuen Job als Leiter des Technischen Dienstes bei der Hotelkette Maritim im neu erbauten Staatsbad-Hotel in Bad Salzuflen. Dort blieb ich viereinhalb Jahre. Der weite Weg von Bielefeld nach Bad Salzuflen und die wechselnden Arbeitszeiten, so auch an Sonn- und Feiertagen, veranlassten mich zu kündigen. Am 1.12.1976 fing ich bei einer Einrichtung des öffentlichen Dienstes, dem Studentenwerk Bielefeld an. Anfangs war ich zuständig für die Gebäudeunterhaltung der Studentenwohnheime. Am 1. April 1988 übertrug man mir die neu gegründete Abteilung Wohnheime, Liegenschaften und Technik. Am 31.12.2002 ging ich in Rente.

Im Jahre 1978 begannen unsere Kinder mit dem Fußballspielen. Seit dieser Zeit widme ich einen Teil meiner Freizeit noch bis zum heutigen Tage dem Jugendfußball. Einen weiteren Teil meiner Freizeit opfere ich der Freiwilligen Feuerwehr, bin nun Mitglied der Ehrenabteilung, in die man nach Vollendung des sechzigsten Lebensjahres übernommen wir.

In all den Jahren war und fühlte ich mich immer noch mit der Seefahrt verbunden. So baute ich schwimmfähige Modelle von Schiffen, auf denen ich gefahren habe, wie zum Beispiel die PAUL RICKMERS im Maßstab 1:125. Es handelte sich um keinen Modelbausatz. Ich konstruierte alles selbst nach Bildern, den Rumpf, die Aufbauten sowie die Masten.

Schiffsmodell PAUL RICKMERS

Mein größter Wunsch war es immer, ein Buch über meine Seefahrtzeit zu schreiben. Über Umwege sowie durch den Besuch von Internetseiten bekam ich Kontakt zu dem ehemaligen Seemannsdiakon Jürgen Ruszkowski. Ihm verdanke ich das Erscheinen dieses Buches über meine langjährige Fahrzeit als „Schmierer Valentin".

Dieses Buch widme ich meiner Frau Inge, mit der ich nun über vierzig Jahre verheiratet bin und die mir den steinigen Weg zu einem neuen Anfang an Land geebnet hat.

In der **maritimen gelben Buchreihe „Zeitzeugen des Alltags"** sind bisher folgende Bände erschienen:

Band 1 Anthologie Begegnungen im Seemannsheim Lebensläufe und Erlebnisberichte – ebook

Band 2 Seemannsschicksale – Anthologie – Seefahrerportraits – auch als ebook

Band 3 Seemannsschicksale – Anthologie – Erlebnisberichte von See – auch als ebook

Band 4 Seefahrt unserer Urgroßväter unter Segeln – auch als ebook

Band 5 Capt. Feiths Memoiren – Ein Leben auf See – auch als ebook

Band 6 Seemannserinnerungen – Anthologie – auch als ebook

Band 9 Endstation Tokyo – Achtern raus in Japan – 12 – nur noch Restbestände

Band 10 Jürgen Ruszkowski: Rückblicke – Himmelslotse im Seemannsheim – auch als ebook

Band 14 Schiffselektriker in Cuxhaven – auch als ebook

Band 17 Schiffskoch Ernst Richter – auch als ebook

Band 18 Seeleute aus Emden und Ostfriesland – Anthologie – auch als ebook

Band 19 Das bunte Leben des Matrosen Uwe Heins – auch als ebook

Band 20 Kurt Krüger: Matrose im 2. Weltkrieg – auch als ebook

Band 21 Gregor Schock: Reiniger um 1963 auf SS RIO MACAREO – auch als ebook

Band 22 Jörn Hinrich Laue Frachtschiffreisen – auch als ebook

Band 23 Jochen Müller: Geschichten aus der Backskiste Masch.Assi bei DSR – 12 –ebook

Band 24 Erlebnisse des Funkers Mario Covi: Traumtrips und Rattendampfer –ebook

Band 25 Erlebnisse des Funkers Mario Covi: Landgangsfieber und grobe See –ebook

Band 29 Logbuch – Anthologie mit Seemannsschicksalen – auch als ebook

Band 30 Günter Elsässer: Schiffe, Häfen, Mädchen – Trampfahrt um 1960 – auch als ebook

Band 31 Thomas Illés d. Ä. Sonne, Brot und Wein – 1 – Tagebuch eines Seglers – auch als ebook

Band 32 Thomas Illés d. Ä. Sonne, Brot und Wein – 2 – Tagebuch eines Seglers – auch als ebook

Band 33 Jörn Hinrich Laue: Hafenrundfahrt Hamburg – auch als ebook

Band 34 Peter Bening: Roman Seemannsliebe – auch als ebook

Band 35 Günter George: Junge, komm bald wieder... Junge aus Bremerhaven – auch als ebook

Band 36 Rolf Peter Geurink: Seemaschinist um 1960 – auch als ebook

Band 37 Hans Patschke: Frequenzwechsel – Funker 1932 – 1970 – auch als ebook

Band 39 Hein Bruns: In Bilgen, Bars und Betten – Roman – auch als ebook

Band 40 Heinz Rehn: Kanalsteurer – plattdütsche Texte – auch als ebook

Band 41 Klaus Perschke: Vor dem Mast – Seefahrt um 1953 – auch als ebook

Band 42 Klaus Perschke: Seefahrt um 1956 Ostasienreisen Nautiker 1958 – auch als ebook

Band 44 Lothar Rüdiger: Flarrow, der Chief Trilogie Maschinenassistent – auch ebook

Band 45 Lothar Rüdiger: Flarrow, der Chief - Trilogie Wachingenieur – auch ebook

Band 46 Lothar Rüdiger: Flarrow, der Chief – Trilogie – Ziel erreicht: Chief – auch ebook
Band 47 Seefahrtserinnerungen – Anthologie – auch als ebook
Band 48 Peter Sternke: Erinnerungen eines Nautischen Beamten – auch ebook
Band 49 Jürgen Coprian: MS FRANKFURT – Salzwasserfahrten 1 Ostasienreisen – ebook
Band 50 Jürgen Coprian: MS FRIEDERIKE TEN DOORNKAAT – Salzwasserfahrten 2 – ebook
Band 51 Jürgen Coprian: MS WIEN + NORMANNIA – Salzwasserfahrten 3 – auch als ebook
Band 52 Jürgen Coprian: MS VIRGILIA – Salzwasserfahrten 4 – auch als ebook
Band 53 Jürgen Coprian: MS COBURG Salzwasserfahrt 5 – auch als ebook
Band 54 Jürgen Coprian: MS CAP VALIENTE - Salzwasserfahrten 6 – auch als ebook
Band 55 Jürgen Coprian: MS BRANDENBURG – Salzwasserfahrten 7 – auch als ebook
Band 56 Immanuel Hülsen: Schiffsingenieur, Bergungstaucher, Flieger –: **nicht mehr lieferbar**
Band 57 Harald Kittner: Roman: Der Nemesis-Effekt Preis: 14,90   – auch als ebook
Band 58 Klaus Perschke: Seefahrt um 1960 unter dem Hanseatenkreuz – Nautischer Offizier – ebook
Band 59 Jörn Hinrich Laue Unterwegs auf Passagier-, Fracht-, Fährschiffen – auch ebook
Band 60 Kuddel Senkbklei: Wasser über Deck und Luken – Seefahrt in den 1950-60ern – ebook
Band 61 Franz Döblitz + Ernst Richter: Service an Bord – auch als ebook
Band 62 Bernhard Schlörit: Hast du mal einen Sturm erlebt? – auch als ebook
Band 63 Carl Johan: Das glückhafte Schiff – Seefahrerroman – auch als ebook
Band 64 Bernd Herzog: Opas Seefahrtszeit – als Maschinist – auch als ebook
Band 66 Bernhard Schlörit: Auf dicken Pötten um die Welt – auch als ebook
Band 67 Arne Gustavs: Schiffsjunge um 1948 – auch als ebook
Band 68 Ernesto Potthoff: Segelschulschiff LIBERTAD – auch als ebook
Band 69, 70, 71 Ernst Steininger: Seemann, deine Heimat ist das Meer – auch als ebook
Band 74 Fritz Gromeier: Freddy, der wilde Heizer – zur Zeit **nicht** lieferbar
Band 75 Jürgen Ruszkowski: Aus der Geschichte der Seemannsmission – **nur** als ebook
Band 76 Heribert Treiß: Rudis Weltenfahrten 1936 – 1948 – auch als ebook
Band 77 Bernhard Schlörit: Verdammte Container – auch als ebook
Band 78 Otto Schulze: Briefe aus Fernost – 1907 – Teil 1 – auch als ebook
Band 79 Otto Schulze: Briefe aus Fernost – 1908 – 1912-13 – Teil 2 – auch als ebook

weitere Bände sind geplant
Nicht maritime Bände in der gelben Buchreihe:
Band 11: Diakone des Rauhen Hauses: „Genossen der Barmherzigkeit" ebook
Band 12: Diakon Karlheinz Franke – Autobiographie – auch als ebook
Band 13: Diakon Hugo Wietholz,: Autobiographie – auch als ebook
Band 15: Zeitlebens im Gedächtnis – Deutsche Schicksale um 1945 - Wir zahlten für Hitlers Hybris – ebook
Band 26: Monica Maria Mieck: Liebe findet immer einen Weg – Kurzgeschichten – ebook
Band 27: Monica Maria Mieck: Verschenke kleine Sonnenstrahlen – Kurzgeschichten – ebook
Band 28: Monica Maria Mieck: Durch alle Nebel hindurch – besinnliche Kurzgeschichten – ebook
Band 38: Monica Maria Mieck: Zauber der Erinnerung – besinnliche Kurzgeschichten
Band 43: Monica Maria Mieck: Winterwunder – Weihnachtstexte – auch als ebook
Band 65: Johann Hinrich Wichern – Geschichte des Rauhen Hauses –ebook
Band 72: Kirche im Nachkriegs-Mecklenburg – Anthologie – auch als ebook
Band 73: Horst Lederer: Pastoren in Grevesmühlen (Mecklenburg) – auch als ebook

Direktbezug beim Herausgeber für je 13,90 , soweit oben nicht anders erwähnt, im Inland an Privatpersonen portofrei (Ausland: ab 3,20):

Jürgen Ruszkowski, Nagelshof 25, D-22559 Hamburg,

Tel.: 040-**18090948** – Fax: 040-18090954 –

maritimbuch@googlemail.com

Info: www.**maritimbuch**.de oder www.**seamanstory**.de oder http://maritimbuch.klack.org
http://maritimegelbebuchreihe.klack.org/ oder http://zeitzeugenbuch.klack.org
oder http://seemannsschicksale.klack.org oder http://seeleute.npage
oder http://seefahrt1950-60er.npage.de oder http://seamanstory.klack.org
oder http://seeleute.klack.org oder http://salzwasserfahrten.npage.de/
oder http://seefahrer.klack.org

290